Selbe Baden Alkohlum i 1. Feb. 04
a Buellech Schlech

Paul Collins **Britische Motorradmarken**

Paul Collins

Britische Motorradmarken

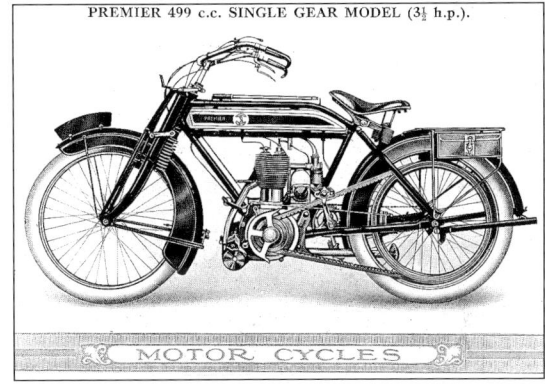

PREMIER 499 c.c. SINGLE GEAR MODEL (3½ h.p.).

MOTOR CYCLES

Von AJS bis Vincent HRD

Motor
buch
Verlag

Einbandgestaltung: Andreas Pflaum
Seite 2: Triumphs Auferstehung unter der Führung des
Bauunternehmers und Selfmade-Millionärs John Bloor hat die
Szene weitgehend bereichert, wie mit dieser Speed Triple aus
dem Jahre 1989

Seite 3: Als eins der ältesten Fahrradwerke in Coventry stellte
Premier zwischen 1908 und 1915 auch Motorräder her. Dieser
Eingang-Einzylinder ist dafür typisch, aber die Palette enthielt
auch V-Zweizylinder mit bis zu 1000 Kubik. (VMCC)

ISBN: 3-613-02036-X

© 2000 by transpress Verlag, Postfach 10 37 43,
70032 Stuttgart
Ein Unternehmen der Paul Pietsch Verlage GmbH + Co.
1. Auflage 2000

Lektorat: Joachim Kuch
Innengestaltung: Viktor Stern
Druck: Fotolito LONGO, I-39100 Bozen
Bindung: Fotolito LONGO, I-39100 Bozen
Printed in Italy

Inhalt

Danksagung	6	Cyclaid	48	Max	78	Roper	103
Einführung	7	Cyclemaster	48	McEvoy	78	Rover	103
		Cymota	48	Mercury	79	Royal Enfield; Enfield	103
ABC	13	Dayton	48	Metro	79	Ruby; Royal Ruby	107
Aberdale: Bown	14	De Luxe — siehe AEB		Monopole	79	Rudge;	
Abingdon King Dick;		Dennis	49	Montgomery	80	Rudge-Whitworth	108
AKD	14	Diamond	49	Morton-Adam	80	Rudge Wedge	108
ABJ	15	DKR	50	Motorite — siehe AEB		RW Scout	110
Acme; Rex; Rex-Acme	16	DMW	51	Mountaineer	80	Saxel	110
Advance	17	DOT	52	NER-A-CAR	80	Scott	110
AEB; De Luxe; Motorite	17	Douglas	53	New Comet	81	Seal Sociable	112
AER — siehe Reynolds'		Dunelt	54	New Gerrard	81	Sharratt	112
Special Scott		Dunkley	55	New Henley — see		Silk	112
AJS	18	Charles Edmund & Co	55	Henley		Singer	113
AJW	23	EMC	55	New Hudson	81	Sirrah; Verus	114
Alldays; Allon	24	Einfield — siehe		New Imperial	82	SOS; OMC	114
Ambassador	24	Royal Enfield		New Ryder	83	Sparkbrook	115
AMC— siehe AJS	25	Excelsior	55	Newmount	83	Sprite	115
Argson Ivalid Tricycle	25	Federal; Federation	56	Norman	84	Star; Star-Griffin	116
Ariel	25	FEW	56	Norton	84	Stevens	117
Ascot-Pullin	28	Firefly	56	NUT	90	Sun	117
Aurora	29	Forward	56	OEC; OEC Atlanta;		Sunbeam	118
BAC; Bond	29	Francis-Barnett	57	OEC Blackburne;		Swallow	121
Baker	29	Greeves	59	OEC Temple OK;	91	Swift	122
BAT; Bat-Martinsnyde	29	Grindlay-Peerless	59	OK Junior; OK Supreme	91	Tandon	122
Baughan	31	GSD	59	Olympic	91	Teagle	122
Beau Ideal	31	HB	59	OMC — siehe SOS		Three Spires	122
Blackburne	31	Healey	60	Omega (1)	93	Toreador	123
Black Prince	32	Heldun	60	Omega (2)	93	Triumph	123
Bond — siehe BAC		Henley: New Henley	61	Orbit	93	Trobike	127
Brown — siehe Aberdale		Hercules	61	P & M Panther	94	Trump	128
Bradbury	32	Hesketh	62	P&P	95	Turner ‚By-Van'	128
Britax	33	HRD	63	Phillips	95	Tyler	129
Brough	33	Humber	63	Phoenix (1)	96	Vauxhall	129
Brough Superior	33	Indian	64	Phoenix (2)	97	Velocette; VMC; Veloce	130
Brown	35	Invicta	65	Pouncy	97	Verus — siehe Sirrah	
BSA	35	Ivy	65	Premier — siehe		Victoria	131
Calcott	41	Ixion	65	Coventry-Premier		Villiers	132
Calthorpe; Calthorpe		James	65	Pride & Clarke	97	Vincent-HRD; Vincent	132
Lightweights	42	J.A.P.	67	Priory	97	Vindec	133
Campion	42	JD	68	Pullin; Pullin-Groom	97	W&G	134
Carfield	42	JES	68	PV	97	Walco	134
Cedos	42	JI I	60	Quadrant	98	Wallis	134
Chater; Chater-Lea	43	Juckes	69	Radco	99	Wearwell; Wolf;	
Cheetah	43	Kenilworth	69	Raleigh	99	Wulfruna	134
Chell	43	Kerry	70	Ray	100	Whitwood Monocar —	
Clyde	43	King	70	Raynal	100	siehe OEC	
Clyno	43	Kingsbury	71	Regina	100	Williamson	135
Connaught	45	Lagonda	71	Revere	100	Wooler	136
Corgi	46	Lea-Francis	71	Rex; Rex-Acme —		Wright	136
Coronet	46	Levis	73	siehe Acme		Yale	137
Cotton	46	LGC	74	Reynolds' Special Scott;		Zenith	137
Coventry-Eagle	46	Lloyd; LMC	74	AER	100		
Coventry-Premier;		Martinshaw	75	Rickman	101	**Appendix**	
Premier	47	Massey; Massey-Aran	75	Rockson	101	Übrige Hersteller	138
Coventry-Victor	47	Matchless	76	Rolfe	102		

Danksagung

An dieser Stelle bedankt man sich gewöhnlich bei den vielen Leuten, die zur Fertigstellung des Werkes beigetragen haben, und das tue ich auch. Vor allem möchte ich mich aber bei den vielen Organisationen und Archiven bedanken, deren unerträglichen Kopierkosten mich in Verbindung zu Jim Boulton brachten. Ohne seine Hilfe und Generosität, würden Sie, liebe Leser, nie die Fotos aus seinem Archiv zu Sicht bekommen. Die deutsche Ausgabe enthält außerdem eine Fotosektion mit Bildern aus den Archiven des Motorbuch-Verlags und dessen Übersetzers Jan Leek.

Ohne folgende Organisationen und Personen wäre dieses Buch überhaupt nicht entstanden: Steve Bagley; Gillian Bardsley (British Motor Industry Heritage Trust); Barry Collins; Ray Cresswell und die Brierley Office Products Ltd; Jim Davies; David Evans; Louise Hampson; Mellanie Hartland; Nick Hopkins (BSA Regal Group); Ray Hudson; Tessa Howard; Mike Jackson; Rod Laight (Redditch Manufacturers Association); Penny McKnight; Museum of British Road Transport, Coventry; Paul Richards (QB Motorcycles Ltd); Bruno Tagliaferri (Triumph Motorcycles Ltd); Vintage Motorcycle Club Ltd samt Peter Waller von Ian Allan Publishing Ltd, für seine Geduld und sein Verständnis.

Rennerfolge in den 20ern machten AJS populär. Vor der 1923 Junior TT wartet hier Werksfahrer C.W. Hough auf den Start. Sein Teamkollege »Curly« Harris wurde im Rennen zweiter, hinter dem Sieger Stanley Woods auf einer Werks-Cotton.
(Archiv Jim Boulton)

Paul Collins, Msc, MSocSc, PhD
Wollaston, Stourbridge, West Midlands

Die Geschichte des britischen Motorrads seit der Jahrhundertwende spiegelt sich in der Firmengeschichte von ziemlich jeder Marke wieder, die hier im Buch vorgestellt wird. Die gut 220 aufgeführten Hersteller sind eine persönliche Auswahl aus 639, wohl ehemals existierenden Firmen, die ich im Laufe meiner Recherchen für dieses Buch ausfindig machen konnte. Immer wieder bin ich dabei auf die gleichen Motive, auf die gleichen Gründe für Erfolg oder – viel häufiger – Misserfolg und Scheitern gestoßen: Können gepaart mit Unvermögen; Einfallsreichtum, soweit es die Technik betrifft und sträfliche Ignoranz auf kaufmännischem Gebiet; Hoffnung und Ungeduld; handwerkliches Geschick und pure Dummheit – aus diesen Stoffen ist das Drama der britischen Motorindustrie gewebt, eng verbunden auch mit dem Leben der Menschen, die dahinter standen.

Da in diesem Werk die Chronik so vieler Hersteller präsentiert wird, ist es kaum möglich, jeweils bis ins Detail zu gehen. Stattdessen möchte ich diese Einführung nutzen, um Höhepunkte und allgemeine Trends zu beleuchten und dadurch, so hoffe ich, auch die wichtigsten Phasen im Aufstieg und Niedergang britischer Motorradtechnik wie auch der gesamten britischen Motorradindustrie.

Ursprünge

Ohne ein Fahrrad oder ein ähnliches Gestell wäre ein Motor kaum sinnvoll gewesen, und die Geschichte des Fahrrads wiederum ist ziemlich gut erforscht. Seinen Ursprüngen in Frankreich Ende der 1770er Jahre folgten 50 Jahre Entwicklungsarbeit, da Franzosen, Briten und Deutsche miteinander wetteiferten, um ein an und für sich simples Konzept zu verbessern. Überall nannte man es anders, doch ob Célérifère, Céléripède, Dandyhorse, Hobby-horse, Reitwagen oder Vélocifère: Allesamt hatten sie zwei Räder, die über eine Holz- und später Rohrkonstruktion miteinander verbunden waren. Das Vorderrad ließ sich lenken, und der Fahrer befand sich irgendwo zwischen den Rädern. Diese waren so groß dimensioniert, dass die Füße des Fahrers gerade mal den Boden erreichten. Mit den Zehenspitzen stieß er das Fahrzeug vorwärts und hob die Füße nur hoch, sobald ein Gefälle ihm diese Pause gönnte. Dieses Antriebssystem erlaubte Geschwindigkeiten von 12-13 km/h – was bei den damaligen Straßen, mit den tiefen Rillen und Spuren, oft eher dem Ritt auf einer Kanonenkugel glich als heutigem Fahren.

Die Straßen waren oft nicht nur miserabel, sondern auch mit Schlamm bedeckt, und da die ersten Stahlreiter nur ungern ihre Füße in den Dreck steckten, entstand der Wunsch, ein anderes Antriebssystem zu finden. Das ließ sich natürlich nur auf technischem Wege lösen, aber zu dieser Erkenntnis zu gelangen, verlangte ein Umdenken. Die mechanische Fragestellung erforderte die Umsetzung der Bewegungen von Armen oder Beinen des Fahrers zu einer rotierenden Bewegung an Vorder- oder Hinterrad. Wie so etwas aussehen könnte, zeigte ein Schmied aus Dumfriesshire, Mister Kirkpatrick McMillan. Er entwickelte eine Kurbel mit Pedalen an beiden Seiten des Fahrrads und verband sie über Gestänge mit ähnlichen Kurbeln an der Hinterradnabe. In einer überzeugenden Vorführung fuhr McMillan in einer Juninacht des Jahres 1842 die 110 Kilometer nach Glasgow. Dieses Experiment bewies außerdem, dass es möglich war, ein einspuriges Fahrzeug aufrecht zu halten, und dadurch konnten jetzt Fahrräder mit größeren Rädern für mehr Bodenfreiheit entwickelt werden.

In den folgenden 35 Jahren kam die Entwicklung nicht zur Ruhe, es folgten Patentmeldungen und Einsprüche, Eifersüchteleien und Rivalitäten, bevor endlich das perfekte Fahrrad dastand, oder besser gesagt, das Sicherheitsfahrrad, so wie wir es heute kennen. Zu den großen Namen dieser Zeit gehören Leute wie Thomas Humber, Dan Rudge, George Singer, James Starley und Harry John Lawson, die meisten aus den Industriegebieten der englischen Midlands. Die Stadt Coventry entwickelte sich rasch zum Zentrum der aufstrebenden Industrie. Bis in die 1860er hinein hatte die Uhren- und Textilindustrie die Stadt geprägt, doch die starke Konkurrenz verurteilte diese Industriezweige zum Niedergang: Deutsche Importware zum Beispiel war vielfach billiger, weil dort günstiger produziert werden konnte. Coventrys Stadtväter versuchten, neue Industrien

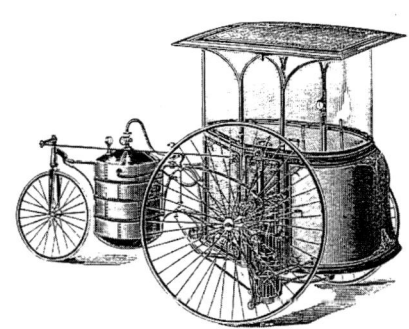

THE FIRST BRITISH MOTOR CAR (Petroleum),

A.D. 1880 27th September, No. 3913. HARRY JOHN LAWSON. "Improvements in Velocipedes and in the Application of Motive Power thereto, such Improvements being also Applicable to Tram Cars Traction Engines and other Road Locomotives"; and No. 2591, June 25th 1880.

Diese Konstruktion sieht aus wie das Ergebnis einer unglücklichen Begegnung zwischen einem Kinderwagen und einem Straßenbahnzug. Harry J. Lawson ließ sich dieses Vehikel am 27. September 1880 patentieren und war forthin der Meinung, das erste benzingetriebene Motorrad erfunden zu haben.
Archiv Autor

Vielleicht die kühnste der gewiss nicht unbescheidenen Behauptungen, die E.J. Pennington über sein Motorrad verbreitete, war diese: »Mit der Hilfe einer kleinen Schanze, nicht höher als etwa zwei Fuß hoch, kann das Pennington-Bicycle phantastische 65 Fuß weit fliegen!« Das wären über 20 Meter gewesen!
Nun, Pennington sah das wohl als erwiesen an. Worauf sich sein Optimismus gründete, bleibt allerdings rätselhaft.
Archiv Autor

anzusiedeln. Zuerst kamen Nähmaschinen (Singer), danach Fahrräder.

Als Erfinder des ersten Sicherheitsfahrrads gilt Harry Lawson, dessen Patentschrift vom 30. September 1879 ein gut erkennbares Fahrrad mit Pedalantrieb per Kette zum Hinterrad zeigt. Lawsons Entwurf weist jedoch ein deutlich größeres Vorderrad auf. In England wurde das als Penny-ha'penny bekannt, da die unterschiedlichen Größen der Räder vorn und hinten mit den von Penny-Münzen verglichen wurden. Danach folgte das Fahrrad mit gleich großen Rädern, das John Kemp Starley (der Neffe von James Starley) und William Sutton zwischen 1884 und 1885 über mehrere Stufen entwickelt hatten. Dieses Fahrrad nannte sich übrigens Rover.

Das motorisierte Fahrrad

Wie beim Auto auch, war die eigentliche Antriebstechnik nicht das große Problem. Eine alte Zeichnung zeigt ein dampfgetriebenes Fahrrad bei einer Vorführung im Luxemburger Garten in Paris am 5. April 1818. Ähnliche Abbildungen erschienen auch in den 20er und 30er Jahren des 19. Jahrhunderts, doch gibt es keine weiteren Beweise, dass es sich dabei um mehr als Phantastereien gehandelt haben mag. Erst später avancierte der Dampfantrieb zur bevorzugten Energiequelle vieler Erfinder, besonders in Großbritannien, Frankreich und in den USA. Dort erschienen in den 1860ern dann die ersten erfolgreichen Räder mit Dampfantrieb, sie litten aber unter dem gleichen Problem wie andere Fahrzeugtypen mit dieser Antriebsart: ein ungünstiges Leistungs-Gewichts-Verhältnis. Sind Kessel und Maschine für ein Fahrrad klein genug, fehlt der nötige Dampf. Ist aber, dank einer dementsprechend größeren Auslegung, genügend Leistung vorhanden, wird das Fahrzeug viel zu schwer.

Die Lösung fand sich 1883, als Gottlieb Daimler und Wilhelm Maybach den benzingetriebenen, schnelllaufenden Verbrennungsmotor entwickelten. Diese kleinen und leichten Motoren boten eine unerwartet hohe Leistung, da sie komprimierte Kraftstoffgase in einem geschlossenen Raum nutzten. Und ganz schnell kam man auch auf die Idee, mit diesen Motoren Fahrräder anzutreiben. Unter anderem kamen zwei heute fast vergessene Pionieren darauf. Edward Butler baute 1887 sein Petro-Cycle; und J.D. Roots entwickelte 1892 ein technisch fortschrittliches Dreirad 1892. Fahrradpionier Harry J. Lawson behauptete übrigens sein Leben lang, dass sein benzingetriebenes Dreirad, am 27. September 1880 patentiert, das erste Motorrad gewesen sei. Dass diese Konstruktion aussah wie die unglückliche Kreuzung zwischen einem Straßenbahnzug und einem Kinderwagen spielte für ihn keine Rolle.

Der Anfang einer Motorradindustrie

Ideen sind die eine Sache. Daraus dann zuverlässige und vermarktbare Produkte zu machen, eine ganz andere. Und die Kundschaft davon zu überzeugen, eine dritte. Die erste kommerzielle Zweiradproduktion fand in Deutschland statt, als die Brüder Henry und Wilhelm Hildebrand zusammen mit den Partnern Alois Wolfmüller und Hans Greisenhof 1892 ein Motorrad entwickelten und ab 1894 in Serie bauten. Als Markenname wählten sie Hildebrand & Wolfmüller, und die Bezeichnung »Motorrad« wurde hier zum erstenmal benutzt.

Die Hildebrand & Wolfmüller wurden auch exportiert, nach Frankreich und nach Großbritannien. In Großbritannien gab es übrigens seit 1897 auch so etwas wie eine Motorradproduktion, in Gang gebracht von Oberst H. Capel Holden. Im gleichen Jahr betrat der Amerikaner Edward Joel Pennington die Szene, und auch wenn er nun wenige Exemplare produzierte, so veranstaltete er doch einen gehörigen Wirbel. Seine Werbesprüche machten auf die junge Industrie aufmerksam. Interessanterweise basierten diese allerfrühesten Konstruktionen nicht auf den typischen, dreieckigen Fahrradrahmen; die Hildebrand & Wolfmüller etwa könnte man in ihrer Auslegung mit einem späteren Roller vergleichen. Die Holden hatte einen tief gehaltenen Rahmen, der weit entfernt von dem Fahrradkonzept war, einem Konzept, von dem sich die Industrie übrigens erst viel später ganz zu lösen vermochte.

Die Gründung der britischen Motorradindustrie

Schon um 1900 hatten in Großbritannien mindestens 14 verschiedene Unternehmen sich mit der Motorradherstellung beschäftigt. Darunter fanden sich einige Namen, die lange in der Szene bleiben sollten: Beeston, Clyde, Dennis, Eadie, Excelsior, Matchless, O.K., Pennington, Raleigh und Wolf. Bei praktisch allen handelte es sich um Fahrrad- oder Motorproduzenten, und alle kamen entweder aus London oder den Midlands. Im neuen Jahrhundert sollte diese Zahl weiter zunehmen, und nach und nach wurden gerade die Midlands zum Zentrum der Motorradindustrie.

Von den 639 Marken entstanden viele gerade im ersten Jahrzehnt des Jahrhunderts:

1900	11	1905	16
1901	25	1906	10
1902	52	1907	7
1903	38	1908	6
1904	16	1909	11

Insgesamt also tauchten 192 Firmen in der ersten Dekade auf, darunter sieben, die im Gründungsjahr schon wieder verschwanden.

Die Entwicklung des britischen Motorrads bis 1916

Die ersten britischen Motorräder, wie überall auf der Welt, entsprachen tatsächlich dem, was der Name besagte, sie waren »Motor-Fahrräder«. Die meisten hatten einen (oft verstärkten) Dreieck-Fahrradrahmen, worauf sich alle mechanischen Komponenten befanden, meistens am vorderen Rahmenrohr. Als Unterstützung, oder für den Notfall, wurden Tretpedale, Kurbel und Kette angebracht. Der Hinterradantrieb vom Motor aus erfolgte getrennt davon, meistens über einen Antriebsriemen. Ein Getriebe existierte anfangs nicht, eine Kupplung im eigentlich Sinne auch nicht. Beim Start lief der Fahrer neben dem Motorrad her, bis der Motor angesprungen war, warf sich dann in den Sattel und tuckerte los. Dieses Manöver gestaltete sich etwas schwieriger, als 1903 Seitenwagen aufkamen. Nicht zuletzt deswegen beschäftigten sich manche Produzenten mit verschiedenen Kupplungssystemen. Da eine vernünftige Lösung zu finden, schien mehr als dringlich. Erstens vereinfachte das den Startvorgang und zweitens auch den Fahrbetrieb, weil man dann den Motor laufen lassen konnte, ohne dass sich das Motorrad bewegte.

Oft wurde bezweifelt, dass Pennington ein einziges Motorrad, Auto oder eine der anderen phantasievollen Maschinen, die er sich erträumte, überhaupt gebaut hat. Dieses Foto von seiner Ecke in der Corner Mills in Coventry scheint alle Spötter zu widerlegen: Hier sehen wir mehrere Pennington-Motorräder und mindestens ein Kane-Pennington-Auto.
Archiv Autor

Letzteres war nicht unwichtig, weil schon jetzt das Motorrad eine ständig wachsende Zahl von Hobbyschraubern faszinierte.

Auch für sportliche Zwecke schien das Motorrad zu taugen. Als Sportgerät war es billig und die Fähigkeiten, die man brauchte, um es zu beherrschen, hatte man schon oder konnte sie sich schnell aneignen. Und es war ein schneller und gefährlicher Sport. Auch firmenseitig erkannte man bald, wie wichtig eine Teilnahme am Rennsport war. Ein Sieg steigerte im Handumdrehen den Bekanntheitsgrad, was für ein junges Unternehmen besonders wichtig war. Außerdem waren Rennsportveranstaltungen ideale Versuchsfelder, um neue Entwicklungen zu testen und die Zuverlässigkeit zu erproben. Überdies hatten einige Hersteller ein Jahrzehnt oder mehr Rennerfahrung im Fahrradsport sammeln und diese schnell umsetzen können.

Die allerersten Motorradrennen waren Ausdauerprüfungen und führten 500 oder 1000 Meilen von einem Ort zum anderen über öffentliche Straßen. Einige Teilstrecken sollten in möglichst kurzer Zeit absolviert werden. Danach folgten Trialprüfungen, Bergrennen, Rekordversuche, Motocross und was alles danach noch kam. Im Mai 1907 fanden die ersten Straßenrennen auf der Isle of Man statt.

Die meisten Motorräder dieser Pioniergeneration verfügten über einen Einzylinder-Viertaktmotor. Doch diese wiesen, bauartbedingt, erhebliche Nachteile auf, denn nur der dritte, der Arbeitstakt, sorgt für Vortrieb. Ohne penibel ausgerechnete Steuerzeiten und korrekt eingestellte Ventile läuft der Einzylinder-Viertakter nicht rund.

Ein Herr Mellerup setzte etwa um 1905 einen eigenen Motor in dieses Fahrrad Marke Dursley-Pedersen. Diese Art motorisierter Zweiräder war in den ersten Jahren nach der Jahrhundertwende nicht ungewöhnlich.

Zwei Lösungen für dieses Problem setzten sich durch. Einerseits gab es um 1905 eine Reihe von V-Zweizylindern aus europäischer und amerikanischer Produktion. Die damaligen V-Twins wiesen normalerweise einen Zylinderwinkel von 26 bis 30 Grad auf, das heißt der eine Zylinder zündete mit einem gesunden Vorsprung vor dem zweiten. Das half, das Einzylindermanko zu überwinden und der Motor lief nicht nur sanfter, sondern lieferte auch mehr Kraft.

Der zweite Weg, die Nachteile des Einzylinder-Viertakters zu überwinden, bestand in der Entwicklung des Zweitaktmotors. Ein Motor nach dem Zweitaktprinzip wurde schon 1881 von Sir Dugald Clerk entwickelt, doch dieser verwendete zwei Zylinder, einen für die Kompression, und einen für die Verbrennung. Einen echten Einzylinder-Zweitakter entwickelte zwischen 1900 und 1908 Alfred Angus Scott, der Gründer der Marke Scott. Scotts Grundprinzip, obwohl von anderen später verfeinert, blieb seitdem bis in unsere Zeiten unverändert. Die Ventile ersetzte er durch Kanäle in der Zylinderwand, und diese wurden im Arbeitstakt vom Kolben entweder verdeckt oder freigegeben, Frischgas konnte ein- und Abgas ausströmen. Dadurch konnte Scott auch auf zwei der vier Arbeitstakte verzichten. Als er 1909 seine ersten Motorräder herstellte, bediente er sich natürlich dieser Zweitaktmotoren. Andere frühe Zweitaktfabrikanten wie die Butterfields Ltd (Markenname Levis, 1910) oder die Veloce Ltd. (Velocette, ab 1912) setzten vorerst weiter auf den Viertakter.

Renneinsätze, besonders Bergrennen, belegten die Notwendigkeit, ein Getriebe mit verschiedenen Übersetzungen zu finden. Die ersten Lösungen bestanden aus konischen Rollen, wie bei der Zenith Gradua von 1909 oder der Rudge Multi von 1911. Der Fahrer betätigte einen Hebel, der den Riemen über konische Rollen hin und her bewegte, was somit die Übersetzung änderte. Diese »stufenlosen« Wahlmöglichkeiten waren allerdings begrenzt. Konventionellere Zweiganggetriebe wurden etwa um 1910 verwendet; 1913/1914 boten mehrere Hersteller Drei- und sogar Vierganggetriebe an.

Andere Entwicklungen in dieser Pionierzeit beschäftigten sich mit der Kraftübertragung zum Hinterrad. Frühe Modelle hatten eine Art von flexiblem Antriebsriemen mit V-förmiger Kontaktfläche, unter anderem aus Leder, aber auch aus Kompositmaterialien. Das Problem mit diesen Riemen war, dass sie sich schnell dehnten, aber auch rutschten oder zerrissen. Trotzdem wurden sie bis in die 20er bei Kleinkrafträdern, Sportmodellen oder Maschinen mit Einganggetriebe verwendet. Einige Hersteller bevorzugten Ketten, besonders bei Zweizylindermodellen, deren Kraft sonst die Riemen überfordert hätte. Zu den Ketten-Anhängern gehörten P&M, Royal Enfield, James, Scott, Clyno und Sunbeam, und diese setzten fast von Anfang an auf Ketten. Viele Hersteller favorisierten eine Kombination aus Kette und Riemen, wobei der Primärantrieb zwischen Motor und Getriebe per Kette erfolgte, der Antrieb zum Hinterrad aber per Riemen weiterlief. Das höchste Drehmoment wurde also per Kette, die nicht rutschen konnte, übertragen.

Der Erste Weltkrieg unterband zunächst die Motorradproduktion nicht. Firmen wie Triumph stellten neben ihren zivilen Produkten Kuriermotorräder für die Streitkräfte her. Erst die Somme-Schlacht vom 1. Juli 1916 änderte dies. Mehr und mehr Zivilisten wurden einberufen und die Regierung verbot noch in diesem Jahr die zivile Motorradproduktion. Alle Rohstoffe und Produktionsanstrengungen flossen in die Herstellung von Flugzeugen, Munition und anderen Kriegsgütern.

Die geographische Verteilung der britischen Industrie

Obwohl überall im Lande einzelne Hersteller zu finden waren, ist eine Konzentration mitten im Fahrradland unverkennbar. Von den 639 Marken, die hier aufgelistet sind, waren 238 (37 %) in den West Midlands zu Hause, in Birmingham (128), Coventry (79) und Wolverhampton (31), 187 (29 %) in London und 18 (2 %) in Manchester. Die Industrie befand sich vor allem in englischen Händen. Es gab nur sieben schottische Marken, sechs aus Wales und zwei jeweils auf der Isle of Man und Guernsey. Ab 1929 ging es mit der britischen Industrie bergab. In jedem folgenden Jahrzehnt verringerte sich die Zahl der Motorradhersteller:

vor	1900	14	1940er	8
	1900er	192	1950er	32
	1910er	176	1960er	10
	1920er	164	1970er	2
	1930er	19	1980er	1

Die spätere Entwicklung der britischen Industrie

Die zivile Motorradherstellung lief 1919 wieder an; die 20er sollten für die Industrie ein bemerkenswertes Jahrzehnt werden. Neue Hersteller kamen dazu, aber nur wenige überlebten bis in die 30er. Viel wichtiger wurden die technischen Entwicklungen und neue Designrichtungen. Die Hersteller von Autos und Motorrädern erlebten einen Boom, und viele der in den frühen 20ern gegründeten Werke hofften auf schnelles Geld. Viele montierten einfach Teile verschiedener Zulieferer und versahen das, was dabei heraus kam, mit einem eigenen Tankemblem. Kein Wunder, dass die meisten sich nur kurze Zeit halten konnten. Von den oben genannten 164 Herstellern überlebten 60 nicht das erste Jahr, 39 davon waren schon 1924 wieder verschwunden. Dazu kamen 35 Firmen, die das zweite Geschäftsjahr gerade so miterleben durften, und 32 von denen waren ebenfalls 1924 schon wieder weg. Ende der 20er hatten sich also 95 der 164 Firmen schon wieder aufgelöst.

Unbeeindruckt von diesen Turbulenzen ergaben sich grundlegende Änderungen in Optik und Technik. Die Motorräder dieses Jahrzehnts verloren mehr und mehr den symmetrisch ausgelegten Diamant-Rahmen zu Gunsten einer verlängerten und niedrigen Konstruktion, die den Fahrer weiter hinten und tiefer platzierte. Durchsetzen konnte sich auch der sogenannte Satteltank, dessen Flanken das obere Rahmenrohr umschlangen, anstatt wie früher unter dem Rohr zu hängen. Technischerseits bedeutsam ist die Fußschaltung, die Veloce für das Modelljahr 1925 einführte. Logisch, dass die Konkurrenz bald folgte. Überdies ging der Trend eindeutig hin zum Vollkettenantrieb.

Auch die Vermarktung änderte sich. Die Werbung wurde moderner und die Produkte gefälliger. Dazu gehörte auch die Einführung von eingängigen Verkaufsbezeichnungen, ab 1928 trugen die meisten Motorräder wohlklingende Namen. Hatte man sich bisher mit einer einfachen Buchstaben- oder Ziffernkombination zur Unterscheidung begnügt – erweitert höchstens noch durch Zusätze wie »Standard« oder »De Luxe« –, so folgten jetzt phantasievolle Namen wie »Big Twin Export«, »Speed Chief« oder »Super Sport«. Auch die Replikas von erfolgreichen Wettbewerbsmodellen hielten das Interesse wach.

Ende der 20er litt Großbritannien unter einer Rezession, einer späten Nachwirkung der Kriegsjahre wie auch der Ereignisse in den USA. Die Motorradindustrie verzeichnete kaum Zuwächse, und selbst die etablierten, großen Hersteller litten unter Absatzschwierigkeiten. Einige überlebten die Krise nicht, andere nur bei kräftig gedrosselter Produktion und reduzierten Preisen. Hier und da wurden Sparmodelle eingeführt, wie etwa bei Cotton, und nicht selten wurde die Modellpalette auf nur noch einige wenige Basismodelle zusammengestrichen. Auch die Palette der Luxusmodelle wurde rigoros zusammengestrichen. Und die Preise befanden sich auf Talfahrt, gaben mit jedem Jahr um einige Pfund nach.

Motorradsport wurde fast überall ausgeübt, auch auf öffentlichen Straßen. Hier düst der Luftwaffenoffizier L. P. Openshaw am 17. 5. 1913 mit seiner Zenith-Gradua an Hints Hill, auf der A5 in der Nähe von Tamworth, vorbei.
Archiv Jim Boulton

Eines der erfolgreichsten stufenlosen Variabel-Getriebe war das von der Rudge Multi. Teilnehmer 137, Frank Bateman, fuhr ein solches Motorrad auf der Isle of Man 1913. Mit dem langen Hebel direkt hinter seinen Händen konnte er die Übersetzung ändern.
Archiv Jim Boulton

Fusionswelle und Niedergang

Als sich in den frühen 30ern die Wirtschaftslage wieder langsam besserte, war die britische Motorradindustrie schon ruiniert. Die Folgeschäden sollten sich später als tödlich erweisen. Sicher, es kamen tolle Motorräder und große Erfolge, aber die politische Richtung, die zu den Katastrophen in den 60ern und 70ern führen sollte, begann sich schon abzuzeichnen.

Der erste Schritt war unschuldig genug: Colliers, der Hersteller von Motorrädern der Marke Matchless und von Einbaumotoren, erwarb 1931 die Rechte an der kränkelnden AJS in Wolverhampton. 1938 schluckte Colliers die ebenfalls dort ansässige Marke Sunbeam und konzentrierte seine Zweiradaktivitäten kurz darauf unter dem Dach der neuen Associated Motor Cycles Ltd (AMC). Diese Art der Fusion sollte Schule machen; aus der Produktion wurde ein Geschäft, aus den Marken nur Produktennamen. Bis zu den 60ern gehörten zum AMC-Konzern auch Francis-Barnett (1947), James (1952), Norton (1953) und Brockhouse Engineering (1959).

Überdies war die Szene lang nicht mehr so vital als zuvor. In den 30ern gab es nur noch 19 Neugründungen. Und auch wenn der Zweite Weltkrieg die Entwicklung der Motorradindustrie in den 40ern hemmte, so sprechen die kümmerlichen acht Neugründungen in jener Dekade eine sehr deutliche Sprache: Großbritanniens Motorradindustrie ging die Luft aus, auch wenn sich die 50er zunächst viel besser anließen – und das trotz Korea- und Nahostkrise, Materialknappheit und Rationierungen. Für eine kurze Blütezeit sorgte die starke Nachfrage nach preiswerten, vernünftigen Vehikeln, dank derer man einigermaßen komfortabel und zuverlässig von A nach B gelangen konnte. Und genau das boten einige der neugegründeten Firmen. Anfang der 50er folgte eine neue Welle von Hilfsmotoren, einfache Zweitaktaggregate, die zum Einbau in Fahrrädern bestimmt waren. In England strickte man um diese herum etwas primitive Zweiräder, oft Autocycles genannt, daneben gab es Mopeds, die zu ihrem ersten Auftritt auf der Insel kamen. Viele Firmen versuchten außerdem, einheimische Roller zu bauen, als Antwort auf die Importprodukte von Lambretta und Vespa. Leider waren die meisten einheimischen Konstruktionen sehr schwer und kaum attraktiv. Einige der Roller erschienen erst, als die Rollerwelle schon zu Ende ging; die Käufer hatten schon einen Roller oder hatte ihn schon gegen ein Auto eingetauscht. Im gesamten Jahrzehnt betraten 32 neue Motorradhersteller die Bühne:

1950	8	1955	4
1951	4	1956	1
1952	2	1957	3
1953	2	1958	1
1954	5	1959	2

Eine Mehrzahl dieser Firmen (21) ging vor dem Jahr 1954 an den Start. Acht überstanden das erste Jahr nicht, neun gaben nach zwei Geschäftsjahren auf. Die einzige der neuen Marken, die überlebte, war Greeves.

Die Massenmotorisierung gewann in England eigentlich erst Ende der 50er so richtig an Fahrt, den Durchbruch markierte der Austin Seven/Morris Minor der British Motor Corporation 1959. Motorradfahren und Motorräder haben zwar immer ihre treue Anhänger gehabt, die nie ihre zwei Räder gegen etwas anderes eintauschen wollen. Diejenige, die aber Motorräder lediglich als Transportmittel betrachteten, sahen das anders, besonders wenn sie Familien hatten. Ende 50er kostete ein normales Motorrad bald 200 Pfund und mehr, woll-

te der Besitzer seine Familie in einem Beiwagen herumkutschieren. Im Vergleich dazu war dann ein Morris mit 400 Pfund nicht besonders teuer.

In den 60ern bestand die gesamte Motorradindustrie aus nur noch zehn Namen, die meisten davon waren Hersteller von Trialmaschinen, die einige wiederum nur als Bausatz lieferten. Im Brennpunkt des Interesses allerdings standen die großen Motorrad-Konzerne, die sich durch Missmanagement, Dummheit und Ignoranz in den Abgrund lavierten. AMC brach im Sommer 1966 zusammen, und aus den Trümmern wurde Norton-Villiers zusammengezimmert, was disen renommierten Firmen den endgültigen Todesstoß versetzte. Und als Villiers zwei Jahre später keine Motoren mehr an fremde Hersteller lieferte, gab dies allen kleineren Unternehmen den Rest.

Währenddessen bestürmten ausländische Marken, vor allem solche aus Japan, auch noch die letzten verbliebenen Bastionen der britischen Motorradindustrie. Neben einem oftmals günstigeren Preis für entsprechende Modelle waren die meist japanischen Motorräder viel zuverlässiger. Was von der einstigen britischen Motorradherrlichkeit übrig geblieben war, ruinierten die heftigen Arbeitskämpfe der frühen 70er. Die Triumph-Arbeiter-Kooperative wurstelte noch bis in die 80er weiter, stand aber auch dann vor einem Scherbenhaufen, der sich nicht mehr kitten ließ. Gerade in jener Zeit erfolgten einige verzweifelte Versuche, der Industrie neues Leben einzuhauchen. In besonders unguter Erinnerung bleibt die Hesketh-Affäre, aus der man vor allem eines lernen konnte: Ja, es gab noch einen Markt für Luxusmotorräder britischer Herkunft. Wer aber mehrere tausend Pfund dafür verlangt, sollte aber auch sicher sein, dass das, was er zu bieten hat, auch sein Geld wert ist. Diese Lektion scheint man erst in den 90ern begriffen zu haben: Triumph ist auf dem bestem Wege, eine neue Erfolgsgeschichte zu schreiben. Und wer weiß, vielleicht gibt es noch mehr dieser spektakulären Comebacks…

Der Blick auf die Leichtkraftradabteilung der Motorcycle Show 1934 zeugt von neuem Selbstbewusstsein nach dem kräftigen Rückgang während der Rezession. Leider wissen wir heute, dass die besten Jahre der britischen Motorradindustrie bereits vorüber waren und viele der Marken dem Untergang geweiht waren.
Archiv Jim Boulton

ABC

**ABC Motors Ltd/ ABC Motors (1920) Ltd
Hersham, Walton-on-Thames, Surrey
Jarvis & Sons Ltd
Wimbledon, London SW 19**

Die All British (Engine) Company begann mit der Herstellung von Motoren für den Flugzeugbau, für Cyclecars und Motorräder. Das persönliche Engagement des Firmengründers und Chefkonstrukteurs Granville Bradshaw führte schließlich zur Produktion von kompletten Motorrädern, die erste Maschine wurde 1913 auf die Räder gestellt. Die Konstruktion war kompakt und windschlüpfrig, mit einem gelöteten Rundrohrrahmen und hinteren Blattfedern. Beim Motor handelte es sich um einen 3,5 PS starken 500 cm³ Zweizylinder, dessen Zylinder in Längsrichtung nach hinten und vorn auslegten. Die Kraftübertragung erfolgte über ein in die Hinterradnabe eingebautes Vierganggetriebe. In Schwarz und Silber lackiert, war das Motorrad für die damalige Zeit nicht billig. Es kostete 72 Pfund.

Die Produktion lief 1914 weiter, wurde aber mit Kriegsausbruch eingestellt, da das Werk sich auf die Produktion von Flugmotoren und anderen Rüstungsgütern konzentrieren musste. Unter anderem entstanden Pumpwerke für die abgesoffenen Gräben der Westfront.

Granville Bradshaw war der Mann, der hinter der Konstruktion und Fertigstellung des Prototyps dieser kompakten ABC mit Vierganggetriebe stand. Gebaut wurde sie innerhalb von nur elf Tagen. Ein quer eingesetzter Zweizylinder-Boxer saß in einem Doppelschleifenrahmen mit Hinterradfederung. Der Fahrer-Spritzschutz kann man vor und unterhalb der Fußrasten erkennen. Um überleben zu können, hätte die Maschine aber für 300 Pfund verkauft werden müssen. Und diesen Preis zahlte kein Kunde. *VMCC*

1918 existierten Überlegungen, zusammen mit dem Flugzeughersteller T.O.M. Sopwith ein Motorrad zu konstruieren, das anschließend bei Sopwith – wo nun reichlich Kapazitäten frei waren – gebaut werden sollte. Beide Partner gingen dabei eine Wette ein: Innerhalb von nur drei Wochen sollte das Motorrad entwickelt und als Prototyp gebaut werden. Bei Sopwith benötigte man dafür tatsächlich nur elf Tage! In seinen Grundzügen griff man dabei auf die ABC-Entwicklung der Vorkriegszeit zurück, dennoch entstand ein revolutionäres Motorrad. Auch dieser Entwurf war niedrig und kompakt gehalten, doch hatte das Motorrad nun einen vollständigen Doppelschleifenrahmen. Der 398 cm³ große Boxermotor hatte überdies jetzt eine längs eingebaute Kurbelwelle, beide Zylinder ragten nun seitlich heraus: Der Motor war quer eingebaut. Die fortschrittliche Hinterradfederung, sowie ein Spritzschutz vor

Die ABC Scootamota von 1919 mit ihrem skelettartigen Aufbau steht in scharfem Kontrast zur luxuriösen ABC von Granville Bradshaw aus dem gleichen Jahr. Der Motor befindet sich auf dem Gepäckplatz.
Archiv Jim Boulton

dem Aberdale-Label vermarktet. Im Jahr darauf übernahm Bown die kompletten Rechte und brachte die Konstruktion unter eigenem Namen in den Handel. Mit einem neuen 99 cm∆ Villiers-Motor versehen, gelangten sie jetzt als Bown Auto Roadster in den Handel. Bown stellte 1951 auch ein konventionelles Motorrad vor, das ebenfalls über den 99 cm∆ Villiers als Antrieb verfügte. Eine zweite, leistungsstärkere Version erschien im folgenden Jahr. Die Produktion aller Modelle endete 1954. Zwei Jahre später meldete sich der Hersteller noch einmal mit einem Mofa zurück, das aber nur bis 1957 gebaut wurde.

Abingdon King Dick; AKD

Coxeter & Sons
Abingdon, Berkshire
Abingdon Ecco Ltd
Shadwell Street, Tyseley, Birmingham 25
Abingdon Tools & King Dick Spanners/
Abingdon Works Ltd/Abingdon Works (1913) Ltd,
Kings Road, Tyseley, Birmingham 25

den Beinen wie auch unter den Füßen des Fahrers garantierten einen hohen Fahrkomfort.

Der Preiszettel entsprach etwa dem der Vorkriegsmodelle (70 Pfund), was aber nicht realistisch war. Bradshaws hohe Qualitätsansprüche und die aufwändigen Fertigungsmethoden hätten eigentlich den Preis in Richtung 200, vielleicht sogar 300 Pfund verschieben müssen, sofern man einen Gewinn erzielen wollte. Rasch folgten einige Billigmodelle, obwohl das Werk mit der Produktion des Luxusmodells alle Hände voll zu tun hatte. Das interessanteste Sparmodell hieß Scootamota und war eine unverkleidete, rollerähnliche Konstruktion, die leider dort den Motor trug, wo man bei normalen Maschinen das Gepäck unterzubringen pflegte. Die Herstellung von ABC-Motorrädern wurde bei Sopwith schon 1921 eingestellt. Die Restbestände kaufte Jarvis & Sons in Wimbledon auf und sicherte so auf Jahre hinaus die Ersatzteilversorgung, darunter auch komplette Motorräder. ABC wurde 1920 neu strukturiert und produzierte bis 1927 in Victoria Crescent, Walton-on-Thames in Surrey, Autos.

Aberdale; Bown

Aberdale Ltd
Bridport Road, Edmonton, London
Bown Cycle Co Ltd,
Llwynypia, Tonypandy, Glamorgan

Unmittelbar nach dem Zweiten Weltkrieg sollte die Rollerkonstruktion von Aberdale den Traum vom motorisierten Transportmittel erfüllen. 1947 vorgestellt, hatte das Rädchen einen Rohrrahmen und einen 98 cm³-Einbaumotor von Villiers. Die eigentliche Produktion erfolgte aber bei Bown in Wales, die Maschinen wurden bis 1949 unter

Wer durch die Industriegebiete in Tyseley in Birmingham schlendert, wird früher oder später vor einem riesengroßen Schild mit der Aufschrift KING DICK stehen. Hier ist der Werkzeughersteller Abingdon Tools & King Dick Spanners zu Hause, dessen bekanntestes Produkt der Schraubenschlüssel King Dick war. Während und nach dem Ersten Weltkrieg stellte die Firma aber auch Motorräder her. Die Markenbezeichnung Abingdon steuerte die gleichnamige Stadt in Berkshire bei, wo Coxeter & Sons seit 1903 Motorräder mit Einbaumotoren von Fafnir, Minerva und MMC gebaut hatte.

Nach einigen Jahren wurde die Produktion nach Tyseley in Birmingham verlagert. Die Modellpalette von Abingdon King Dick umfasste vier Modelle, basierend auf einen Einzylinder und einen Zweizylinder eigener Herstellung. Das Spitzenmodell war ein V-Zweizylinder mit Dreiganggetriebe, Ketten- und Riemenantrieb und Kickstarter. Das gleiche Motorrad gab es auch mit Einzylindermotor, dann aber um rund 15 Prozent billiger. Das zweite Zweizylindermodell verfügte über ein Einganggetriebe samt Riemenantrieb zum Hinterrad, auch von diesem Typ existierte eine Einzylinder-Ausführung.

Noch vor 1918 endete die Motorradherstellung. Die Marke verlegte sich dann auf den Autobau. Es erschien ein übersteuertes Modell, das kaum Absatz fand. Deshalb wandte man sich 1925 wieder den Motorrädern zu und konnte schon 1927 eine neue Serie auf Kiel legen. Die neue Markenbezeichnung lautete nun AKD. Wie gehabt, handelte es sich bei den Motoren um Eigenkonstruktionen, jedoch waren es samt und sonders Einzylinder. 1929 umfasste das Modellangebot sechs Typen. Einstiegsmodell war das Modell 19 mit einem 1,74 PS starken 175er Motor, der Top-Typ hieß Modell 49 und hatte einen 3 PS starken 300 cm³ Motor. Diese Maschine gab es auch mit Beiwagen. Die Preise für die verschiedenen Modelle bewegten sich zwischen 30 und 50 Pfund, letzteres für das große Gespann.

Abingdon Motorräder wurden von 1903 bis 1925 gebaut. 1927 wieder in Produktion genommen, liefen sie nun unter AKD-Label, dem Kürzel des Herstellers. Nur fünf Jahre gebaut, wartete diese Model 90 Sports vom Baujahr 1930 mit dem hauseigenen 248 cm³ Motor auf. Der Preis lag bei knapp 40 Pfund.
VMCC

Finanzielle Schwierigkeiten führten 1931 zur Neugründung. Im Modellprogramm änderte sich aber, abgesehen von den Bezeichnungen, nichts. Die Modelle hießen nun Comet, Jupiter, Orion, Polar, Neptune und Mercury. Die Palette wurde für 1932 gestrafft und Comet und Neptune gestrichen. Neu ins Programm kam eine 1,75 PS starke 175er Mercury Super Sports. Das sollte aber die letzte Neuentwicklung sein, und in diesem Jahr endete die Motorradproduktion. Die Firma selbst stellt noch heute Handwerkzeuge her.

A.B. Jackson Cycles Ltd
300 Icknield Port Rd, Birmingham I
Jackson Cycles Ltd
109-111 Pope St., Birmingham I

ABJ hatte eine stolze Vorgeschichte. Benannt wurde die Firma nach dem Geschäftsführer A.B. Jackson, der sich lange mit motorisierten Zweirädern beschäftigt hatte. In erster Linie Fahrradhersteller, hatte Jackson zwischen 1937 und 1940 auch das »Raynal«-Autocycle gebaut, das auch zwischen 1947 und 1950 noch lieferbar war.

Unter seinem eigenen Namen baute Jackson ab 1950 dann Leichtkrafträder und Fahrräder weiter. Für Vortrieb sorgte der bekannte 98 cm³-Einbaumotor von Villiers; sein Angebot bestand aus zwei Modellen. Beide, »Autocycle« und »Motorcycle«, wiesen motorradtypische Bauformen

Zwischen 1950 und 1954 baute der Fahrradhersteller A.B. Jackson in Birmingham kleine Motorräder. Hier sein Autocycle von 1950. Fahrradähnliche Details sind noch zu sehen, wie die Tretpedale und der typische Werkzeugkasten.
VMCC

auf und verfügten über einen Rundrohrrahmen. Sie blieben in Produktion bis 1952. In diesem Jahr stellte Jackson auch einen eigenen Einbaumotor vor (»Auto Minor«), der über dem Vorderrad eines normalen ABJ-Fahrrads eingebaut werden sollte. Das Auto Minor-Aggregat wurde noch 1953 gebaut, dann aber von den immer stärker an Bedeutung gewinnenden Mofas und Rollern verdrängt. Jackson selbst blieb als Fahrradproduzent noch mehrere Jahre im Geschäft.

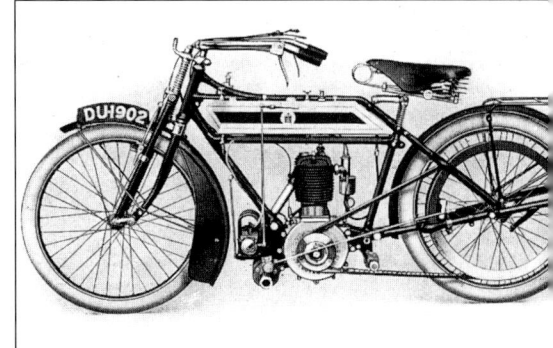

Acme; Rex; Rex-Acme

Acme: Acme Motor Co Ltd
6 Lincoln Street, Coventry 1
Rex: Birmingham Motor Manufacturing & Supply Co Ltd/
Rex Motor Manufacturuing Co Ltd
222 Osborne Road, Coventry 1
Stoney Stanton Rd, Earlsdon, Coventry 6
Rex-Acme: Rex Acme Motor Co Ltd
Stoney Stanton Rd, Coventry 6
Mills Fulford Ltd
Progress Works,
Stoney Stanton Rd, Coventry

Heute eher bekannt als Rex-Acme, begann die Acme Motor Company als Kleinserienhersteller von Motorrädern. Im Juni 1902 gegründet, baute die Firma, mit einigen Unterbrechungen, bis zur Fusion mit Rex Motorräder in bescheidensten Stückzahlen.

Die Firma Rex war schon im Jahre 1900 als Birmingham Motor Manufacturing & Supply Company gegründet worden. Ihre Existenz war nur von kurzer Dauer, da sie im Juni 1902 mit Allard & Co fusionierte, einem 1891 gegründeten Fahrradhersteller. Daraus entstand die Rex Motor Manufacturing Co, die bis 1911 auch Autos im Produktionsprogramm führte. Die Rex waren für ihre Zuverläs-

Berühmt wegen fortschrittlicher Technik und tollem Design, gehörten die Rex zu den populärsten Motorrädern vor dem Ersten Weltkrieg. Diese Tourist Model von 1910 mit Kennzeichen aus Coventry hat den hauseigenen Motor, wie ihn die anderen Modelle auch aufwiesen. Ab 1919 gab es Rex-Motorräder mit Blackburne-Motoren.
VMCC

sigkeit bekannt, und die Firma nutzte das auch als Werbeargument, unter anderem machte eine Fernfahrt von Englands Nordspitze John O'Groats bis hin zur Südspitze am Land's End Schlagzeilen: 1425 Kilometer in 48,5 Stunden, das waren Werte, die sich sehen lassen konnten. Vor Ausbruch des Ersten Weltkriegs und der damit verbundenen Produktionseinstellung waren zwei Haupttypen zu ha-

1922 entstanden aus der Fusion zwischen Rex und Acme, baute Rex-Acme bis 1928 nur Einzylinder. In dem Jahr stellte das Unternehmen die E/8 vor, die von einem 750 cm3 großen JAP-Zweizylinder angetrieben wurde. Sie kostete 72 Pfund und wurde im Jahre 1930 unter der Bezeichnung E/10 letztmals gebaut.
VMCC

ben, beide mit dem hauseigenen V-Zweizylinder-Motor. Wahlweise waren Drei- oder Zweiganggetriebe erhältlich, so wie auch Kickstarter und Ketten- oder Riemenantrieb. Die Preise rangierten von 65 bis 72 Pfund.

Rex fusionierte 1922 mit Acme und baute bis 1933 vor allem Einzylindermaschinen. Neben den eigenen Rex-Acme-Motoren kamen Einzylinder-Motoren von Aza, Blackburne, JAP, Rudge, S.A. und Villiers zum Einsatz, überdies gab es einen JAP-Zweizylinder. Die ersten Modelle trugen als Verkaufsbezeichnung nur Nummern, ab 1928 fanden als Modellbezeichnungen Namen wie Junior, TT und Junior DeLuxe in Kombination mit Bezeichnungen wie zum Beispiel B8 oder M8 Verwendung. Die Preise rangierten über eine Spanne von 37 bis über 70 Pfund. Auch die Seitenwagen waren direkt vom Werk erhältlich, sie kosteten zwischen 13 und 25 Pfund Aufpreis.

Das letzte volle Produktionsjahr für Rex-Acme war 1937, in jenem Jahr wurde eine Speedwaymaschine mit 499 cm³ JAP-Motor eingeführt. Dabei handelte es sich, mit 80 Pfund, um das teuerste Motorrad der Firma. Die Marke wurde anschließend von ihrem Beiwagen-Lieferanten übernommen. Mills Fulford (1899 gegründet) ließ zwei Modelle (012 und R12, beide mit JAP-Motoren) im Programm. Es dauerte aber noch nicht einmal ein Jahr, bis die Produktion endgültig eingestellt wurde.

Advance

Advance Motor Manufacturing Co Ltd
Louise Road, Northampton

Advance war einer der vielen Motorhersteller, die sich weit entfernt von den Motorradkerndistrikten in West Midlands

und London angesiedelt hatten. Wie viele ihrer Zeitgenossen versuchten auch diese sich am Bau von kompletten Motorrädern, ein Experiment, das allerdings nur zwischen 1906 und 1908 währte.

AEB; De Luxe; Motorite

A.E. Bradford
Sweetman St, Wolverhampton
Motorites (A.E. Bradford)
Vane St, Wolverhampton

A.E. Bradford war ein motorradbegeisterter Lehrer aus Wolverhampton. 1912 fing er in Räumlichkeiten an der Sweetman Street in Wolverhampton unter seinem eigenen Kürzel »A.E.B.« an, Motorräder zu bauen. Zwischen 1912 und 1913 wurden nur wenige Maschinen fertiggestellt. Nach dem Ersten Weltkrieg nahm Bradford die Herstellung des Modells »De Luxe« auf, entstanden aus vorhandenen Restteilen und neu eingekauften Komponenten. Das »De Luxe«-Modell wurde 1919 und 1920 gebaut. In späteren Jahren betrieb Bradford ein Motorradgeschäft (Motorites) in der Vane Street in Wolverhampton und dort stellte er auch ein Bausatz-Motorrad her, das er schlicht Motorite genannt hatte.

Der Lehrer A.E. Bradford aus Wolverhampton baute vor dem Ersten Weltkrieg die A.E.B. und meldete sich nach dem Krieg mit der DeLuxe zurück, hier mit netter Dame zu sehen. Die Produktion war nicht umfangreich. 1919 und 1920 entstanden einige aus vorhandenen Vorkriegsteilen und zugekauften Komponenten.
Archiv Jim Boulton

Siehe Reynolds' Special Scott

AJS

J. Stevens & Co
Tempest St, Wolverhampton
The Stevens Motor Manufacturing Co Ltd/
A.J. Stevens Ltd
Pelham St/Retreat St, Wolverhampton
A.J. Stevens (1914) Ltd
Graiseley House, Graiseley Hill, Penn Rd,
Wolverhampton
Matchless Motorcycles (Colliers) Ltd/Associated
Motorcycles Ltd
44-45 Plumstead Rd, Woolwich, London SE 18

In den 80er Jahren des 19. Jahrhunderts war Joe Stevens als Hersteller von Schrauben und Nieten in Wednesfield/Wolverhampton in Erscheinung getreten. Er hatte fünf Söhne, die alle nacheinander in die väterliche Fabrik eintraten. Ab 1896 firmierte das Unternehmen dann, folgerichtig, als J. Stevens & Son. Die Söhne brachten neue Techniken wie auch Talente ein, bald schon umfasste das Herstellungsprogramm auch Presswerkzeuge. Die Brüder Stevens waren aber nicht nur technisch sehr begabt, sondern auch Motorrad-begeistert. Schon 1894 hatten sie ein BSA-Fahrrad mit ihrem eigenen Motor ausgestattet.

Dieses Motorrad erreichte rasch einen hohen Bekanntheitsgrad, was vor allem dem Motor zu verdanken war. Alle Anfragen, sogar feste Bestellungen von Fahrradherstellern und anderen Unternehmen wurden aber zunächst abgelehnt, bis dann doch ein Umdenken stattfand. Bald schon überstieg die Herstellung dieses Stevens-Motor die beengten Verhältnisse der väterlichen Firma in der Tempest Street

Rechte Seite: Draufsicht der AJS Model D von 1914, mit Hinweisen zu Armaturen und Bedienelementen.
Archiv Jim Boulton

und vier der Brüder, George, Jack, Harry und Joe Junior, gründeten eine neue Firma. The Stevens Motor Manufacturing Co Ltd nahm etwa um 1900 in neuen Räumlichkeiten in der Pelham Street die Arbeit auf.

Stevens verkaufte Motoren an viele Motorradbauer, unter anderem an den örtlichen Hersteller Wearwell (»Wolf and Wulfruna«) und an Clyno in Northampton. Auch andere Fahrzeugkonzepte wurden erprobt, doch weder das Forecar mit Heckmotor und zwei Sitzplätzen vorn (1903) noch ein Damen-Motorrad mit offenem Rahmen gediehen über das Prototypenstadium hinaus. Dennoch träumten die Brüder unverdrossen von einer eigenen Motorradfertigung. Inzwischen nahm das Geschäft mit Motoren immer größere Formen an, so dass die Firma erweitert werden musste. 1908 bezog man größere Räumlichkeiten in der Retreat Street, Wolverhampton, etwas oberhalb der Penn Road und John Marstons Sunbeamland. (Clyno zog gleichzeitig in die alten Betriebsstätten der Stevens Brüder in der Pelham Street ein.) Die Stevens-Familie hatte jetzt jedenfalls Platz genug, um ihre ambitionierten Pläne einer richtigen Motorradherstellung zu erfüllen.

Blieb nur noch die Frage nach dem Namen für das neue Motorrad. Da die Motorherstellung weiterlaufen sollte, verbot sich die Verwendung des Familiennamens von selbst. Man entschied sich für das Kürzel AJS, nach den Initialen

Diese von Matchless hergestellte AJS von 1937 entstand sechs Jahre nach dem Wegzug von Wolverhampton. Zu jener Zeit war das Markenprofil bereits verwässert und diese »English Model 37/2« hatte viele Komponenten von Matchless. Dennoch: Sie war ein feines Motorrad.
Archiv Jim Boulton

Plan View of 6 h.p. PASSENGER Motorcycle, Model D

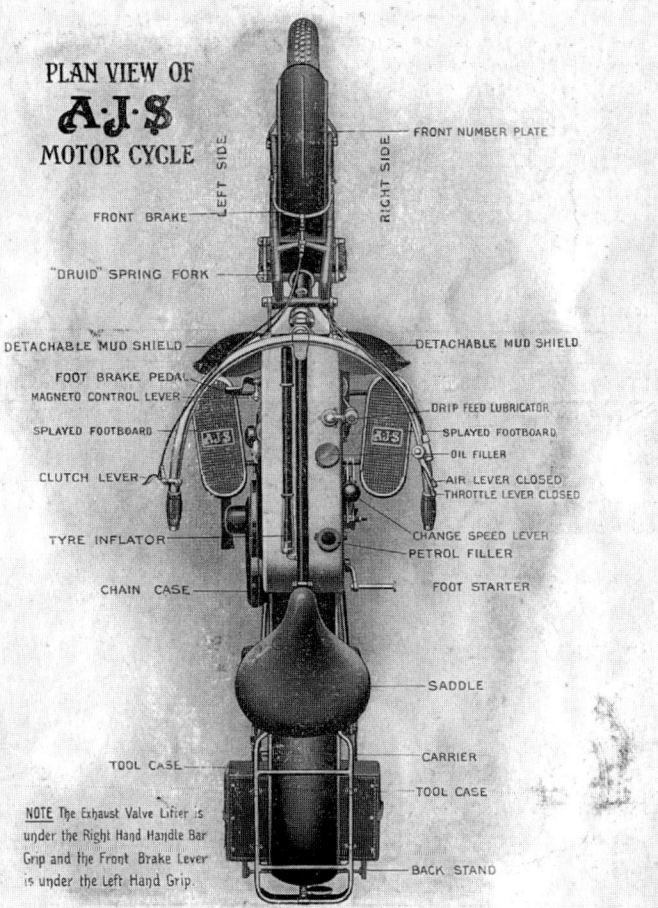

PLAN VIEW OF
A·J·S
MOTOR CYCLE

LEFT SIDE — RIGHT SIDE

FRONT NUMBER PLATE

FRONT BRAKE

"DRUID" SPRING FORK

DETACHABLE MUD SHIELD — DETACHABLE MUD SHIELD

FOOT BRAKE PEDAL
MAGNETO CONTROL LEVER — DRIP FEED LUBRICATOR
SPLAYED FOOTBOARD — SPLAYED FOOTBOARD
— OIL FILLER
CLUTCH LEVER — AIR LEVER CLOSED
— THROTTLE LEVER CLOSED
TYRE INFLATOR — CHANGE SPEED LEVER
— PETROL FILLER
CHAIN CASE — FOOT STARTER

— SADDLE

TOOL CASE — CARRIER
— TOOL CASE

NOTE The Exhaust Valve Lifter is
under the Right Hand Handle Bar
Grip and the Front Brake Lever
is under the Left Hand Grip.

BACK STAND

—note its symmetrical build, its perfect
balance, its possession of every device
and refinement for perfect Motorcycling

5

6 H.P. 3 SPEED A·J·S
MODEL D.

| RIGHT-SIDE ILLUSTRATION | LEFT-SIDE ILLUSTRATION |

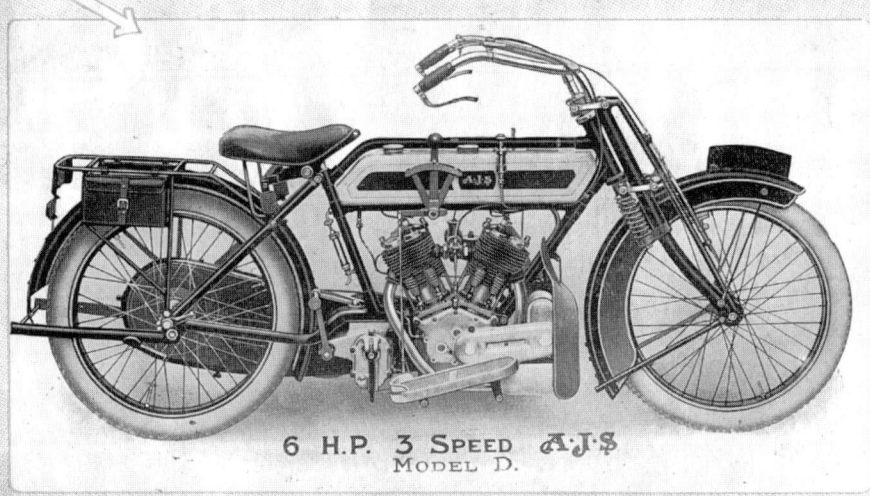

6 H.P. 3 SPEED A·J·S
MODEL D.

THIS is the famous "A.J.S. Model D." incorporating our pioneer features of ALL-ENCASED WEATHERPROOF CHAIN DRIVE, 6 H.P. TWIN-CYLINDER ENGINE, HAND-CONTROLLED CLUTCH, THREE-SPEED COUNTERSHAFT GEAR, PATENT GATE CHANGE, AND KICK-STARTER. Suitable for Solo use if desired. Patent Detachable Wheels fitted to order

6

AJS überprüfte nicht nur Komponenten und Teile während der Produktion, sondern testete auch komplette Motorräder auf der Straße. Hier posieren sechs Testfahrer vor einer Werkshalle in Graiseley Hill, bevor sie die Straßen von Wolverhampton unsicher machen.
VMCC

des ältesten Bruders: Albert Jack Stevens.

Für die Produktion wurde eigens eine Gesellschaft ins Leben gerufen, A.J. Stevens & Co, und die ersten Motorräder erschienen 1910. Zunächst waren zwei Modelle im Angebot, beide mit einem 2,5 PS-Motor mit Riemenantrieb. Modell »A« hatte ein Einganggetriebe und kostete 38 Pfund, das Modell »B« mit Zweiganggetriebe kam auf 44 Pfund. AJS-Motorräder gingen 1911 auf der Isle of Man an den Start, und trotz des mäßigen Erfolgs konnte man sich vor Bestellungen kaum retten. AJS pausierte ein Jahr, kehrte 1913 auf die Insel zurück und gewann, wiederum ein Jahr später, die Junior TT (350 cm³). Doch damit nicht ge-

Linke Seite: AJS Model D von links und rechts, Baujahr 1914.
Archiv Jim Boulton

nug: Auch die Plätze 2., 4., 6. und 29. (und damit vier Goldmedaillen) gingen an AJS. Das Potenzial der Maschinen bestätigte der Sieg beim Brooklands Junior TT am 13. Juni 1914, und in der Presse häufte sich das Lob über die AJS-Maschinen, über deren Zuverlässigkeit und Beständigkeit wie auch deren überragendes Leistungsvermögen.

Die Rennerfolge halfen beim Verkauf vieler Motorräder, zumal das Angebot aus durchaus interessanten Modellen bestand: Die »D« war ein 6 PS starker V-Zweizylinder mit 748 cm³ und kostete über 73 Pfund. Die 2,75 PS starke 349 cm³ »B« war entweder mit Drei- oder Zweiganggetriebe erhältlich. Interessant auch die »TT Racing Type« mit Rennlenker und -fußrasten, gekapselter Kette und »extra großem Auspuffkrümmer«. Der Preis entsprach dem der normalen »B«, entweder 49 oder 52 Pfund, je nach Getriebe.

Die rasch wachsende Popularität und die steigende Nachfrage erzwangen einen weiteren Umzug, der das Unternehmen weiter aus Wolverhampton heraus führte. Die Straße blieb die gleiche. Gleichzeitig wurde die Firma umbenannt, die Marke firmierte jetzt als A.J. Stevens (1914) Ltd. Die neuen Räume auf dem Gebiet von Graiseley House

AJS Single: Nach 1945 gab es keine technische Unterschiede mehr zwischen AJS- und Matchless-Typen, nur Embleme und Modellbezeichnungen unterschieden sich. Hier eine AJS 18S von 1953. Die Modellbezeichnung 18 stand für 500 cm^3, und die Zusatzbezeichnung S bezeichnete die Exemplare mit Hinterradfederung. 1955 erfolgte die Einführung der abgerundeten Vollnabenbremsen, deren Beläge aber leider nicht breiter waren als bei den Vorgängern. Der Primärantrieb saß bis 1956 unter einem gepressten Blechkasten mit längslaufender Gummidichtung, der von den Fußrasten zusammengehalten wurde.

AJS 14S: AMC stieg erst spät in die kleineren Hubraumklassen ein – eigentlich viel zu spät. Diese schwere 250er sollte Anfang der 60er den Ansturm italienischer, vor allem aber japanischer Motorräder aufhalten. Der überquadratische Motor (70 x 65 mm) leistete nur gerade 20 PS und lag damit schon hinter der kürzlich eingeführten Honda CB 72, die zumindest von der Papierform her mehr zu bieten hatte.

dienten als Büro, produziert wurde in einer 90 x 30 Meter großen Halle, die 1915 in Betrieb ging. Zu dieser Zeit fertigte AJS auch Rüstungsgüter wie Präzisionsteile für die Flugindustrie. 1916 wurde die Motorradproduktion ganz eingestellt.

Bei Kriegsende wurde die Werksanlage ausgebaut. 1919 kamen drei größere, ziemlich simpel aufgebaute Hallen hinzu, eine Reparaturwerkstatt, eine Lagerhalle und eine Montagehalle. Dadurch konnte die erste, ursprüngliche Halle für den Maschinenbau umgerüstet werden.

Bei den Nachkriegsmodellen handelte es sich um Neukonstruktionen, nicht etwa, wie bei den Konkurrenten, um aufdatierte Vorkriegsentwürfe. Das Spitzenmodell war ein 6 PS starkes Gespann für 142 Pfund, wobei der Beiwagen besonders kräftig aufgebaut war und über eine Stahlblechkarosserie und großdimensionierte Federn ver-

fügte. Als 1920 die TT auf der Isle of Man wieder ausgetragen wurde, war AJS wieder mit dabei. Eric Williams gewann die Senior TT (500), die bis dahin von Sunbeam dominiert worden war. Im Nu hatte AJS seinen Ruf neu belebt und die Nachfrage nach Straßenmodellen angeheizt. 1923 entstanden straßentaugliche TT-Replikas. Diese hatten 349 cm^3 große, obengesteuerte »Big Port«-Einzylinder und kosteten 87 Pfund.

Die 20er Jahre bescherten AJS weitere, wenn auch nicht so spektakuläre, Rennerfolge, die sich in der einen oder anderen Form auch auf das Programm auswirkten. Für 1928 wurde sogar ein Modell mit obenliegender Nockenwelle zum Verkauf angeboten. Für 1930 kündigte AJS die neue »R«-Reihe an, die vier Modelle mit geneigten Einzylindermotoren (»Sloper«) umfasste. Dazu kam ein 996 cm^3 großer Zweizylinder, der nur 63 Pfund kostete. Für

AJS 31 CSR: Die Buchstabenbezeichnungen von AJS/Matchless (AMC) sind ein Kapitel für sich. Die Spitzenmodelle beider Marken wurden immer als CSR bezeichnet, wobei das »C« für Competition stand, das »S« für die Hinterradfederung und das »R« für eine höhere Leistung. Hier das AJS-Supersportmodell von 1962, in dem Jahr, als Norton zu der Gruppe kam. Eine Folge davon sollte sich in den nächsten Jahren zeigen: Mehr und mehr vermischten sich die verschiedenen Modelle und Baureihen. So gab es CSR-Typen, die unter anderem eine Norton-Gabel hatten, und zum Schluss gab es für die USA auch eine Variante mit Norton-750-Motor. Diese 31 CSR ist also die letzte echte der großen AMC Sport-Twins, mit 46 PS bei 6500/min. Wie viele andere Hersteller jener Zeit bot auch AMC für die Sportmodelle Tuningkits an, die Nockenwellen, Kolben und Ventilfedern, aber auch Drehzahlmesser und Cockpitverkleidungen beinhalteten.

1931 waren schon neue Typen angekündigt worden, aber direkt nach der TT, wo ein Fahrer tragischerweise tödlich verunglückt war, sperrte die Bank sämtliche Kredite.

Nachdem sämtliche Schulden beglichen werden konnten, kehrten die Brüder zurück in das Ursprungswerk der väterlichen Schraubenfabrik. Das Motorradgeschäft ging an die Matchless Motor Cycles (Collier), die die Produktion in die riesigen Werksanlagen in Woolwich verlagerte. Der Besitzerwechsel hatte zunächst kaum Einfluss auf die AJS-Rennaktivitäten, doch das Markenprofil weichte nach und nach auf. Zum Beispiel hatte der Zweizylinder bald einen 990 cm³ Matchless-Motor.

Auch wenn der Name AJS blieb: In Wirklichkeit verbarg sich dahinter ein anderer Hersteller, einer, der 1938 die Marke Sunbeam übernahm und bald als »Associated Motor Cycles« firmierte. Das heißt nun nicht, dass nun keine tollen Motorräder mehr mit dem Namen AJS gebaut worden wären, ganz im Gegenteil: Das 1937er Angebot umfasste 12 Modelle, von der einzylindrigen »Modelk 37/12« mit 246 cm³ (42 Pfund) bis hin zum 990 cm³ großen Zwei-

zylinder-Exporttyp » Model 37/2A« für 76 Pfund reichte die Spannweite. Eines der wichtigsten Motorräder der Marke erschien sowieso erst nach dem Zweiten Weltkrieg: die AJS 7R von 1949.

Der Einzylinder mit obenliegender Nockenwelle war eine Rennmaschine und trug zuerst den Spitznamen »Boy Racer«. Im Katalog hieß es, nicht ohne Stolz, daß jede 7R in der Rennabteilung aufgebaut werde. Dort entstand übrigens auch das Einzelstück »Porcupine« (Stachelschwein), das 1949 unter Les Graham die allererste 500er WM gewann.

AMC verleibte sich mehr und mehr Marken ein, Mitte 1962 sogar Norton. Die Maschinen von AJS/Matchless verloren noch mehr an Kontur, zumal einige Baureihen jetzt auch Gabeln und Räder von Norton trugen. Im Sommer 1966 platzte der Ballon, nur Norton durfte überleben. Aus der Konkursmasse wurde dann noch Triumph herausgebrochen, der Rest war Geschichte – so wie AJS, das noch eine kleine Weile am Tank eines Zweitakt-Crossers mit Villiers-Motor zu finden war.

Arthur John Wheaton/The AJW Motor Co
Frierhay Street, Exeter
AJW Motor Co,
Seabourne Road, Bornemouth, Dorset
J.O. Ball
Mill Lane, Pilford Heath, Wimborne, Dorset

Der nächste AJ in der Motorradgeschichte, Arthur John Wheaton, arbeitete als Publizist, bevor er sich für eine Karriere als Motorradhersteller interessierte. Unter seinen eigenen Initialen plante er die Produktion eigener Modelle

schon 1926, die dann 1928 erschienen. Alle waren Zweizylinder mit Rudge- oder JAP-Motoren mit Hubräumen von 680 bis 994 cm³, die 89 bis 170 Pfund kosteten. Alle Typen konnten zum Aufpreis von etwa 20 Pfund mit Beiwagen ausgeliefert werden.

Wheaton mochte offensichtlich Füchse, oder wenigstens deren Namen, da seine ersten Entwürfe Namen wie Black Fox, Silver Fox, Flying Fox, Vixenette, Red Fox, Flying Vixen usw. trugen. Diese Menagerie konnte mit der Zeit zusätzlich noch mit Motoren von Anzani und Villiers motorisiert werden.

Die Produktion lief in den ersten Kriegsmonaten weiter, endete aber 1940. Nach dem Krieg wurde die Firma von Jack Ball gekauft, der die Herstellung nach Pilford Heath in Wimbourne in Dorset verlagerte. Lieferschwierigkeiten verzögerten den Produktionsanfang bis 1948, dann endlich erschienen die JAP-motorisierten Grey Fox (Straßenmodell) und Speed Fox (Speedwaymaschine). Die Abhängigkeit von den Motorlieferungen blieb immer ein Problem, 1952 endete die Herstellung von Straßenmodellen. Die Speedwaymaschinen liefen weiter.

Die Marke meldete sich 1958 zurück, mit einem mofaähnlichen Kleinkraftrad namens Fox Cub. Mit diesem und anderen Modellen blieb die Marke bis 1964 im Geschäft.

Alldays; Allon

Alldays & Onions Pneumatic Engineering Co Ltd
Matchless Works, Fallows Road, Sparkbrook, Birmingham II
Allon (ab 1915:) New Alldays & Onions Co Ltd
Great Western Works, Small Heath, Birmingham

Als eine der ältesten englischen mechanischen Industrien, konnte Alldays & Onions auf eine Firmengeschichte bis zum Jahre 1650 zurückblicken. Eine Autoherstellung fing

Von allen »Initialen-Herstellern« gehörte Arthur John Wheaton und seine AJW zu den populärsten. Er begann 1926 in Exeter mit der Produktion; ab 1930 belegte er seine Motorräder mit Fuchsnamen. Seine Flying Fox wurde 1932 eingeführt. Dieses 500er Model hatte einen Rudge-Python-Ulster-Motor und kostete 65 Pfund.
VMCC

1898 an, gefolgt von Motorrädern 1903. Als Grundstock beider Geschäftszweige dienten Motoren eigener Herstellung, ein Zweitakt-Einzylinder mit verschiedenen Antriebsvarianten, Riemen, Kette und Ein- oder Dreiganggetriebe. »Fast on hills, low on bills« lautete ein Slogan der Marke, schnell die Hügel hoch, geringe Reparaturrechnungen. Selbstbewußt lobte man seine Motorräder als »die besten Leichtkrafträder, die je hergestellt wurden«.

Die Produktion lief bis 1915 weiter, damals hießen die Zweitakter »Allon« und kosteten zwischen 32 und 42 Pfund. Wegen der Produktion von Kriegsgütern wurde die Motorradherstellung eingestellt und auch nicht sofort nach dem Kriegsende wieder aufgenommen. Als die Marke schließlich zurückkehrte, hatte man eine neue Adresse in Small Heath, Birmingham, wie auch eine neue Struktur. The New Alldays & Onion verwendete den eigenen 292 cm³ Zweitaktmotor zwischen 1925 und 1926; 1927, im letzten Produktionsjahr, kamen ein Dorman-Einzylinder und ein JAP-Zweizylinder zum Einsatz. Der letztere hatte 680 cm∆ Hubraum und kostete 75 Pfund.

Ambassador

Ambassador Motor Cycles Ltd
Pontiac Works, Fernbank Road, Ascot, Berkshire
DMW Motor Cycles (Wolverhampton) Ltd
Valley Road, Sedgley/nr Wolverhampton

Motorradmarken, die von ehemaligen Rennfahrern gegründet sind, zeichnen sich oft durch sehr wechselhafte Schicksale aus, aber Ambassador war eine, der tatsächlich Erfolg beschieden war. Kaye Don fuhr Rennen in Brooklands, auf zwei und auf vier Rädern. Dann kam der Zweite Weltkrieg. Zwei Jahre nach dessen Ende gründete Don eine eigene Firma zur Herstellung von kleineren Motorrädern: Ambassador Motor Cycles. Die Fabrik befand sich im noblen Ascot, und die Motorräder wurden als »Maschinen für den Kenner« angeboten. Die ab 1951 verwendeten Modellnamen unterstrichen noch diesen exklusiven Anspruch: Embassy, Courier, Supreme usw.

Die Motoren kamen von Villiers. Die Modellpflege bescherte zum Beispiel der Supreme einen Anlasser (1953) und der Embassy ein Vierganggetriebe (1955). Im gleichen Jahr übernahm Ambassador den Zündapp-Import, und es dauerte nicht lange, bis die tief heruntergezogenen Schutzbleche, die seinerzeit in Deutschland Mode waren, auch Einzug in das Ambassador-Programm hielten.

Kaye Don war die Seele des Geschäftes, als er sich 1962 zurückzog, stoppte auch die Produktion noch vor Jahresende. Die Restbestände kaufte die Konkurrenz von DMW in Sedgley nahe Wolverhampton auf. Zu DMW gehörte auch die Metal Profiles, der Lieferant von Ambassador-Gabeln. Die Produktion wurde in Sedgley im Juli 1963 wieder aufgenommen, die neue Ambassador hatte aber große Ähnlichkeiten mit einer DMW, der Dolomite II M. Dieses »neue« Motorrad blieb zwei Jahre in Produktion, und das letzte Motorrad mit dem Ambassador-Emblem verließ im September 1965 das Werk.

AMC –

Siehe AJS

Argson Invalid Tricycle

Stanley Engineering Co Ltd
Egham, Surrey

Obwohl Versehrtenfahrzeuge zum größten Teil aus Motorradtechnik bestehen und in der Vergangenheit oft zusammen mit Motorrädern vermarktet worden sind, wurden sie in der Industriegeschichte vielfach übersehen. So auch hier: Argson war das Produkt von Stanley Engineering. Die Produktion begann in den späten 20ern, die ersten Jahre verwendete die Firma einen Motor eigener Herstellung, einen 170 cm^3 großen Einzylinder. Ab 1933 wurde dieser durch einen 147 cm^3 Villiers ersetzt. Die Argson kosteten zwischen 58 und 70 Pfund und wurde die 30er Jahre hindurch gebaut.

Ariel

Ariel Motorcycles Ltd
Dale Road/Grange Road, Bournbrook, Birmingham 29

Die Ariel-Geschichte fängt mit der Components Ltd an, dem Hersteller von Fahrrädern. Ihr Gründer, Charles Sangster, experimentierte 1898 mit einem motorisierten Dreirad, 1902 entstand das erste Ariel-Motorrad mit Kerry-Motor. Zu Werbezwecken wurde das Motorrad auf Ausdauerfahrten überall hin geschickt, unter anderem von John O'Groats nach Land's End, eine knapp 1500 km lange Strecke. Ariel baute in Lizenz auch Motoren von White & Poppe in Coventry nach, ihre Leistung betrug 2 bis 3,5 PS.

Leider waren die Verkaufszahlen schlecht. Der hohe Preis der Maschinen war dabei sicher kein unwichtiger

Auch die beste Werbung und teuerste PR-Arbeit konnte nicht den Hauptfehler der frühen Ariel vergessen lassen: Sie waren zu teuer! Abgesehen davon: Mit eigenen Motoren, nach einer Lizenz von White & Poppe gebaut, wirkten sie immer noch ziemlich Fahrrad-mäßig.
VMCC

Eine 250er Ariel Red Hunter von 1936 nahm 1970 an dieser Clubfahrt teil. Vorgestellt 1933, wurden die 250 Red Hunter noch bis in den Zweiten Weltkrieg hinein weitergebaut.
Archiv Jim Boulton

Faktor, 35 Pfund für das billigste Modell mit 2 PS, bis zu 50 Pfund für die 3,5 PS-Variante, das war schon ein Wort. Sangster bot allen Käufern an, beim Kauf einer neuen Ariel ein Vorjahresmodell jeder Marke für 25 Pfund in Zahlung zu nehmen, was zwar ein faires Angebot war – aber nur, wenn der Kunde sowieso schon ein fast neues Motorrad hatte. Der Verkauf schleppte sich dahin und das Angebot wurde ständig ausgedünnt, bis 1913 nur zwei Modelle übrig waren. Beide hatten den 3,5 PS-Einzylinder, das eine mit Einganggetriebe und Riemenantrieb für 45 Pfund, das andere mit Dreiganggetriebe und Kette/Riemen-Antrieb für 50 Pfund. 1914 kamen zwei Zweizylinder, beide Langhuber mit 669 cm^3 Hubraum, für 76 und 93 Pfund, denen 1915 ein 349 cm^3 großer Einzylinder mit Zweiganggetriebe folgte.

Nach dem Ersten Weltkrieg kam der Sohn, John Young »Jack« Sangster ins Geschäft. Er interessierte sich in erster Linie für ein Kleinstauto, das ebenfalls im Hause produziert wurde. Die Ariel-Motorräder jener Jahre hatten einen Einzylindermotor eigener Herstellung, wurden aber auch mit zugekauften V-Twins von Firmen wie M.A.G. ausgerüstet, was aber nicht darüber hinwegtäuschen konnte, dass die Ariel-Typen veraltet waren. Das änderte sich erst 1925, als der neue Verkaufsdirektor Victor Moles den ehemaligen Techniker von JAP, Valentine »Val« Page, engagierte. Zusammen stellten die zwei eine neue Modellreihe auf die Räder, die neue, seiten- und obengesteuerte Motoren mit 550 cm^3 und 500 cm^3 Hubraum umfassten. Beide ermöglichten Spitzengeschwindigkeiten von 130 km/h, und

das zu erschwinglichen Preisen. Satteltanks und Schleifenrahmen kamen zum Modelljahr 1927, im Jahr darauf folgten Motoren mit doppeltem Auspuff und dreieckigen Gespannrahmen. Die Produktionskurve wies steil nach oben, 1929 entstanden 1000 Motorräder pro Woche. Die Werbung lief auf Hochtouren. Im August 1929 überquerte eine Ariel mit Schaufelblättern anstelle eines Hinterrades den Ärmelkanal in drei Stunden und 50 Minuten. Die Rückfahrt ging noch schneller. Ariel-Motorräder waren alsbald regelmäßig in der Presse zu sehen, meist in Verbindung mit bekannten Persönlichkeiten. Das wirkte sich natürlich auch auf den Verkauf aus.

Für 1931 stellte Ariel die erste Square Four vor, einen Vierzylinder mit zunächst 499 cm^3, später 597 cm^3 und schließlich 995 cm^3 Hubraum. Unter dem Spitznamen »Squariel« wurde die erste Ausführung für 70 Pfund verkauft, die 597er wechselte 1932 für 78 Pfund den Besitzer. Die Einzylindermodelle bekamen Motoren mit nach vorn geneigten Zylindern eingebaut (einige nach hinten), der Winkel betrug je nach Ausführung zwischen 30 und 60 Grad. Die stromlinienförmige Optik galt damals als sehr attraktiv.

1931 eingeführt, war die Ariel Square Four sehr beliebt und galt zu Recht als Traummotorrad. Hier eine modifizierte Mark II Squariel, vermutlich Baujahr 1954. Der Vierzylinder hatte einen Hubraum von 997 cm³ und wog etwa 190 Kilo.
Archiv Andrew Marfell/Jim Boulton

Dennoch machte Ariel in den frühen 30er schwere Zeiten durch, 1932 folgte der finanzielle Beinahe-Kollaps, in dessen Gefolge die Firma in »Ariel Motors (J.S.) Ltd« umfirmierte, um einen Konkurs zu vermeiden. Jack Sangster übernahm dann die volle Kontrolle über das Unternehmen, das in jenem Jahr durch den Weggang von Val Page einen weiteren Rückschlag zu verkraften hatte. Page ging zu Triumph, kehrte aber 1939 zurück. In diesem schicksalhaften Jahr erschien ein Einzylinder mit stehendem Zylinder. Die »Red Hunter« (48 Pfund) diente als Rückgrat der Ariel-Produktion bis zum Ende des Jahrzehnts. Alle Einzylinder basierten auf der gleichen Grundkonstruktion, die Hubräume betrugen 248, 346 und 499 cm³. Daneben gab es weiterhin die Squariel, verstärkt 1937 durch ein obengesteuertes 995 cm³-Modell. (Die ersten hatten eine obenliegende Nockenwelle.)

Jack Sangster kaufte Mitte 1936 die kränkelnde Triumph (Coventry) und zahlte dafür nur 28 000 Pfund. In die neue »Triumph Engineering Company« installierte Jack Sangster den Ariel-Chefkonstrukteur Edward Turner als Geschäftsführer und Chefkonstrukteur. Das Ariel-Modell-

angebot lief wie gehabt bis 1940 weiter. Dann musste die Produktion auf Kriegsgüter umgestellt werden. Ariel produzierte eine Militärausführung des 346er Einzylinders.

Mit der Absicht, Ariel zu verkaufen, nahm Jack Sangster 1943 mit BSA Kontakt auf. Erst im Dezember 1944 war man sich einig. Ariel sollte seine Identität behalten und in Birmingham bleiben. Sangster verließ Ariel 1947 und konzentrierte sich danach auf Triumph. Ariel blieb, aber die Entwicklung beschränkte sich jetzt nur noch auf die Verbesserungen vorhandener Modelle. Die Motoren von Square Four und Red Hunter entstanden ab 1949/1950 in Aluguss; ab 1954 kamen Modelle mit BSA-Motoren wie die 198 Colt und die 647 Huntmaster.

Eine grundlegend neue Ariel erschien erst 1958 wieder, die Entwicklung der Leader hatte mehrere Jahre gedauert. Ihr Zweizylinder-Zweitaktmotor mit 247 cm³ saß in einem Pressstahlrahmen und war von Blechpaneelen nahezu vollständig verkleidet. Die Führung des Vorderrades übernahm eine Kurzschwinggabel. Mit Windschutzscheibe und Beinschildern ähnelte die Leader den sehr populären Rollern. BSA setzte auf den schnellen Erfolg der Neukonstruktion und strich für 1959 sämtliche Viertaktmodelle aus dem Ariel-Angebot. 1959 erschien eine sportliche Variante der Leader, die Arrow, praktisch das gleiche Motorrad, aber ohne Verschalung.

Die Leader/Arrow, und auch die spätere Golden Arrow, waren technisch sehr fortschrittlich, aber kommerziell wenig erfolgreich. Ein altes Problem bei Ariel: Immer wieder stand die Preispolitik größeren Erfolgen im Wege. Etwas mehr als 200 Pfund kostete die Leader, und das war mehr als viele Roller kosteten und kaum weniger als für den günstigsten Austin Mini verlangt wurde. Für ein paar Pfund mehr konnte der Enthusiast sich sogar einen Triumph Twin in die Garage stellen. BSA geriet in Panik und verlegte 1963 die Ariel-Produktion in ihr Werk in Small Heath, wo sie bis 1965 weiterlief. In den allerletzten Tagen, 1971, stellte BSA ein Dreiradmofa mit 50 cm³ vor, das Ariel-3 hieß. Es blieb bis kurz vor Schluss in Produktion; die Produktion im BSA-Werk endete am 15. Dezember 1975.

Ascot-Pullin

Ascot Motor & Manufacturing Co
Phoenix Works, Prixmore Avenue, Letchworth
Hertfordshire

Nicht viele Hersteller haben eine so bewegte Vergangenheit durchlebt wie das Phoenix-Werk in Letchworth. Mitte 20er entstanden dort drei verschiedene Auto-Marken: Phoenix, Arab und Ascot, dazu kam auch ein Motorrad.

Die Werksanlage war 1910 für Phoenix im damals üblichen Stil errichtet worden. Nach dem Auslaufen der Phoenix-Produktion 1926 wurde hier, wenn auch nur kurzzeitig, ein leichter Wagen namens »Arab« gebaut. Ihm folg-

te der Ascot, eine Konstruktion von Cyril Pullin, der auch hinter dem Ascot-Pullin-Motorrad stand.

Beide Pullin-Entwicklungen wurden ab 1928 in den Phoenix-Hallen durchgeführt, das Abenteuer währte allerdings nicht lange und endete mit dem Bankrott am 31. Oktober 1929. In dieser kurzen Zeitspanne entstand aber eine vergleichsweise große Zahl von Ascot-Pullin Motorrädern. Diese waren nicht nur wegen ihrer fortschrittlichen Auslegung bekannt, sondern auch wegen ihres Komforts berühmt. Für Vortrieb sorgte ein 497 cm³ großer Einzylindermotor aus eigener Herstellung, der in einem Preßstahlrahmen saß. Vorder- und Hinterräder waren schnell untereinander austauschbar, der Tank fasste 18 Liter Kraftstoff. Zur Ausstattung gehörten ein Armaturenbrett, eine Windschutzscheibe samt Scheibenwischer sowie ein Soziussitzplatz.

Der Preis für dieses Luxusmotorrad betrug 78 Pfund, mit Beiwagen waren es noch einmal 20 Pfund mehr. Leider

Die Ascot-Pullin (das »Neue Wunder-Motorrad«) tauchte 1928-29 nur kurz auf. Zu den in der Werbung gepriesenen Details gehörten der Pressstahlrahmen, der Blockmotor, ein hydraulisches, frühes Integralbremssystem und problemlos untereinander austauschbare Räder. Das abgebildete Exemplar ist blau-weiß lackiert.
Archiv Jim Boulton

sollten der hohe Preis, Lenkprobleme und die Tatsache, daß das Motorrad zur falschen Zeit kam, der Maschine wie auch dem Werk das Lebenslicht ausblasen.

Aurora

Aurora Motor Manufacturing Co Ltd
22 Norfolk Street, Coventry 1

1903 wurde in einer ehemaligen Uhrmacherwerkstatt die Aurora Motor Manufacturing Company gegründet. Anfangs entstanden dort Motoren, später ganze Motorräder. Trotz hoher technischer Qualität konnte Aurora sich auf dem noch unsicheren Markt nicht etablieren, die Produktion lief nur 1903 und 1904.

BAC; Bond

BAC; Bond Aircraft Engineering Co Ltd
Gosford Street Works, Ribbleton Lane, Preston
Lancashire
Bond; Sharps Commercial Ltd/Bond Cars Ltd
Gosford Street Works, Ribbletone Lane, Preston
Lancashire
Ab 1958: India Mill, Newhall Lane, Preston
Lancashire

Hinter all den hier aufgelisteten Namen steht ein Mann: Lawrence »Laurie« Bond. Sharps Commercial wurde 1938 gegründet, entstand aber aus einer 1922 eröffneten Firma, die den Import von Chevrolet-Lkws durchführte. Die Fahrzeuge wurden dort montiert und auch gewartet. Mit dem Krieg und der damit verbundenen größeren Nachfrage nach Lastwagen bezog die Firma die Hallen einer ehemaligen Drahtseilfabrik in der Ribbleton Lane in Preston.

Hier konstruierte Laurie Bond sein in England noch heute bekanntes Dreiradauto, das ab 1949 bei Sharps hergestellt wurde. Im darauf folgenden Jahr entwickelte er ein eigenartiges Motorrad, bei dem ein dickes Ovalrohr den Rahmen bildete. Darunter hing ein Villiers-Motor. Die Optik mit den nahezu voll gekapselten Rädern war ebenso ungewöhnlich wie markant.

Um diesen Typ in Serie zu bauen, dazu fehlten die Kapazitäten, daher wurde die Herstellung des Motorrads ab 1951 von Ellis & Co in Leeds übernommen. Damit war der Weg nun frei für die Produktion des BAC (Bond Aircraft & Engineering) Lilliput, dem 1952 ein Roller folgte, der BAC Gazelle hieß. Irgendwie hatte dieser starke Ähnlichkeiten mit einem Skelett – sieht man einmal vom Herzschrittmacher, einem Villiers-Motor, ab.

Fünf Jahre lang, von 1953 bis 1958, hatte man die Herstellung der Gazette zur Projects & Development in Blackburn ausgelagert, da die wachsende Popularität des Dreiradautos die eigenen Herstellungsanlagen voll auslastete. Ein Umzug wurde unvermeidbar, und 1958 zog die Firma, jetzt in Bond Cars Ltd umbenannt, in die ehemalige Hallen einer Baumwollfabrik: India Mill in Newhall Lane in Preston. Hier wurde die Rollerherstellung neu aufgenommen und lief bis 1962.

Baker

Baker Motor Cycles Ltd
Alvechurch Road, Northfield, Birmingham 31
Tomey Road, Greet, Birmingham 11

Den halben Straßenzug an der Tomey Road nahm, unübersehbar, die James Fabrik ein. Frank E. Baker konnte das nicht übersehen, zumal er als ehemaliger Motorhersteller für einige Zeit unter dem Label »Precision« auch komplette Motorräder gebaut hatte. In den späten 20ern umfasste sein Programm sechs Modelle mit Hubräumen von 147 bis 342 cm^3 und Villiers-Einzylindermotoren. Die Preise rangierten zwischen 25 und 37 Pfund.

Die Einführung eines Modells mit einem 249 cm^3 großen James-Viertaktmotor im Jahre 1930 brachte die beiden Unternehmen in engeren Kontakt. Noch im Laufe des Jahres intensivierten sich diese und Baker verkaufte sein Geschäft an James. James verwendete dann seine Konstruktion noch einige Jahre, bevor auch diese Firma ihre Pforten schloss…

BAT; BAT-Martinsyde

BAT; BAT Motor Manufacturing Co Ltd
2 Kingswood Road, Penge, London
Martinsyde: Helmuth Paul Martin & George Harris
Handasyde
Martinsyde Ltd
Brooklands, Byfleet, Surrey

Angeblich, so wird kolportiert, stünde das Kürzel BAT für »Best after Tests«, doch die Wahrheit ist viel prosaischer: BAT war aus dem Namen seines Gründers abgeleitet, Samuel Robert BATson, der 1902 erste Motorräder baute. Seine Konstruktionen galten für die damalige Zeit als sehr fortschrittlich und verfügten über einen gefederten Rahmen, was für mehr Komfort und besseres Fahrverhalten sorgte. Batson verkaufte 1904 seine Motorradgeschäfte an T.H. Tessier, der Batsons Konstruktionen weiter verwendete, diese allerdings mit JAP-Motoren versah. Tessier fuhr ebenfalls Rennen und ging mit einer BAT bei der allerersten TT auf der Isle of Man 1907 an den Start.

1914 gab es nicht weniger als 14 verschiedene BAT-Typen, alle mit JAP-Motoren und verschiedenen Getrieben, mit Ein-, Zwei und Dreiganggetrieben, die mit verschiedenen Endantrieben (Kette, Riemen oder Kette und Riemen) kombiniert werden konnten. Das Spitzenmodell war ein V-Zweizylinder mit Dreiganggetriebe und Kette, der für 75 Pfund angeboten wurde. Die Produktion ruhte während des Ersten Weltkriegs, wurde aber direkt danach wieder aufgenommen.

BAT übernahm 1923 die Martinsyde Ltd, einen ehemaligen Flugzeughersteller, den Helmuth Paul Martin und

Oben: Frank E. Baker war der Mann hinter den Precision-Motoren und den Beardmore-Maschinen, bevor er ab 1927 seine eigenen Baker-Motorräder baute. Hier eines der ersten, mit einem 172 cm³ großen Villiers-Einzylindermotor und doppeltem Auspuff. Alles zusammen war für 39 Pfund zu haben.
VMCC

Unten: Obwohl BAT bis zum Ersten Weltkrieg auch Einzylinder herstellte, wurde die Marke vor allem für ihre V-Zweizylinder wie diese »2a« bekannt. Sowohl der JAP-Motor als auch die Rahmenkonstruktion sind hier gut zu sehen, aber dass dieses Konzept überlegen sein sollte, wollte die Konkurrenz nicht so recht glauben.
VMCC

George Harris Handasyde gegründet und in Brooklands angesiedelt hatten. Von da an wurden die Motorräder unter dem Namen BAT-Martinsyde vermarktet, wenn auch nicht lange: 1925 kam es zu ernsten finanziellen Problemen, die

1926 zum Konkurs führten. BAT-Gründer Batson dagegen blieb weiter im Geschäft. Er hatte bereits 1902 mit der Produktion von Büroausstattungen begonnen. In diesem Geschäftsbereich war er über viele Jahre sehr erfolgreich.

Henry Baughan lernte sein Metier bei Trialwettbewerben, bevor er eigene Motorräder herstellte. Zunächst verbaute er Blackburne-Motoren, wechselte dann aber 1913 zu Sturmey-Archer. Dieses Exemplar kostete damals 49 Pfund. Prominent: die Ballhupe. *VMCC*

Baughan

Baughan Motors
Tyburn Lane, Harrow, Middlesex
Ab 1912 Lower Street, Stroud, Gloucestershire

Kurz nach der Jahrhundertwende etablierte Henry Baughan eine technische Konstruktionsfirma in Harrow. Sehr früh stellte er auch Motorräder her. Ab 1920 entstanden dort auch Cyclecars, wobei deren Technik (Getriebe, Kettenantrieb, Räder und JAP-Motoren) derjenigen entsprach, die auch bei seinen Motorrädern Verwendung fand. Die Cyclecar-Produktion sprengte die Kapazität der Firma, das Unternehmen musste in die Lower Street in Stroud umziehen. Beide Fahrzeugtypen wurden bis 1929 weitergebaut, dann endete der Cyclecar-Bau.

Die Baughan-Motorräder dieser Zeit hatten ausschließlich Blackburne-Motoren. Die Hubräume lagen zwischen 200 und 550 cm³ und kosteten zwischen 35 und 87 Pfund. Die wichtigste Modellpflege folgte 1931, als nurmehr Sturmey-Archer-Motoren eingesetzt wurden. Erst 1933 erschienen wieder einige Maschinen mit Antriebsquellen von Blackburne, außerdem wurden auch einige mit Motoren aus Baughans eigener Herstellung versehen. Die Produktion war nie besonders groß, nur 10 bis 15 Motorräder pro Jahr entstanden, und dabei zahlte man schlussendlich nur noch drauf: Das letzte Baughan-Motorrad wurde 1936 gebaut.

Beau Ideal

Richards' Beau Ideal Cycle Co Ltd
Frederick Street, Heath Town, Wolverhampton
Gresham Chambers, Lichfield Street, Wolverhampton

Charles Richard gründete 1880 die Beau Ideal Cycle Company im Gebiet Heath Town in Wolverhampton. Um die Jahrhundertwende zeigten die Fahrradbauer Interesse an der Herstellung von Motorrädern. Möglich war das durch den Umzug in eine größere Fabrik in der Lichfield Street im Stadtzentrum geworden.

Nach mehrjährigen Versuchen stellte man 1904 drei Motorräder auf der Stanley Show aus. Diese Veranstaltung war damals die größte Motorradmesse. Alle Modelle verfügten über aus Deutschland importierte Fafnir-Motoren und waren mit einem Eingang getriebe versehen. Alle Bedienelemente waren an der rechten Lenkerhälfte versammelt, eine ungewöhnliche Lösung. Auch ein dreirädriges Cyclecar wurde entwickelt, das aber nie in Serie ging. Auch von den Motorrädern wurden nur wenige Exemplare gebaut, und danach konzentrierte die Firma sich wieder auf die Herstellung von Fahrrädern.

Blackburne

Burney & Blackburne Ltd
Tongham, Surrey

Burney & Blackburne hat einen festen Platz in der Motorradgeschichte als einer der wichtigsten Hersteller von Konfektions-Motoren, die an zahlreiche Motorradfirmen geliefert wurden. Weit weniger bekannt ist die Tatsache, dass die Marke zwischen 1915 und 1926 auch selbst Motorräder baute, auch wenn in den ersten Jahren vor allem Rüstungs-güter entstanden. Das Unternehmen wurde im Mai 1914 für den Bau von Motoren und Motorrädern gegründet. Alle frühen Blackburne-Motorräder trugen den hauseigenen 3,5 PS Einzylinder, die Kraftübertragung zum Hinterrad erfolgte entweder über Riemen oder Kette. Der Preis belief sich 1915/1916 auf 66 Pfund.

Die Produktion lief bis 1926 weiter, danach stieg Burney & Blackburne ganz auf Motorenherstellung um. Die Rechte für die Motorradfertigung gingen an Osborn Engineering, den Hersteller der OEC, der die Blackburne-Typen nur noch in diesem ersten Jahr weiterbaute. Dabei kamen verschiedene OEC-Motoren zum Einsatz, von den 350er Einzylindern bis hin zu 1100 cm∆ Zweizylindern. Die Maschinen nannten sich OEC Blackburne.

Black Prince

Black Prince Motors Ltd
Thorngate Mill, Thorngate, Barnard Castle, Co Durham

Thorngate Mill war im 19. Jahrhundert als Mühle für Mais und Baumwolle in Betrieb gewesen, im 20. Jahrhundert dagegen wurden dort Motorräder gebaut: Black Prince Motor zog hier 1919 ein. Die gerade erst durch Herbert G. Wright gegründete Firma wollte Motorräder und Cyclecars produzieren. Beide Fahrzeugtypen wurden parallel hergestellt und wiesen, wie damals üblich, viele baugleichen Komponenten auf. Dazu gehörte auch der Motor, ein 2,75 PS starker Union mit Luftkühlung.

Die Produktionsräume waren dafür allerdings denkbar schlecht geeignet. Die Fahrzeuge wurden im ersten Stock

zusammengebaut und mussten dann eine Etage tiefer transportiert werden, um dann auf der Straße ihre Test-fahrten absolvieren zu können. Firmen wie Black Prince Motor waren oft unterfinanziert, schon 1922 war die Geschichte zu Ende. In Thorn Mill wurden wieder Wolle und Stoffe gemacht und heute befindet sich dort eine Buchhandlung.

Bond

Siehe BAC

Bown

Siehe Aberdale

Bradbury

Bradbury & Co Ltd
Wellington Works, Wellington Street, Oldham, Lancashire

Bradbury & Co wurde am 5. Mai 1874 gegründet. Als einer der ersten Motorradhersteller des Landes stellte die Firma 1902 ihre ersten Motorräder vor. Der Motor stammte aus eigener Herstellung, dabei handelte es sich um einen quadratisch ausgelegten, 4 PS starken Einzylinder mit 550 cm³ Hubraum. Die Maschinen wurden mit Ein-, Zwei- oder Dreiganggetrieben ausgeliefert. Die Preise lagen zwischen 47 und 60 Pfund. 1914 folgte ein 6 PS starker 750 cm³ V-

Eine Zeichnung der Brough Superior SS 80, angetrieben von einem 981 cm³ großen JAP-V-Zweizylinder. Der Hersteller baute für die jeweiligen Ausstellungen oft entsprechende Spezialmaschinen. *Museum of British Road Transport, Coventry*

-Zweizylinder, der mit 75 Pfund zu Buche schlug. In den frühen 20ern wurde die Motorräder-Produktion noch aufrecht erhalten, endete aber 1925.

Britax

Britax Ltd
115-129 Carlton Vale, London NW6

Der Name Britax, im Mai 1939 gegründet, ist eher mit Autozubehör verbunden, stand aber in den 50ern zumindest kurzfristig auch für Motorräder. Alle Britax-Modelle hatten Einzyinder-Viertaktmotoren von Ducati, die direkt beim Hersteller zugekauft wurden. Die erste Britax hatte einen Fahrrad-Einbaumotor und erschien 1949. 1953 kam ein komplettes Motorrad dazu und 1955 ein Roller, beide mit Ducati-Motoren. Auch eine 50 cm³ Rennmaschine wurde entwickelt, doch schon 1956 wurden die gesamten Aktivitäten auf dem Zweirad-Bereich eingestellt.

Brough

W.E. Brough & Co
129 Veron Road, Old Basford, Nottingham

William Brough war Elektriker in Kohlebergbau und richtete 1895 hinter seinem Haus in Old Basford, Nottingham, eine kleine Werkstatt ein. Hier experimentierte er mit einem Dreirad und einem Auto, bevor er sich 1902 Motorrädern zuwandte. Seinen Prototypen folgten Serienmodelle, die für

Linke Seite: Die Firma war 1874 gegründet worden, aber das Bradbury-Motorrad erschien erst 1902. In den Anfangsjahren entstanden nur Einzylindermodelle. Hier der Spitzentyp mit 3,5 PS Leistung zu 60 Pfund.
VMCC

ihre technische Brillanz berühmt wurden, was besonders auf die Motoren zutraf. Brough stellte 1914 einen 3,5 PS starken Zweizylinder mit 500 cm³ vor. Die fortschrittliche Konstruktion verkraftete hohe Drehzahlen und lieferte deshalb viel Leistung. Drei Modelle kamen in den Genuß dieses Motors. Bekannt wurden sie unter den Bezeichnungen HTT, HS und HC, wobei letztere für das Spitzenmodell stand, das für 66 Pfund zu haben war.

Brough hatte zwei Söhne, William Junior und George, und beide traten in die Firma des Vaters ein. William verzeichnete viele Rennerfolge auf den Maschinen seines Vaters, doch George hatte den Ehrgeiz, selber Motorräder zu bauen, eine Maschine, die allen anderen überlegen sein sollte. So verließ er 1919 die Firma und die beiden William, Vater und Sohn, machten alleine weiter, was ihnen auch mit etwas Erfolg bis Mitte der 20er gelang.

Brough Superior

George Brough
Haydn Road, Sherwood, Nottingham
Ab 1934: 129 Vernon Road, Old Basford, Nottingham

George Brough, der Sohn von William Brough, wurde 1890 geboren. Es bedurfte also keiner besonderer Überredungskünste, um ihn für Motorräder und Autos zu begeistern. Mit 16 Jahren saß er im Sattel eines der Familienmotorräder und fuhr damit von der Nord- zur Südspitze Großbritanniens. Bei dieser Veranstaltung siegte allerdings Georges älterer Bruder Wiliam, er selbst kam erst drei Tage nach den anderen Teilnehmern ins Ziel.

Obwohl er gleichberechtigter Partner in der Firma seines Vaters war, wollte er mehr: Er träumte davon, das ultimative Motorrad zu bauen, eine Maschine, die allen anderen überlegen war – Superior. 1919 stellte er seine eigene Firma auf die Beine und präsentierte dann die erste Brough Superior. Beim Motor handelte es sich um einen mächti-

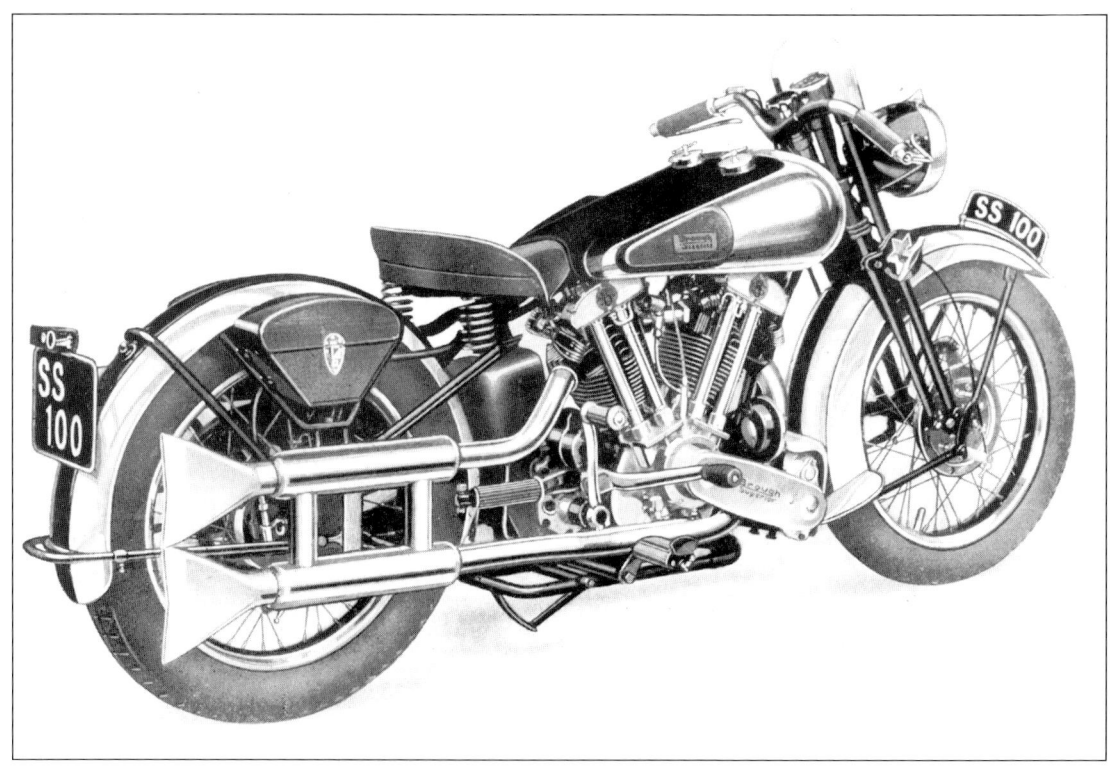

Diese Ansicht einer Brough Superior SS 100 zeigt deutlich die Doppelauspuffanlage mit den Fischschwanz-Schalldämpfern. Zum Modelljahr 1936 wechselte die Marke von JAP- zu Matchless-Motoren.
VMCC

gen, 8 PS starken JAP-Zweizylinder mit 967 cm³ Hubraum und spezieller Auspuffanlage. Das Design war ziemlich ungewöhnlich, geprägt von einem übermäßig gewölbten Tank und sehr vielen vernickelten Teilen.

In Zeiten, als es selbstloses Lob noch gab, schrieb ein zufriedener Kunde an die Firma und meinte, das Motorrad wäre »der Rolls Royce unter den Motorrädern«. Diese Formulierung verwendete George Brough dann in seiner Werbung – und hielt sich auch daran. In den frühen 20ern machte George selbst die beste Werbung, da er weiter verschiedene Motorradveranstaltungen bestritt, allesamt im Sattel seiner eigenen Brough Superior. Eine bessere Verkaufsförderung war kaum vorstellbar, zu einem absoluten Bestseller avancierte die SS 100 von 1924. Jedes Exemplar wurde mit einem Zertifikat verkauft, das eine Spitzengeschwindigkeit von 100 Meilen pro Stunde (160 km/h) garantierte. Daraus resultierte die Modellbezeichnung.

Die Brough-Reihe wurde in den 20ern und frühen 30ern ständig verbessert: 1925 folgte die Castle-Gabel, eine Kurzschwinggabel nach dem Vorbild der Springer-Konstruktion von Harley-Davidson. Ein gefederter Rahmen von Bentley & Draper kam 1928, und die Black Alpine 680 von 1929 war mit einer Handschaltung versehen.

Bei allen diesen Modellen sorgten JAP-Zweizylinder mit 680 und 976 cm³ Hubraum für Vortrieb. Billig waren die Superior-Typen übrigens nie, die Preise bewegten sich zwischen 115 und 170 Pfund. Eine Ausnahme, soweit es den Motorsektor betraf, erschien 1929 in Gestalt eines 900 cm³ großen Reihen-Vierzylinders aus eigener Produktion. Das

neue Motorrad sollte 200 Pfund kosten. Ein Abweichen von der Tradition markierte auch die Baby Brough von 1931, die einen 500 cm³ großen JAP-Zweizylinder besaß und zu einem Preis von 105 Pfund verkauft wurde. Nur neun Stück waren gebaut worden und bereits 1932 stand sie nicht mehr im Programm. Danach entstanden, dem Trend folgend, Motorräder mit immer größeren Motoren, unter anderem kam ein Modell mit 1150 cm³ Hubraum, das 1933 eingeführt wurde.

Nach dem Tod seines Vaters kehrte George 1935 in die alte Anlage in Old Basford zurück und produzierte dort seine exklusiven Produkte weiter. 1938 fing er mit der Konstruktion eines optimalen Motorrads an, das einen bis dahin unerreichten Komfort und noch mehr Leistung bot. Die »Golden Dream« hatte einen 997 cm³ großen Vierzylindermotor und wurde auf der Motorradausstellung 1938 gezeigt. Der kalkulierte Preis betrug 250 Pfund, aber der Kriegsausbruch verhinderte die Serienproduktion.

Die letzten Brough Superior entstanden in den ersten Kriegswochen, danach befasste sich das Werk mit dem Bau von Präzisionsteilen für die Flugindustrie. Diesem Geschäftszweig blieb man auch nach dem Krieg treu.

Eine späte Brough Superior SS 100 aus dem Jahre 1938. Der Hersteller der 1924 erstmals gezeigten Konstruktion garantierte, dass jedes Exemplar vor der Auslieferung mit 100 mph gemessen worden war. Diese Aufnahme entstand bei einem Treffen des englischen Veteranenverbands in Stamford Hall im April 1967.
Andrew Martell/Jim Boulton

Brown

Brown Brothers Ltd
23-34 Great Eastern Street, London EC

Brown ist einer der ältesten Firmen in der britischen Motorindustrie und betätigte sich als Fabrikant allerlei mechanischer Komponenten. In den ersten Jahren des 20. Jahrhunderts fungierte sie auch als Fahrzeughersteller und baute unter anderem ein dreirädriges »Forecar« wie auch Motorräder. 1905 standen zwei Motorräder in Produktion, mit jeweils einem 2,75 und einem 3,5 PS starken Motor. Obwohl diese Konstruktionen noch sehr fahrradähnlich ausfielen, waren die Motorräder doch in gewisser Hinsicht innovativ. So waren zum Beispiel Ein- und Auslaßventile unter einander austauschbar, daher musste der Fahrer nur ein Ersatzventil mitführen. Die Kurbelwangen waren überdimensioniert und das Kurbelgehäuse galt als »absolut öldicht«. Der Endantrieb erfolgte über einen V-förmigen Duco-Riemen.

Das 2,75 PS-Modell verkaufte sich für 34 Pfund und die 3,5 PS-Variante für 37 Pfund. Brown-Maschinen wurde bis etwa 1909 gebaut, danach konzentrierte die Firma sich ganz auf die Herstellung von Motorkomponenten und Teilen.

BSA

BSA Cycles Ltd
Armoury Road, Small Heath, Birmingham 11
BSA Company Ltd
Blockley, Gloucestershire
BSA Regal Group Ltd
Speedwell House, West Quay Road, Southampton

Im Stammbaum von Großbritanniens größtem Motorradproduzenten finden sich verschiedene Waffenhersteller des 18. Jahrhunderts. Gegen Ende jenes Jahrhunderts schlossen sich mehrere Waffenschmieden in der »Birmingham Small Arms Trade Association« zusammen. Ihre Nachfolger firmierten dann 1861 unter »Birmingham Small Arms Company« – BSA.

Etwa um 1880 erweiterten Fahrräder die Produktpalette, schon ziemlich bald danach fanden erste Versuche mit motorisierten Fahrrädern statt, den Motor hatte Otto geliefert. Von einer Serienfertigung konnte noch keine Rede sein. Von der Jahrhundertwende an produzierte BSA Motorradteile für andere Hersteller, baute aber erst 1910 das erste eigene Motorrad. Dieses kostete 50 Pfund und verfügte über einen 3,5 PS starken Motor.

Während des Ersten Weltkriegs wurden nur drei Basismodelle angeboten: Zwei 550 cm³-Maschinen mit Dreiganggetriebe zu 59 und 63 Pfund sowie ein Typ mit Einganggetriebe und 499 cm³-Motor (48 Pfund). Die Produktion lief auch in der Kriegszeit weiter, die Motorräder gingen an die Streitkräfte, für Einsätze nicht nur an der Westfront geliefert. Nach dem Krieg konnte BSA 1924 einen Vertrag mit dem staatlichen Telegrammdienst (GPO) unterzeichnen. Einige Jahre später folgten ähnliche Abmachungen mit der Automobilorganisation »AA« und der Polizei: BSA war ganz stark im Behördengeschäft. Kein Wunder, dass BSA auch im Zweiten Weltkrieg die Kradmelder der britischen Armee ausstattete.

BSA pflegte von Anfang an eine sehr klare Produktphilosophie: Man wollte Motorräder für die Massen liefern, sich als Hersteller von puren, zuverlässigen Motorrädern ohne Schnickschnack etablieren. Die Besitzer durften zwar von Rennsiegen träumen, doch die täglichen Fahrten zur und von der Arbeit zurück, die sollten in erster Linie bewältigt werden können. Das Unternehmen verwies darauf so-

Links: Das billigste Motorrad im BSA-Programm von 1926 war diese 249er mit Zweiganggetriebe. Der Hersteller konzentrierte sich auf den Großserienbau, nur robuste Basismodelle mit hoher Zuverlässigkeit sollten entstehen, und diese verkauften sich dann auch sehr gut. Im gleichen Jahr starteten zwei Abenteurer mit BSA-Motorrädern auf eine Tour rund um die Welt, die 18 Monate dauern sollte.
Jim Boulton

gar in seinen Prospekten: »Die große Bandbreite von BSA-Modellen ist das Resultat langjähriger Erfahrungen von tausenden von Fahrern und zukünftigen Besitzern… Wir hoffen, daß die von uns angesprochenen Punkte auch für den erfahrenen Fahrer nicht uninteressant sind, da sie das praktische Können von Fahrern mit Direkterfahrung unserer Modelle enthalten.«

Die hervorragenden Leistungen der BSA-Maschinen wurden, wie immer, weiterhin durch Teilnahme an Trial und Zuverlässigkeitsfahrten unterstrichen. Auch besondere Aktivitäten standen auf dem Programm, wie etwa 1924, als vier BSA Motorräder den Mount Snowdon in weniger als 25 Minuten erklommen! Oder 1926, als zwei unerschrockene Fahrer die Erde in 18 Monaten umrundeten.

Die britische Post war ein Großkunde von BSA. Diese Aufnahme zeigt die motorisierte Abteilung der Post in Horsham, West Sussex. Darunter befinden sich vier BSA-Gespanne, die den Kennzeichen nach ursprünglich in South Shields und London angemeldet waren.
GPO/Ian Allan Library

In jenem Jahr umfasste das Programm sechs Modelle mit verschiedenen Varianten: Die 249 cm^3 große B 26 gab es mit Zweiganggetriebe (36 Pfund) oder als Dreigang-De Luxe (37 Pfund); die 349 cm^3 L 26 entweder als Standard (41 Pfund) oder als De Luxe (47 Pfund); die 493 cm^3 S 26 (Standard 55 Pfund, De Luxe 60 Pfund); die 557 cm^3 H 26 (Standard 55, De Luxe 60 Pfund); der 770 cm^3 V-Twin E 26

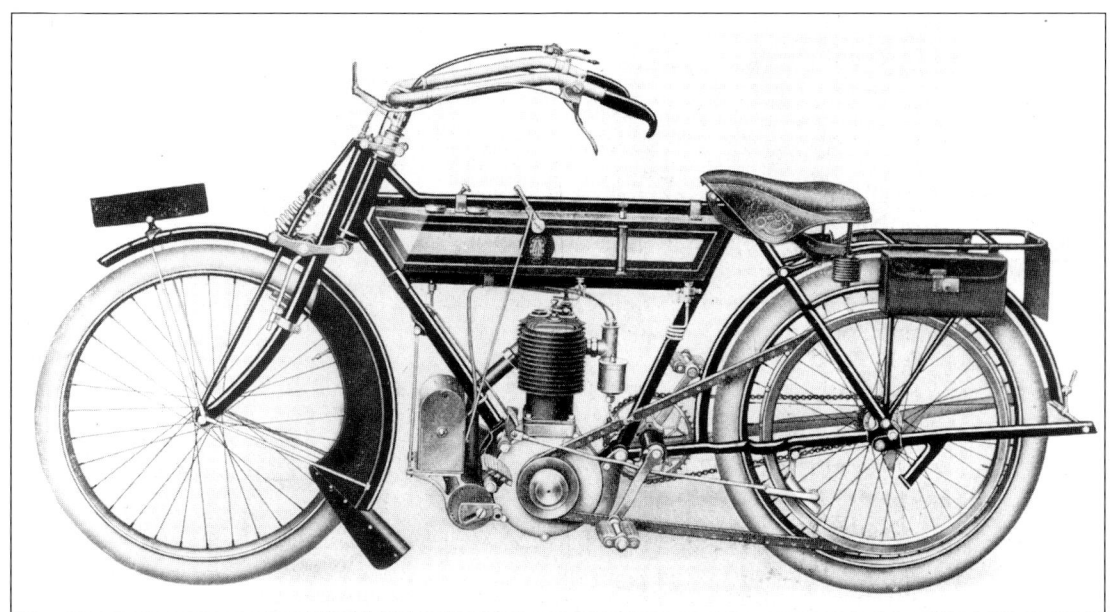

Oben: BSA stellte seit 1880 Fahrräder her und entschloss sich erst ziemlich spät zur Motorradproduktion. Einige Jahre lang wurden auch Komponenten für andere Hersteller gebaut. Die erste komplette BSA bestand aus einem eigenen Fahrrad mit einem hauseigenen 3,5 PS-Motor, die 50 Pfund kosten sollte. *VMCC*

Unten: BSA B 50 Victor: Der kleine Blockmotor mit 250 cm^3 wurde schon 1958 eingeführt und bildete die Basis für verschiedene BSA-Cross- und Trialmodelle. 1960 vergrößerte man den Hubraum auf 350 cm^3, und als Jeff Smith 1964 mit einer 441 cm^3 großen Werksmaschine 500er Crossweltmeister wurde, gelangte auch eine entsprechende Replika in den Handel. In dieser Ausführung sollte der Motor 37 PS bei 6000/min liefern.

BSA Rocket, ca. 1958: BSA gehörte zu den ersten Herstellern, die nach dem Krieg ein Zweizylindermodell zu bieten hatten: die Golden Flash. Die Flash erschien in zahlreichen Varianten und erhielt Mitte der 50er eine richtige Vollschwinge, wie sie dieses Exemplar hier trägt. Für sportliche Fahrer hatte BSA die Gold Star im Angebot, wer es noch eine Nummer größer mochte, griff zu den Twins mit 500 oder 650 cm^3 Hubraum. Die Leistung der Topmodelle wuchs von den etwa 35 PS der Golden Flash über die Rocket- und Road Rocket-Modelle bis zu den Super Rocket-Typen, die es auf 45 PS brachten.

(Standard 63, De Luxe 59 Pfund) und der 986 cm^3 V-Twin war als Standard (64 Pfund), De Luxe (70 Pfund) oder Colonial (70 Pfund) erhältlich.

1927 waren die ersten »Sloper« mit den nach vorn geneigten Zylindern vorgestellt worden. Den Anfang machte die S 27-Serie mit 493 cm^3-Motoren. Schon 1930 war diese Auslegung an 16 Modellen zu finden, bei einer 174 cm^3 Einzylinder-Maschine für 28 Pfund ebenso wie beim 986 cm^3-Zweizylinder für 69 Pfund. Mit der Wirtschaftskrise reduzierte sich dann das Modellangebot erheblich. Um Kosten zu senken, wurde auch die Ausstattung etwas

BSA 650 Lightning: Im Herbst 1962 stellte BSA eine neue Motoren-Generation vor. Topmodell war die Lightning. Die neuen Twins waren in zwei Hubraumgrößen erhältlich, die A50 bot 500, die A65 650 cm^3 Hubraum. Die 500er verschwand bald aus dem Programm, und als 1968 dann die Dreizylinder erschienen, interessierte sich so gut wie niemand mehr für die Zweizylinder-Lightnings.

vereinfacht, um nach der Krise dann wieder technisch auf die Höhe der Zeit gehievt zu werden. Die Blue Star mit 348 und 499 cm^3 Hubraum kam 1933 auf den Markt, und die

BSA 650 Firebird: Die Firebird war eine Variante der A65 und hauptsächlich für den amerikanischen Markt bestimmt. Der kleine Tank, der hochgelegte Auspuff, der hoch geschwungene Lenker und viel Chrom sollten US-Käufer begeistern, doch irgendwie war das nicht das richtige Rezept, um die Japaner aufzuhalten. 1972 jedenfalls, als dieses Bild gemacht wurde, stand BSA schon auf verlorenem Posten.

Ein Prospektblatt für »The Beeza«, einen brillanten neuen Roller, das bei der Motor Cycle Show 1955 verteilt wurde. Der kardangetriebene Viertaktroller war im November vorgestellt worden und sollte sehr innovativ sein. Das Management blies allerdings zum Rückzug, noch bevor ein einziges Exemplar vom Band gelaufen war.
Jim Boulton

obengesteuerten B-Typen mit 249 und 348 cm³ und die seitengesteuerten M-Typen mit 349, 496 und 596 cm³.

Während des Zweiten Weltkriegs war BSA Teil der Rüstungsindustrie, baute aber außer Waffen auch 126 354 seitengesteuerte 496 cm³-Einzylinder für die Streitkräfte. Das Unternehmen florierte und konnte einige traditionsreiche Konkurrenten übernehmen, wie Sunbeam (1943), Ariel (1944) und, kurz vor Kriegsende, New Hudson.

BSA nahm in der zweiten Hälfte des Jahres 1945 die zivile Produktion wieder auf. Im Programm standen einige Vorkriegsmodelle, die Militärmodelle in ziviler Ausführung und ein neuer Einzylinder mit 348 cm³. Eine der berühmtesten BSA war die Bantam, die im Juni 1948 eingeführt wurde. Die Konstruktion war im Grunde eine DKW RT 125, die im Zuge der Reparationsforderungen von den Zschopauer Motorradbauern praktisch unverändert übernommen wurde. Im darauf folgenden Jahr erschien die Gold Star, ein 348 cm³ Einzylinder, die auf dem Vorkriegs-Einzylinder basierte. Die Marke Triumph wurde 1951 übernommen, die Produktion in Meriden schien voll unter BSA-Kontrolle zu stehen.

Die Struktur des Konzerns wurde 1953 neu geordnet, er firmierte als BSA Motorcycles Ltd. Mitte der 50er bestand das Angebot der nunmehrigen BSA Group aus zwölf Motorrädern, die, hervorragend in farbigen Prospekten präsentiert, als Poster in Jugendzimmer oder Garagen sehr gut passten. Das Programm fing mit zwei Bantam an, die 125er

früher als Zubehör erhältliche Beleuchtung zum Aufpreis von 7 Pfund gehörte ab 1934 zur Serienausstattung. Die Einzylinderreihe wurde 1937 in zwei Typen unterteilt, in die

D1 und die 150er Major (68 bis 82 Pfund). Dazu kamen ein paar 250er, eine 350er und vier 500er, plus eine seitengesteuerte 600 cm³ Einzylinder sowie, als Krönung, die 650er Twin Golden Flash für 191 Pfund.

Hinter den Kulissen der BSA Group rumorte es aber ganz gewaltig. Die Spannungen führten zu Änderungen im Management. Auch die Modellpolitik stand nicht gerade auf festen Füßen. Deutlichstes Zeichen dafür war die Einführung zwei neuer Modelle, des Dandy mit 75 cm³ Zweitaktmotor und des Rollers Beeza mit 198 cm³ großem Viertaktmotor. Der Dandy war leistungsschwach und überhitzte schnell. Er überlebte seine Markteinführung im Oktober 1956 nur um einige Wochen. Der Roller hatte eine noch kürzere Lebensdauer. Im November 1955 angekündigt und vollmundig mit technischen Delikatessen wie Kardanantrieb, Vierganggetriebe und Viertaktmotor angepriesen, sollte er darüber hinaus eine tolle Ausstattung bieten, wie etwa ein Lenkschloss als Diebstahlsicherung. Der Preis sollte bei 204 Pfund liegen. Beim Machtkampf zwischen Triumph und BSA (den Triumph zu seinen Gunsten zu entscheiden begann) kam das Modell allerdings unter die Räder – und nicht in den Handel.

Triumphs Einfluss auf das Gesamtunternehmen wuchs 1957 weiter, da Edward Turner zum Geschäftsführer der BSA Automotive Division ernannt wurde. Das einzig neue BSA-Modell der späten 50er war daher – vielleicht konnte man nichts anderes mehr erwarten – eine leicht maskierte Triumph Cub. Diese war ursprünglich für 1954 geplant gewesen, erschien jetzt aber als BSA C15 mit 247 cm³.

Für die Öffentlichkeit der 60er Jahre war die BSA-Geschichte ein Triumph-Zug, doch hinter den Kulissen eskalierte der Machtkampf zwischen den beiden Gruppen immer mehr. Viele Kommunikationswege innerhalb BSA

Group waren nicht nur unterbrochen, sondern hörten schlichtweg auf zu existieren. Das Management war eine Katastrophe. Logisch, dass darunter die Produktion litt. Schließlich war das Modellprogramm veraltet, man war kaum mehr in der Lage, mit der Konkurrenz, vor allem den Japanern, Schritt zu halten. Ein Hoffnungsschimmer bedeutete die Ernennung von Harry Sturgeon zum Geschäftsführer. Er kam aus der Luftfahrtindustrie, hatte aber ein Faible für Motorräder und war in erster Linie ein begnadeter Verkäufer: Die BSA-Exportzahlen stiegen stetig, besonders in den USA. Mehrere königliche Auszeichnungen wurden feierlich empfangen, wichtiger allerdings war das Geld, das nun endlich zur Verfügung stand, um ein neues Werk in Small Heath bauen zu können. Und neue Modelle gab es jetzt auch, BSA meldete sich als Produzent von großen Maschinen zurück. Damals entstanden Motorräder wie die heute so gesuchte BSA 441 Victor. Sturgeons Dienstzeit währte allerdings nur kurz, da der Gesundheitszustand 1966 seinen Rücktritt erzwang. Sein Nachfolger verstand mehr vom Management als von Motorrädern.

1968 erschien etwas ganz Neues, die 750 cm³ Rocket 3 mit Dreizylinder-Viertaktmotor. Zuerst in den USA auf dem Markt, folgte 1969 die einigermaßen vielversprechende Europavorstellung. Doch im Werk gab es nach wie vor große Probleme, und die verschwanden auch nicht mit der Rocket 3. Statt Gewinnen wie in den 60ern gab es ab 1971 nur noch Verluste. Das Management reagierte mit Plänen, die Motorradherstellung in Small Heath auslaufen zu lassen und bei Triumph in Meriden zu konzentrieren.

Dieser Vorschlag wurde im Oktober vorgelegt und abgelehnt, doch zu diesem Zeitpunkt war der Niedergang sowieso kaum mehr aufzuhalten. Die Umstände, die schließlich zum Verkauf der BSA Group an Norton-Villiers führten,

Die BSA Bantam war eine Kopie der DKW RT 125, entwickelte sich aber bis in die 60er zu einem modernen City-Flitzer weiter, wie diese 175er Bantam Supreme aus den frühern 60ern.

BSA Gold Star Clubman: Die Marke BSA hatte sehr wenig mit dem Rennsport zu tun. Trotzdem war eines der Modelle besonders wegen seiner Leistungen auf den Rennstrecken bekannt. Die Gold Star hatte einen luftgekühlten Stoßstangen-Einzylinder und wurde von den späten 40ern bis zu Saison 1963 als Clubmans Racer (wie hier) oder als Motocrossmaschine direkt vom Werk angeboten. Die DBD 34 lieferte 42 PS und hatte serienmäßig ein enggestuftes Renngetriebe.

würden ein ganzes Buch füllen und können aus Platzgründen nicht dargestellt werden. Belassen wir es bei der Feststellung, dass am 17. Juli 1973 die Norton-Villiers-Triumph Ltd gegründet wurde. In weniger als zwei Monaten entschied der Vorstand unter Leitung von Dennis Poore, das Triumph-Werk in Meriden zu schließen und die Produktion im moderneren BSA-Werk in Small Heath zu konzentrieren. Daraus resultierte der berühmte Streik der Belegschaft im Triumph-Werk und die Kooperative, die dann zehn mühevolle Jahre lang versuchte, die Traditionsmarke am Leben zu erhalten. Das war das Ende der BSA-Motorräder. Das Werk in Small Heath schloss offiziell am 15. Dezember 1975, das allerletzte Motorrad wurde tatsächlich am Heiligabend im gleichen Jahr fertiggestellt. Ein schöne Bescherung…

Die Reste dessen, was einst ein blühendes Unternehmen gewesen war, bildeten später die Basis für eine Firma, die die BSA-Ersatzteilversorgung in einer alten Norton-Anlage in Andover übernahm. Durch das Engagement verschiedener Mitarbeiter und solcher, die auch bei NVT in Shenstone involviert waren, konnte 1979 der Name BSA gekauft werden. In Blockley, Gloucesterhire, formierte sich dann eine neue BSA, die anschließend kleine Zweitaktmaschinen für die Dritte Welt herstellte, zumeist mit Yama-

ha-Motoren. Auch Armeemaschinen mit Rotax-Motoren entstanden. Diese neue BSA Group wurde 1991 mit Andover Norton verschmolzen.

Die Geschichte schien sich zu wiederholen, die BSA Group wurde 1994 von Regal Engineering in Southampton übernommen. Regal hielt Anteile an zwölf verschiedenen Unternehmen und konnte sie jetzt unter einen Hut bringen. Eine ehemalige Transport- und Logistikanlage in Southampton wurde die neue Heimat von BSA: Im Januar 1997 stellte das Unternehmen ein neues Motorrad mit dem berühmten Tankemblem vor. Die technische Basis bildete dabei die Yamaha SR 400. Die Japaner lieferten Fahrwerk und Technik, Regal beschränkte sich darauf, daraus ein neues Motorrad mit den Linien eines Café Racers der 60er zu gestalten, dessen Linien an eine BSA der gleichen Zeit erinnern. Bis zum Ende des Jahrzehnts baute eine etwa ein halbes Dutzend zählende Belegschaft rund 200 Maschinen. Auch über eine größere Gold SR 500 wurde heftig nachgedacht.

Calcott Brothers Ltd
XL Works, Far Gosford Street, Coventry 1

Die Brüder Calcott etablierten sich 1886 als Fahrradhersteller. Ein Motorrad wurde ab 1905 produziert, 1913 waren sogar Autos im Programm. Die Motorräder waren typisch für die Zeit, erreichten aber nie die Produktionszahlen der Automobile, deren Herstellung im Ersten Weltkrieg Priorität genoss. Die Nachkriegsproduktion beschäftigte sich dann nur mit Autos. Das Unternehmen war bis zum Tod eines der Gründer, William, 1924, sehr erfolgreich. Danach liefen die

Geschäfte schlechter, die Marke wurde 1926 von Singer übernommen.

Minstrel & Rea Cycle Co Ltd
Calthorpe Motor Cycle Co Ltd
16-17 Barn Street, Bordsley Green, Birmingham 5

Wie bei vielen Motorradherstellern fing die Calthorpe-Geschichte mit einem Fahrrad an. Es war die Schöpfung eines gewissen George W. Hands, der etwa 1890 im Gebiet Bordsley am Fluß Rea, südwestlich vom damaligen Zentrum von Birmingham, ein Fahrradgeschäft aufmachte. Erste Versuche mit Autos datieren von 1904, mit Motorrädern beschäftigte man sich erst ab 1910. Von einer regelrechten Produktion kann man aber erst im folgenden Jahr sprechen. Probleme wie Platzmangel konnten erst mit dem Umzug der Autoherstellung in ein neues Werk in Cherrywood Road in Boardsley Green 1912 gelöst werden. In der Barn Street wurden ab jetzt nur Fahrräder und Motorräder gebaut.

Vor dem Ersten Weltkrieg waren die Motorräder als Calthorpe Lightweights bekannt und hatten ausschließlich JAP-Motoren. Die meisten waren Einzylinder, mit 292 cm³ und 2,5 PS oder 242 cm³ und 2,75 PS. Direktantrieb, Ein- oder Zweiganggetriebe standen zur Auswahl, so wie auch Riemenantrieb oder Kette. Das Angebot umfasste auch ein Damen-Motorrad und ein Zweizylinder-Gespann. Die Preise rangierten zwischen dem kleinsten Modell mit Direktantrieb für 30 Pfund und dem Gespann für 68 Pfund.

Die Autoproduktion verringerte sich ab 1927, doch in der Barn Street wurden weiterhin Motorräder gebaut. Neben eigenen Motoren, darunter ein obengesteuerter Einzylinder mit 348 cm³, fanden auch Motoren von Blackburne, JAP und Villiers Verwendung. Die Modellpflege in den späten 20ern führte zu Änderungen in Optik und Modellbezeichnung. Namen wie Super Sports ersetzten die bisherigen Kombinationen aus Zahlen und Buchstaben wie D6, G1, D9S usw. Die auffälligste Veränderung ist für 1929 überliefert, als ein Modell weiße Schutzbleche und einen ebensolchen Benzintank bekam, was eine fröhliche Ausnahme zu den sonst üblichen schwarzen Lackierungen bildete. Das verhalf den Calthorpe-Motorrädern zum Spitznamen »Ivories« (Ivory = Elfenbein), was sich sogar in den offiziellen Modellnamen ab 1932 widerspiegelte: Die Maschinen hießen nun Ivory Minor, Ivory III, Ivory Major usw.

Die Preise waren hart kalkuliert und sanken sogar. Eine 498er, die 1928 immerhin 75 Pfund gekostet hatte, kostete 1934 nur etwas über 46 Pfund. Trotz hoher Qualität von Produktion und Motoren geriet Calthorpe in den späten 30ern in Schwierigkeiten und ging 1938 in Konkurs. Die Anlagen und Rechte wurden an Bruce Douglas, Mitglied der bekannten Motorrad-Familie in Bristol, verkauft. Er plante für 1939 eine neue Calthorpe-Reihe, aber der Krieg machte alles zunichte. Auch ein zweiter Versuch durch DMW, die Marke 1947 wieder zum Leben zu erwecken, scheiterte, obwohl ein Prototyp fertiggestellt worden war.

Campion Cycle Co Ltd
Robin Hood Street, Nottingham

Dieser Fahrradhersteller baute ab 1901 auch Motorräder. Kurz vor dem Ersten Weltkrieg verwendete die Marke Einzylinder-Motoren von Villiers und Zweizylinder von JAP. Fünf Modelle waren im Programm, mit Ein-, Zwei-, Drei- oder Vierganggetriebe. Der billigste Einzylinder mit 2,5 PS kostete 1914 nur 28 Pfund, der teuerste V-Twin mit 8 PS kam auf 75 Pfund. 1914 und 1915 konnten noch Motorräder gebaut werden; nach dem Krieg lief die Produktion bis 1925 weiter. Die letzte Konstruktion war ein 1000 cm³ V-Zweizylinder, die der Brough Superior ähnlich war.

The Carfield Motor Co/Carfield Ltd
Windmill Lane, Smethwick

Carfield war eine weitere jener Firmen, die die Nachfrage nach billigen Transportmitteln in der Zeit nach dem Ersten Weltkrieg erfüllen wollten. 1919 gegründet, lag das Werk in Smethwick. Anfangs sind nur zwei Modelle angeboten worden, beide mit 2,5 PS Villiers-Zweitaktmotoren und Riemenantrieb, wobei das eine Kickstarter und Zweiganggetriebe aufwies, das andere einen Direktantrieb. Sie kosteten 65 bzw. 50 Pfund.

Das Angebot an Motoren erweiterte sich 1921, als Coventry-Victor- und JAP-Triebwerke dazu kamen, die letztere entstand als Alternative zu einem Boxer-Zweizylinder in einem 90 Pfund teuren und erfolglosen Motorrad. Zwei Jahre später kam ein 1,5 PS starkes Billigmodell, das Carfield Baby, das zum Preis von 29 Pfund angeboten wurde. Erfolge im Trialsport konnten genauso wenig wie Modellpflegemaßnahmen und knapp kalkulierte Preise die Einstellung der Produktion 1928 verhindern

Cedos Motor Cycles Ltd
Brunswick Place, Kettering Road, Northampton

Wie Advance davor und Hesketh viel später zeigte auch Cedos, dass Northamptonshire anscheinend kein glücklicher Platz für eine Motorradherstellung ist. Cedos verwendete eigene Konstruktionen ebenso wie Motoren von Blackburne, Bradshaw, JAP und Villiers für nicht weniger als neun verschiedene Einzylinder-Modelle. 1927 umfasste die Modellpalette alles, vom Model 15 mit 247 cm³-Cedos-Motor und 2,5 PS für nur 25 Pfund bis hin zum Model 21 mit einem 350 cm³ großen Bradshaw-Aggregat mit 2,75 PS für gut 55 Pfund. Für die Baujahre 1928 und 1929 reduzierte die Palette sich auf nur vier Modelle mit Villiers- oder JAP-Motoren. Das war die letzte Produktreihe von Cedos, obwohl Lagerbestände noch in den frühen 30ern zu haben waren.

Chater; Chater-Lea

Chater-Lea Ltd
78-84 Golden Lane, Aldersgate, London EC
(ab 1928:) New Icknield Way, Letchworth,
Hertfordshire

Chater-Lea Ltd wurde 1900 als Hersteller von Fahrradkomponenten gegründet und befand sich nahezu im Zentrum von London. Nach Anfragen von anderen Herstellern stellte die Firma auch Rahmen und Gabeln für Motorräder her. In der zweiten Hälfte des Gründungsjahres fanden Versuche mit Fahrrad-Einbaumotoren statt, was wiederum zur Entscheidung beitrug, eigene Motorräder zu bauen. 1909 war ein V-Zweizylinder fertig. Mehrere Motoren kamen zum Einsatz, diese wurden hauptsächlich aus Frankreich importiert: Antoine, de Dion-Bouton, Minerva und Peugeot. Chater-Lea experimentierte auch mit Autos und, um alles unter ein Dach zu bringen, wurde 1912 ein neunstöckiges Gebäude errichtet. Die Motorräder, die im Ruf standen, viel Leistung zu entwickeln, verwendeten jetzt JAP-V-Twins mit 770 und 1000 cm³. Auch die übrige Ausstattung wie die bei einigen Modellen seit 1910 verbaute Telegabel konnte sich durchaus sehen lassen. Ein anderes Merkmal war der niedrige Rahmen, der dank des tiefen Schwerpunkts für eine gute Stabilität sorgte, was für Gespannfahrer besonders interessant war. In den ersten Jahren nach 1910 war das Basismodell ein 8 PS V-Zweizylinder für knapp 80 Pfund.

Im Ersten Weltkrieg lag die Produktion zum größten Teil still, doch direkt nach dem Krieg waren die Vorkriegsmodelle wieder lieferbar. Einige Jahre wurden Blackburne, JAP und Villiers verwendet, aber 1926 hatte Chater-Lea einen eigenen 348 cm³ Einzylinder entwickelt, und dieser motorisierte das Basismodell der Marke.

Chater-Lea zog 1928 in neue Werksanlagen in Hertfordshire um und präsentierte für 1930 eine reduzierte Modellpalette mit hauseigenen Motoren. Dabei handelte es sich entweder um die erprobten 348er Motoren oder die 545 cm³ Einzylinder, wie sie in der »Sports« verwendet wurden. Letztere konnte auch mit Beiwagen geliefert werden (72 Pfund) und war besonders populär als Pannenhilfsdienst-Fahrzeug bei der Automobile Association, die genau zu der Zeit diesen Service aufbaute.

Chater-Lea war während der Motorradproduktion immer Komponentenhersteller geblieben und konzentrierte sich nach 1935 ganz darauf.

Cheetah

Cheetah Engineering Ltd
Denmead, Hampshire

Cheetah war eine hundertprozentig britische Produktion, eine Trialmaschine, die Bob Gollner und Mick Whitlock gebaut hatten. Der Konstrukteur Peter Barge verfeinerte 1966 diesen Entwurf, das erste Motorrad entstand im Februar 1967. Einige gelungene Auftritte bei Wettbewerben führten zu Bestellungen seitens der Konkurrenten, und davon gab es so viele, dass alsbald eine Serienherstellung aufgenommen werden konnte. Anfangs waren Villiers-Motoren verwendet worden, doch als diese ab 1968 immer rarer wurden, implantierte man ausländische Motoren. Als Kit wurde die Cheetah für 249 Pfund verkauft, beworben mit einem Slogan im englischen Slang: »Some Cheapa – None Beata Cheetah!« (Einige billiger, keiner schlägt Cheetah.) Leider verschwand die vielversprechende Marke nach einigen Jahren.

Chell

Chell Motor Co, Moorfield Road,
Wolverhampton

Chell, so hieß einer jener vielen Prototypen, die der Presse vorgestellt wurden, aber nie in Serie gingen. Im Falle der Chell dürfte der Kriegsausbruch eine Rolle gespielt haben, da sie Anfang 1939 präsentiert wurde. Zwei Modelle sollten entstehen, versehen mit 98- und 125 cm³ großen Villiers-Motoren, zu projektierten Preisen von etwa 21 Pfund. Doch, wie gesagt, es blieb bei der Ankündigung.

Clyde

Wait & Co Ltd
London Road, Leicester
Clyde Motor Co Ltd
Queen Street, Leicester

G.H. Wait gehörte zu Englands Motorrad-Pionieren und zog schon 1898 eine Motorradherstellung in Leicester auf. Clyde-Motorräder hatten zunächst Waits eigene Motoren, trugen aber später JAP-Aggregate. Das Unternehmen überlebte den Ersten Weltkrieg, doch schaffte es nie in den Durchbruch. 1926 gab es nur noch zwei Modelle, einen 4 PS starken Einzylinder mit 490 cm³ (45 Pfund) und einen 980 cm³ V-Zweizylinder mit 8 PS für 72 Pfund. Das blieb auch so 1927, doch 1928 stand nur noch ein 350er Einzylinder für 38 Pfund im Programm: die letzte aller Clyde.

Clyno

Clyno Engineering Co Ltd/
Clyno Engineering Co (1922) Ltd
Pelham Street, Wolverhampton

In den ersten Jahren des 20. Jahrhunderts konstruierten zwei Vettern aus Northampton, Frank und Alwyn Smith, eine variable Kraftübertragung für Motorräder mit Riemenantrieb. Die Rollen für diese Anordnung waren konisch ausgelegt, mit einem »steigenden« Durchmesser (inclined, auf

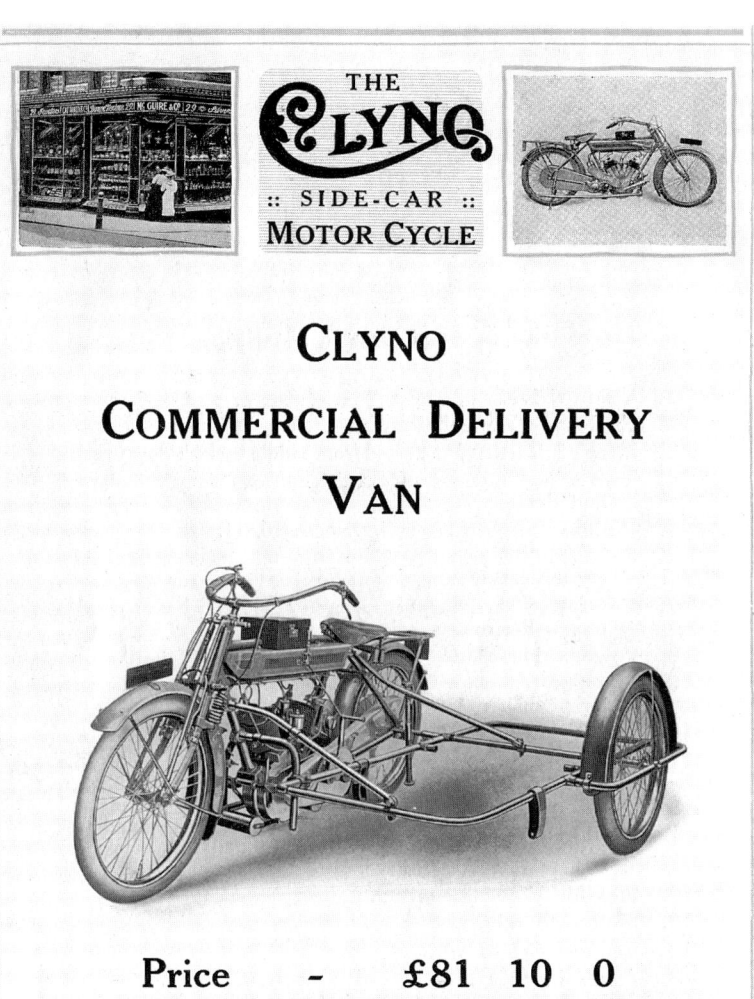

THE ℭLYNO
:: SIDE-CAR ::
MOTOR CYCLE

CLYNO
COMMERCIAL DELIVERY
VAN

Price - £81 10 0

Bodies extra, according to design.

For Specification see page opposite.

□ □

"Its (the 5-6 h.p. Clyno and Side Car) success has not only been
extraordinary but also consistent."—*Motor Cycling*, Oct. 24th.

Englisch) und daraus leitete sich später der Firmenname ab. Clyno Engineerung wurde im November 1909 gegründet und zog 1910 in das eben von den Stevens-Brüdern (Hersteller von AJS) verlassene Werk in Pelham Street ein.

Noch auf der Stanley Show des Jahres 1909 waren zwei Clyno zu sehen, beide sind dann auch in Pelham Street produziert worden. Nach und nach entstand so etwas wie eine Modellpalette, die von einem Einzylinder mit Direktantrieb für 32 Pfund bis hin zu einem 746 cm³ V-Zweizylinder mit Dreiganggetriebe für 75 Pfund reichte. Dieses größte Modell im Angebot war für 91 Pfund auch mit Beiwagen zu haben. Auch andere Modelle konnten konstruiert werden, darunter ein Damenmodell mit gekapseltem Motor und Antriebstechnik.

Insgesamt hatte sich Clyno recht zufriedenstellend entwickelt. Dann kam der Erste Weltkrieg, und der große Zweizylinder, der sich als ausgereifter Entwurf herausgestellt hatte, ging in großen Stückzahlen als Waffenplattform an die Streitkräfte. Das Unternehmen stellte auch Flugmotoren her. Die Zivil-Produktion konnte nach dem Krieg wieder aufgenommen werden, aber trotz der lukrativen Kriegsproduktion geriet Clyno bald in Schwierigkeiten.

Der Gründer von Clydes, G.H. Wait, war ein Pionier des Schleifenrahmens, dessen Auslegung bei diesem 2,75 PS-Modell deutlich zu sehen ist. Auch die Motoren waren Konstruktionen von Wait (interessantes Detail: beide Ventile samt Vergaser waren vorn platziert), wurden aber in Lizenz von F.R. Simms hergestellt. Simms brachte 1893 die Patentrechte von Daimler nach England. VMCC

Bei der Olympia Show 1919 wurde die neue Spring 8 vorgestellt, doch in Serie ging sie erst drei Jahre später. Die Spring 8 war sehr fortschrittlich und modern und wurde von der Presse hervorragend aufgenommen. Dennoch richtete

sich Clyno auf die Autoherstellung ein. Das sollte das Unternehmen zwar später in den Ruin führen, doch Motorräder baute die Marke nach 1922 nicht mehr.

Connaught

The Bordesley Engineering Co Ltd
New Bond Street, Bordesley, Birmingham
The Connaught Engineering Works,
York Mills, Witton Lane, Aston, Birmingham

Connaught war ein Kleinkraftrad, das 13 Jahre lang in zwei verschiedenen Fabriken in und um Birmingham gebaut wurde. Die ersten Connaught, 1913, verwendeten einen 293 cm³ Einzylinder-Zweitaktmotor mit 2,5 PS und kosteten 26 Pfund. Ein Modell mit besserer Ausstattung kostete 33 Pfund. Die Produktion wurde vom Ersten Weltkrieg gestoppt und danach unter einer anderen Firma in neuen Lokalitäten in Witton Lane, neben dem Fußballplatz Aston Villa, wieder aufgenommen.

Connaught baute jetzt neben Modellen mit eigenen Motoren auch solche mit Triebwerken von Blackburne, Bradshaw und JAP. Die Verkaufsbezeichnungen bestanden nun aus Buchstaben: A, B, C, D, E, F, G, K und M. Die kraftvollste Version war die G mit einem 4,9 PS starken Connaught-Motor und 490 cm³ Hubraum. Die teuerste war die K mit einem 348 cm³ Blackburne-Aggregat mit 2,75 PS zu einem Preis von 57 Pfund. Bis 1929 bot man Jahr um Jahr das komplette Programm an, doch 1930 gab es keine Connaught mehr.

Brockhouse Engineering Co Ltd
Crossens, Southport, Lancashire

Im Zweiten Weltkrieg war ein klappbares Minibike für Fallschirmjäger entwickelt worden. Das Ding hieß Welbike und wurde von Excelsior in Birmingham gebaut. Nach dem Krieg versprach sich Brockhouse Engineering davon gute Chancen auf dem zivilen Markt. Brockhouse, Southport, war 1936 als technische Konstruktionsfirma und Betrieb zur Verarbeitung von Stahlblech gegründet worden. Die ersten Motorrad-Modelle gelangten 1948 in den Verkauf. Den Antrieb besorgte ein 98 cm^3 Zweitaktmotor, in Lizenz von Excelsior hergestellt.

Ein höchst einfaches Motorrad war diese Corgi und erfreute sich als einfaches Transportmittel einer gewissen Beliebtheit. Nach und nach wurde die karge Ausstattung verbessert, wahlweise kamen Kickstarter, eine gekapselte Technik und Windschutzscheiben dazu – bis 1954 die Produktion auslief.

Coronet Motor Co Ltd
83-87 Far Gosford Street, Coventry 1

Die Coronet Motor Co Ltd wurde 1903 als Motorradhersteller gegründet, fing aber im darauf folgenden Jahr auch an, Autos zu bauen. In der ehemaligen Fahrradfabrik der Brüder Townsend, 1891 errichtet, beschäftigte Coronet Walter Iden als Chefkonstrukteur, der früher bei der Motor Manufacturing Company in Coventry gearbeitet hatte. Keines der beiden Unternehmen hatte eine hohe Lebenserwartung, und schon 1906 wurde die Marke von Humber übernommen.

Cotton Motor Co/E Cotton (Motorcycles) Ltd
Vulcan Works, Quay Street, Gloucester
(Ab 1970:) Stratton Road, Gloucester, später in
Cheltenham und Bolton

Angeblich wurden Cotton-Motorräder zwischen 1913 und 1980 gebaut, doch wer genauer nachforscht, wird feststellen, dass es sich eher um den Zeitraum zwischen 1920 bis 1970 handeln dürfte – und das auch nur mit Unterbrechungen.

Motorrad wie auch Herstellerfirma waren nach ihrem Gründer benannt worden, nach Frank Willoughby Cotton. Kurz vor dem Ersten Weltkrieg studierte er Jura, liebte aber Motorräder. Die damaligen Maschinen boten nicht viel Komfort, was nicht zuletzt auch an den Rahmenkonstruktionen lag. Cotton vertrat die Ansicht, dass die fahrradähnlichen Rahmen durch das Hinzufügen mechanischer Komponenten schlichtweg überlastet seien. Und den neu-

en Anforderungen konnten die bisherigen Baumuster nicht gerecht werden, weil zum Beispiel geeignete Aufnahmepunkte für die auftretenden Kräfte fehlten. Entweder musste der Sattel des Fahrers alles aufnehmen, oder die Belastungen führten zu Brüchen und anderen Defekten. Sein daraus abgeleitetes Konzept sah vor, alle auftretenden Belastungen in drei Richtungen zu verteilen und jede Verbindung ebenfalls in drei Richtungen auszuführen. Um das zu ermöglichen, mussten die Rahmenrohre gerade sein und so nur in ihrer Längsrichtung Belastungen aufnehmen, keine seitlichen Verwindungen. Die Theorie in die Praxis umgesetzt, führte zu einem Rahmen, der nicht nur stabiler war als die zeitgenössischen, sondern auch leichter. Cotton bat Levis, den Rahmen zu bauen, behielt aber die Rechte und gründete 1920 auch eine eigene Firma: The Cotton Motor Company, in Vulcan Works, Quay Street in Gloucester.

Die frühen Cotton waren Einzylindermaschinen mit zugekauften Motoren von JAP, Sturmey-Archer, Villiers, aber vor allem von Burney & Blackburne. Die gesamten 20er Jahre hindurch erschienen in Jahresfrist sieben bis neun Modelle, von der Blackburne-motorisierten 250er für 47 Pfund bis hin zu einem Modell mit einem 350er JAP-Single für 81 Pfund. Ab 1931 ersetzten zunehmend JAP-, Rudge- und Villiers- Triebwerke die bislang hauptsächlich verwendeten Blackburne-Motoren, doch in diesem Jahrzehnt verringerten sich die Produktionszahlen zunehmend, so dass 1940 der Bankrott unabwendbar schien. Gerettet wurde Cotton durch Militäraufträge, die Produktion endete dann kurz nach dem Krieg, nämlich 1946.

Zwei Markenenthusiasten, Monty Denley und Pat Onions, überredeten Bill Cotton, einer Neugründung zuzustimmen. Die Herstellung begann 1954, hatte aber nur den Namen Cotton geerbt, keine dreieckigen Rahmenlösungen, keine fortschrittliche Technik. Trotzdem verkauften sich die neuen Cotton einigermaßen und gaben auch eine gute Figur im Renn- und Trialsport ab. In den 60ern wurde das Werksgebäude im Zuge einer Sanierung abgerissen – und das war nur der erste von vielen Umzügen in neue Werksanlagen. Die neue Halle in Stratton Road war perfekt, aber bald musste man auch diese wieder verlassen, zuerst in Richtung Cheltenham und dann nach Bolton, wo die Marke dann 1980 zu Grabe getragen wurde.

Coventry Eagle Cycle Co/
Coventry Eagle Cycle & Motor Co Ltd
Bishopgate Green Works, 201 Foleshill Road,
Coventry 1 & 6
Lincoln Street Works, Lincoln Street, Coventry 1

Viele der Fahrradhersteller in Coventry wandten sich Motorrädern zu, und Coventry-Eagle gehörte zu den ersten. Gegründet 1890, stellte die Firma 1901 das erste Motorrad vor, das, wenig überraschend, sehr den gleichzeitig produzierten Fahrrädern ähnelte. Im Katalog wurden die Motorräder bis 1916 geführt, die Motoren stammten von Villiers und JAP, während Abingdon einen Zweizylinder-

Die Coventry-Eagle Silent Pullman Two-Seater von 1936 war ein bemerkenswertes Motorrad mit vielen modernen Details. Das Chassis war stabil, der Motor gekapselt und unter der Verkleidung, die hinten als Stoßstange diente, befand sich eine Hinterradfederung mit Blattfedern. In einem Prospekt waren auf einer Abbildung zwei weibliche Passagiere zu sehen. Die eine, gerade von einem Motorrad der Konkurrenz gestiegen, klagte über Rückenschmerzen, die andere blieb im Sattel der Coventry-Eagle sitzen und seufzte: »Ich hätte nie geglaubt, dass das so bequem sein könnte.«
Privatarchiv Autor

Motor beisteuerte. Das Basismodell kostete 36 Pfund und hatte einen 296 cm³ Villiers-Single mit Direktantrieb. Das Spitzenmodell hatte einen Abingdon-Zweizylinder mit Dreiganggetriebe zum Preis von 75 Pfund.

Die Motorradherstellung wurde nach dem Ersten Weltkrieg wieder aufgenommen, die meisten Modelle hatten JAP-Motoren. Ab 1928 kamen Villiers, Sturmey-Archer und auch eigene Motoren dazu. Im Angebot standen Maschinen in allen Preislagen und Geschmacksrichtungen. Für 1930 spannte sich das Angebot von einem Kleinkraftrad mit einem 147 cm³ Villiers-Motor mit 1,5 PS für 24 Pfund, bis hin zur Flying 8 mit einem 988 cm³ JAP-V-Zweizylinder mit 9,8 PS für 120 Pfund.

Während der Rezession in den 30ern verzichtete der Hersteller vernünftigerweise auf den Bau des teuersten Modells, schuf aber dennoch einige elegante Modelle, wie zum Beispiel die Silent Pullman Two Seater von 1936. Diese Motorräder waren für ihre Zeit sehr fortschrittlich, hatten ein stabiles Fahrwerk, einen gekapselten Motor, eine Hinterradfederung mit außenliegenden Blattfedern und eine hintere Stoßstange (!). Der Preis betrug 44 Pfund, wer aber mehr wissen wollte, musste einen Extra-Prospekt bestellen.

Coventry-Eagle baute während des Krieges weiterhin Motorräder. Ein 1940 entwickeltes billiges Autocycle hätte eine Rolle als billiges Transportmittel perfekt erfüllen kön-

nen, wurde aber nie gebaut. Coventry-Eagle zog nach dem Krieg in eine neue Fabrik in Duggin's Lane in Tole Hill, Coventry. Dort wurden weiter Fahrräder gebaut, aber Motorräder gehörten jetzt der Vergangenheit an.

Coventry-Premier; Premier

**The Premier Cycle Co/Coventry-Premier Ltd
1-7 Read Street, Coventry 1
8 Lincoln Street, Coventry 1**

Coventry-Premier gehörte zu den ältesten Fahrradherstellern der Stadt, hervorgegangen aus der 1879 gegründeten Hillman, Herbert & Cooper Cycle Company. Treibende Kraft dahinter war William Hillman, der später als Automobilfabrikant zu einiger Bedeutung gelangte. 1890 ging aus der Fahrradfirma die Premier Cycle Co hervor und 1914 Coventry-Premier. Die Motorradherstellung lief 1908 an; 1912 entstand ein Dreirad-Auto mit vielen Motorrad-Komponenten. Auch diese Modelle wurden als Premier verkauft und einige davon sogar bis 1915. Premier-Motorräder standen als Ein- und Zweizylinder im Angebot, die billigsten für 36 Pfund mit 2,5 PS und Direktantrieb, die teuersten waren Zweizylinder mit Dreiganggetriebe für 80 Pfund.

Nach dem Krieg, 1919, beschränkte sich die Produktion auf Automobile, und im September 1920 hatte die benachbarte Firma Singer bei Hillman das Sagen.

Coventry-Victor

**Coventry-Victor Motor Co Ltd
137-139 Cox Street, Coventry**

In der Anfangszeit, ab 1911, baute Coventry-Victor Boxer-Zweizylinder-Motoren. Die Werkshalle befand sich im

Eine andere Firma, die schnell auf den Trend zum Rundbahnsport reagierte, war Coventry-Victor. Hier die Dirt Track von 1929. Den 499er Zweizylinder-Boxer hatte man extra getrimmt hin zu »mehr Drehmoment, ein wichtiger Faktor fürs Sliding«, wie der Prospekt verriet.
Jim Boulton

Schatten der mächtigen Fabrikanlage von Triumph. Erst 1919 wagte das Unternehmen den Schritt zum Motorradhersteller und wurde unter anderem dafür bekannt, nur eigene Motoren zu verwenden, Motoren, die auch an andere Produzenten verkauft wurden.

Dreirad-Autos folgten 1926. Zu diesem Zeitpunkt reduzierte sich die Zweirad-Palette auf nur zwei Modelle: die Colonial und die Super Six. Beide hatten einen 688 cm³ Zweizylinder-Boxer und kosteten 67 bzw. 82 Pfund. Eine Silent Six folgte 1929, ebenso eine 500er Dirt Track-Rundbahnmaschine für 65 Pfund. Diese Modelle blieben bis 1933 in Produktion. Im Jahr darauf hatte der Hersteller nur drei Dreiräder im Programm, und auch das nur bis 1937.

Coventry-Victor baute 1949 noch ein Auto, hatte aber jegliches Interesse an Motorrädern verloren. Heute firmiert das Unternehmen noch als A.N. Weaver (Coventry-Victor) Ltd.

Cyclaid

British Salmson Aero Engines Ltd
Raynes Park, London SW 20

Noch einer der zahllosen Einbaumotoren für Fahrräder. Dieser wurde vom Flugmotorenhersteller Salmson Aero Engines gefertigt und war von entsprechend hoher Qualität. Eingebaut wurde der Motor, ein Zweitakter mit 31 cm³, über dem Hinterrad, die Kraftübertragung erfolgte über Riemen. Cyclaid-Motoren wurden zwischen 1950 und 1955 hergestellt.

Cyclemaster

EMI Factories Ltd
Dawley Works, Hayes, Middlesex

Die Cyclemaster-Geschichte ähnelt der der Cyclaid. Auch dieser Motor kam 1950 und wurde von einer Firma ohne Erfahrungen in der Motorradbranche gebaut. EMI ist ja eine nicht ganz unbekannte Firma, die sich ansonsten mit Tonträgern, früher auch mit Plattenspielern und Radios beschäftigte. Zurück zum Cyclemaster: Dieser Einbausatz wirkte auf das Hinterrad, wurde aber als komplette Einheit samt Rad geliefert, wobei der 33 cm³ große Motor in der Radnabe logierte. Ein vollständiges Leichtkraftrad wurde 1953 gebaut, dem zwei Jahre später die Cyclemate folgte, die deutlich mehr nach Mofa aussah als das weiter angebotene Vormodell. Cyclemaster und Cyclemate blieben bis 1960 in Produktion.

Cymota

Cymo Ltd
364/366 Kensington High Street, London W14

Der Bedarf an billigen Transportmitteln ebnete den Einbaumotoren in den Nachkriegsjahren den Weg. Einer davon war die Cymota, die von Cymo Ltd hergestellt wurde. Das Motörchen sollte oberhalb des Vorderrads eines gewöhnlichen Fahrrads montiert werden, der Zweitaktmotor mit 45 cm³ Hubraum verfügte über eine Antriebsrolle für das Vorderrad. Die gesamte Einheit verschwand unter einer formschönen Abdeckung. 1950 vorgestellt, verschwand die Cymota aber schon Ende 1951 wieder von der Bildfläche.

Dayton

Dayton Cycle Co Ltd
Dayton Works, Park Royal Road, North Acton,
London NW10

Dayton ging 1905 als Fahrradhersteller in Betrieb. 1955 beschloss die Firma, mit einem Luxusroller den italienischen Rollerproduzenten Konkurrenz zu machen. Ob die gewählte Verkaufsbezeichnung »Albatross« so glücklich gewählt war, darf bezweifelt werden, schließlich kommen diese Vögel bekanntlich nur schwer in Schwung. Das Geheimnis seiner Stärke, so die Werbung, war ein Stahlrohrrahmen. Als Antrieb diente ein Villiers-Zweitaktmotor mit 225 cm³ und Vierganggetriebe. Der Konstrukteur unterstrich vor allem den Komfort und den Wetterschutz für Fahrer und Beifahrer. Für etwas mehr als 200 Pfund zu haben, bekam der Einzylinder 1957 hauseigene Konkurrenz in Gestalt eines Luxusmodells mit 250 cm³ Villiers-Zweizylinder, das 235 kosten sollte. Die Maschinen wurden einer jährlichen Modellpflege unterzogen. 1959 erschien eine neue Kon-

Super Sports Model H

ENGINE.—64·5 mm. bore, 76 mm. stroke. Capacity 250 c.c.

Two-speed All Chain Drive - - - **75 gns.** *Code Word—*SPORTOH.
If fitted with Three-speed - - - **4 gns. extra.**

metal case. These cases are entirely weatherproof and easily detachable. A standard type of carrier can be fitted if required. The Engine shown on this page is a replica of that which during the past season was so successful in SPEED and RELIABILITY, capturing the premier awards in its class.

Diamond Super Sports Model H, 1922: 250er JAP-Motor, Zweiganggetriebe und Kettenantrieb zum Hinterrad, aber vor allem doppelte, vordere Rahmenrohre, die für eine außergewöhnliche Steifigkeit sorgte. Diamond behauptete sogar, die Rahmen wären »den drastischsten und härtesten Tests unterzogen worden« und daher die »besten und stärksten Rahmen aller erhältlichen Lightweights«.
Jim Boulton

struktion, die in Zusammenarbeit mit Panther und Sun entstanden war. Unter der Bezeichnung »Flamenco« vermarktet, blieb ihr Absatz weit hinter den Erwartungen zurück: Den Dayton-Roller gab es 1961 nicht mehr.

De Luxe

Siehe AEB

Dennis

Dennis Brothers Ltd
Rodboro' Buildings, Bridge Street, Guildford, Surrey

John Dennis begann 1895 in seinem Fahrradgeschäft in der Nähe von Guildford Bridge Motorräder zu bauen. Zusammen mit seinem Bruder etablierte er in einer aufgegebenen Armeekaserne eine Fabrik, und dort wurden ab etwa 1900 Drei- und Vierräder nach Fahrradmuster entwickelt. Im Jahr darauf zog die Firma wieder um, diesmal in eine für die Automobilproduktion geeignetere Halle, womöglich die al-

lererste in England, das Rodboro Gebäude in der Bridge Street in Guildford. Weitergehende Ambitionen in Sachen Motorräder hatten die beiden Brüder wohl nicht. Von 1901 bis 1903 bauten sie Autos, danach Lkws, Busse, Feuerwehrwagen und andere Nutzfahrzeuge. In diesem Bereich ist das Unternehmen Dennis Specialist Vehicles noch heute tätig.

Diamond

The D.H.&S. Diamond Cycle Co
Sedgley Street, Wolverhampton
Dorsett, Ford & Mee (DF&M) Engineering Co Ltd
Ab 1908: Sedgley Street, Wolverhampton
Ab 1919: Diamond Works, Vane Street, Wolverhampton
Ab 1930: St James Square, Wolverhampton
Ab 1935: Upper Villiers Street, Wolverhampton

Die D.H.&S. Diamond Cycle Company war in den 1890ern ein Fahrradhersteller wie so viele andere auch. 1908 wurde die Firma umstrukturiert und in Dorsett, Ford & Mee (DF&M) Engineering umbenannt. Ab diesem Zeitpunkt kamen auch Motorräder ins Programm. Die Produktion lief nie auf hohen Touren, aber die Fahrzeuge waren sehr fortschrittlich und fast vollständig gekapselt. Der Motor hatte 2,75 PS Leistung und gab die Kraft zum Hinterrad über ein Zweiganggetriebe weiter. Der Preis betrug 52 Pfund.

Mit dem Ausbruch des Ersten Weltkriegs hörte die Produktion dieses Typs auf, doch der Hersteller baute bis 1916 einfachere Modelle mit verschiedenen Motoren weiter. Nach dem Krieg wurde die Fertigung in neuen Räumen in

Schnieke herausgeputzt, im Marken-
pullover und weißen Schuhen, sitzt der
Werksfahrer Vivien Prestwich auf seiner
JAP-motorisierten, gechoppten Diamond
vor der Boxenanlage in Brooklands.
Diamond startete erstmals 1920 bei der
Isle of Man TT und nahm bis 1931 jedes
Jahr teil. Ein siebter Platz im Jahre 1926
war das beste Resultat.
Dr. Joseph Bayley/Jim Boulton

der Vane Street wieder aufgenommen. Zwei Modelle standen im Programm, eines mit einem 2,75 PS JAP-Motor, eines mit einem 2,5 PS Villiers-Einzylinder. In den 20ern ver-
breiterte sich die Palette auf neun Modelle (1923) und sank
dann wieder auf fünf oder vier Typen 1926/27. Die kleineren
mit bis zu 342 cm^3 Hubraum hatten alle Villiers-Motoren,
die größeren bis 496 cm^3 JAP-Aggregate.

Die Herstellung in der Vane Street wurde 1928 eingestellt und zwei Jahre später am St. James' Square mitten in
Wolverhampton wieder aufgenommen. Das einzige Modell
hatte einen 247 cm^3 Villiers-Motor mit Dreiganggetriebe
und kostete 36 Pfund. Für die letzten beiden Jahre blieb es
das einzige, das in vier verschiedenen Varianten gebaut wurde, wobei die Sports das Spitzenmodell markierte. Sie verfügte über einen 3,5 PS starken JAP-Einzylinder mit
496 cm^3 und kostete 54 Pfund. Diamond bot auch 1932

Motorräder an, aber das war auch das letzte Lebens-
zeichen des Unternehmens, das in jenem Jahr wahrscheinlich nur noch Restbestände der Vorjahresproduktion verkaufte. Das Unternehmen überlebte, zog in die ehemalige
Villiers-Gießerei in Wolverhampton und stellte dort
Anhänger und Ähnliches her.

DKR

DKR Scooters
Neachels lane, Willenhall

DKR war ein Roller, den Cyril Kieft erdacht hatte. Kieft konstruierte und produzierte verschiedene Sportwagen, importierte aber auch Roller und meinte, selbst ein konkurrenz-

Obwohl die DKR Scooters Ltd ihren
Hauptsitz am Flughafen Pendelford hatte,
fand die Produktion in den Hallen der
Willenhall Motor Radiator Company, in
Neachels Lane, Willenhall, statt. Hier wer-
den 1957 zwei Reihen der 147 cmΔ DKR
Dove montiert.
Jim Boulton

DMW war für konventionelle Motorräder bekannt, unterlag aber der Versuchung, einen Roller zu bauen. Der Bambi, 1957 einge-führt, zeichnete sich vor allem durch die großen Räder aus. In diesem Werksprospekt von 1958 sind drei davon zu sehen.
Jim Boulton

Dawson's Motor Works/DMW Motor Cycles (Wolverhampton) Ltd
Valley Road Works, Valley Road, Sedgley

fähiges Produkt präsentieren zu können. 1956 nahm er zu diesem Zweck mit Barry Day Kontakt auf, dem Geschäfts-führer von Willenhall Motor Radiator Company und dessen Kollegen Robinson. Das Willenhall-Unternehmen war in der Lage, den Roller aus zehn Pressstahlteilen zusammen zu setzen. Als Antrieb diente ein 147 cm³ Villiers-Zweitakt-motor. Man einigte sich, und der Roller bekam den Namen nach den Initialien der drei Bauherren Day, Kieft und Robinson: DKR.

Das erste DKR-Modell hieß Dove, Taube, und erschien 1957. Es hatte den Villiers-Motor mit Dreiganggetriebe und war in zwei Blautönen lackiert. Typisches Merkmal war das gewölbte Vorderradschutzblech, das den Tank enthielt. Für 162 Pfund verkaufte sich Dove recht gut; nacheinander folgten die Typen Pegasus, Defiant und Manx, letzterer mit einem 249 cm³ Zweizylinder-Motor zu 229 Pfund.

DKR konnte aber auch Erfolge in Trial und Zuverlässig-keitsfahrten aufweisen. Für 1960 wurde die Modellreihe modernisiert. Die gewölbte Nase verschwand, und der neue Capella wies alle Merkmale eines normalen Rollers auf. Doch die Importprodukte unterboten die Preise von DKR, und die Herstellung lief 1966 aus.

DMW steht für Dawson's Motor Works, eine Werkstatt, die Mitte der 30er vom Grasbahnfahrer Leslie »Smokey« Dawson gegründet wurde. Dawson reparierte Motorräder, fertigte aber auch eigene Rennmaschinen. Als Erfinder ent-wickelte er Motorrad-Federsysteme, und wäre der Krieg nicht ausgebrochen, wäre er damit in Serie gegangen. Nach dem Krieg baute Dawson für Kunden Grasbahn-maschinen mit seiner Spezial-Federung und bekam techni-sche und finanzielle Unterstützung durch Harold Nock, den Gründer der Firma Metal Profiles Ltd

Metal Profiles logierte in einer ehemaligen Werkshalle für Dampflokomotiven in Sedgley, in der Nähe von Wolver-hampton; hier konnten Dawsons Motorräder gebaut wer-den. Leider interessierte sich Dawson nur für Grasbahn-maschinen, während Nock vollkommen klar war, dass da-mit nur wenig Umsatz zu machen war. Er versuchte seinen Partner zur Herstellung von Straßenmaschinen zu überre-den, aber Dawson blieb uneinsichtig. Stattdessen verkauf-te er seine Anteile an Nock und emigrierte nach Kanada. So formierte sich Ende 1945 die DMW Motor Cycles in einem Teil der Metal Profiles-Anlagen.

Da das einzige Dawson-Erbe die Initiale im Marken-namen war, verpflichtete Nock Mick Riley als Konstrukteur,

Die Rettung für die Marke DOT war dieses Dreirad, der Motor Truck. Versehen mit einem Villiers-Motor, verbrauchte dieses Dreirad nur drei Liter Sprit. Als sich im Zweiten Weltkrieg die Behörde für Lebensmittelversorgung für diese Konstruktion interessierte, war deren Erfolg gesichert.
Ian Allan Library

den ehemaligen Entwicklungsingenieur von BSA. Das ganze Jahr 1946 hindurch beschäftigte sich Riley mit der Entwicklung eines Kleinmotorrads mit 125 cm³-Villiers-Motor. Ein erster Prototyp erschien 1947, doch eine Produktion fand erst 1950 statt, nachdem die Konstruktion über mehrere Jahre bei Geländerennen in ganz Großbritannien weiter entwickelt worden war.

1951 erschien eine ganze Familie mit Villiers-Motoren, in Standard- wie auch in Luxusausführungen. Die letzteren hatten die markentypischen Rahmen aus extra starken Vierkantprofilen. Die so ausgestatteten Modelle waren 10 Pfund teurer: Die 122 cm³-Varianten kamen auf 107 Pfund, die 197 cm³-Maschine 116 Pfund. Die 250 cm³ Dolomite erschien 1954, schaffte gut 115 km/h und kostete 240 Pfund. Kurz darauf folgte eine 125 cm³ Rennversion, die Hornet, für 363 Pfund.

DMW erfreute sich wachsender Popularität und entwickelte 1955 einen Roller-Prototyp. Als Bambi, mit 98 cm³ Villiers-Motor, ging er 1957 in Produktion. Disney-Anleihen, soweit es den Namen betraf, leistete sich auch der Bambi-Nachfolger. Der unglückliche Dumbo war eine Kreuzung zwischen Motorrad und Roller, ging aber nie in Produktion. Ein ihm ähnlicher Roller namens Deemster erschien 1962.

Im gleichen Jahr kaufte Harold Nock das bankrotte Unternehmen Ambassador Motor Cycles aus Ascot und verlegte dessen Produktion nach Sedgley. Aus dem Ambassador wurde eine DMW mit entsprechendem Tank-Emblem. Die Straßenmaschinen verschwanden 1966 all-

mählich aus dem Programm, während die restliche Palette immer mehr unter Motor-Lieferschwierigkeiten litt. Als Harold Nock 1971 sich zurückzog, kauften seine Nachfolger alle Herstellungseinrichtungen von Villiers, damals im Besitz von Norton-Villiers, das auf die Fabrikation von Industriemotoren umsteigen wollte. Durch den Kauf war DMW nun in der Lage, bis weit in die 70er Jahre hinein eine Kleinserienproduktion aufrecht zu erhalten. Wer Ersatzteile für Villiers-Motoren suchte, war auch lange danach noch bei DMW goldrichtig.

DOT

H. Reed & Co
38 Ellesmere Street, Hulme, Manchester
DOT Motors Ltd
69a Market Street, Manchester
DOT Motors (1926) Ltd/DOT Cycle & Motor Manufacturing Co Ltd
Arundel Street, Hulme, Manchester 15

Zumindest das ist sicher: Gegründet wurde DOT 1903 durch Branchenpionier Harry Reed, doch der Ursprung des Markennamens liegt ziemlich im Dunkel. Später nahm der Hersteller den Slogan »Devoid of Trouble« auf, frei von Problemen, aber was zuerst kam, weiß keiner mehr. Andere Quellen behaupten, der Name sei die Kurzform von Dorothy, aber wer um Himmels willen war Dorothy?

Wie DOT vor dem Ersten Weltkrieg funktionierte, ist ebenfalls weitgehend unbekannt. Harry Reed hatte seine erste Werkstatt an der 38 Ellesmere Street in Hulme, später in der 69a Market Street im Stadtzentrum von Manchester. Seine Motorräder fuhren mit importierten Motoren von Minerva oder Peugeot, bevor JAP ins Bild kam. Reed bestritt (und gewann) Rennen mit seinen Maschinen, darunter bei den ersten TT-Rennen auf der Isle of Man. In den Händleranzeigen findet sich aber in dieser Zeit keine Erwähnung von DOT-Motorrrädern.

Die Konturen der Nachkriegssituation sind weniger verschwommen. Die Herstellung lief nach wie vor in der Market Street, bevor sie nach einer Umstrukturierung 1926 in die Arundel Street verlegt wurde. In den Jahren danach umfasste das DOT-Programm fünf oder sechs Varianten, entweder mit Bradshaw- oder JAP-Motoren. Als Basismodell für 38 Pfund diente ein Einzylinder mit 300 cm³ JAP und 2,5 PS. Das Spitzenmodell war ein Zweizylinder mit 680 cm³ JAP-Motor (60 Pfund) und ein 350er Einzylinder (80 Pfund). Die 1928er Fahrzeugpalette nannte sieben Modelle mit Motoren von Villiers, Dorman, Bradshaw und JAP, mit Preisen von 37 bis 51 Pfund. Auch das Programm im darauf folgenden Jahr folgte etwa dem gleichen Muster.

Mit dem Jahr 1930 kamen Probleme auf DOT zu. Keine neuen Typen, im Gegenteil: 1931 waren nur noch drei im Programm, zwei mit Villiers-Motoren, eins mit Bradshaw. Im folgenden Jahr waren wieder neue Modelle angesagt, ohne dass sich an deren Gesamtzahl etwas änderte: Midget, Minor und Major hatten 98, 147 und 148 cm³-Motoren. Die Preise waren drastisch gesunken, auf 17, 22 und 26 Pfund.

Der 345 cm³ Zweizylinder-Boxer von Douglas war in der Zeit vor dem Ersten Weltkrieg als leistungsstarkes Spitzentriebwerk bekannt, mit dem sich hohe Geschwindigkeiten erzielen ließen. Die Erfolge in den verschiedenen Motorsportdisziplinen waren beachtlich. Hier wartet eine Douglas (rechts im Bild) mit anderen Teilnehmern beim Sutton Coldfield Auto Cycle Trial bei Hints Hill am 17. Mai 1913 auf den Start.
E.J. Pardoe/Jim Boulton

Es sollte das letzte Produktionsjahr von DOT vor dem Zweiten Weltkrieg werden. Danach beschäftigte die Firma sich mit allgemeiner Konstruktionstechnik.

Während des Krieges erwarb DOT fast durch Zufall einen Vertrag für die Produktion von Dreiradmaschinen für das Ministerium für Lebensmittelversorgung. Für das Unternehmen war das eine Möglichkeit, ins Motorradgeschäft zurück zu kehren. Auch nach dem Krieg lief die Produktion dieser Fahrzeuge weiter; 1949 konnte erneut die Motorradherstellung aufgenommen werden. Straßenmodelle aber auch Wettbewerbsmodelle für Trial entstanden, letztere waren so erfolgreich, dass zwischen 1953 und 1955 überhaupt keine Straßenmotorräder hergestellt wurden.

1956 erschien die Mancunian, ein Villiers-motorisiertes Straßenfahrzeug; danach begann DOT, italienische Vivi-Motorräder aus Turin zu importieren und sie in Manchester zu montieren. 1960 wurde Guazzoni ins Programm aufgenommen, und damit wurde es zu eng für eine eigene Herstellung. Trial- und andere Spezialmaschinen entstanden bis in die 70er Jahre hinein, danach konzentrierte sich das Unternehmen auf andere Technikbereiche.

Douglas

**Douglas Engineering Co Ltd/Douglas Motors Ltd/
Douglas Motors (1932) Ltd/Douglas (Kingswood) Ltd/
Douglas (Sales & Service) Ltd
Hanham Road, Kingswood, Bristol**

Wollte man zeigen, dass technische Innovationen und finanzieller Erfolg nicht unbedingt Hand in Hand einer gehen müssen, wäre Douglas ein gutes Beispiel. Als Schiffs-

Der Sheffielder Stahlhersteller Dunford & Elliot fing 1919 an, das Dunelt Motorrad zu bauen. Bis 1929 verwendete der Hersteller eigene Zwei- und Viertaktmotoren, wechselte aber dann zu Sturmey-Archer-, Villiers- und (später) Rudge-Aggregaten. Bis 1931 erfolgte die Produktion in Birmingham.
VMCC

ausrüster 1882 gegründet, stellte das Unternehmen 1907 sein erstes Motorrad auf die Räder. Es hatte einen Zweizylinder-Boxer, dessen Zylinder nach vorn und hinten auslegten. Die Kurbelwelle rotierte quer zur Fahrtrichtung. Diese Konstruktion hatte Joseph Barter 1905 für das Fairy-Motorrad entwickelt, und Douglas hatte damals die Gussarbeiten für Barter durchgeführt, kaufte anschließend die Rechte und entwickelte den Motor weiter.

Douglas-Motorräder wiesen schon 1910 viele Neuerungen auf, wie etwa das Zweiganggetriebe mit der Schaltung auf der Tankoberseite. Im Volksmund hieß das Tram Driver, da sie dem Bedieninstrument der Stadtbahn-Wagen ähnelte. Douglas-Motorräder waren darüber hinaus auch schnell und verzeichneten vor dem Ersten Weltkrieg viele Rennerfolge. Dank der Militäraufträge für Kradmeldermaschinen lief die Motorradproduktion auch in den Kriegsjahren auf Hochtouren weiter. Viele Armeemaschinen wurden in den ersten Nachkriegsjahren im Werk umgerüstet, neu aufgebaut und verkauft.

Neue Douglas-Typen sind ab 1920 produziert worden, allesamt mit dem eigenen Boxermotor versehen, zumindest bis 1933. Trotz vernünftiger Konstruktionen, trotz der Rennerfolge und einem wachsenden Markt für Speedwaymaschinen, geriet Douglas Ende der 20er in Schwierigkeiten, 1931 wurde der Familienbetrieb verkauft.

Unter neuer Leitung wurde das Unternehmen 1932 neu formiert, doch die Öffentlichkeit merkte das eigentlich nur daran, dass die Modelle des Jahres 1933 Namen trugen: Bantam, Golden Star, Standard, Bulldog, Greyhound, Mastiff und Powerflow. Die Bantam wurde von einem 148 cm^3 Villiers-Einzylinder getrieben. 1934 baute die Marke einen eigenen 149 cm^3 Motor, doch in den folgenden Jahren reduzierte sich die Modellpalette immer weiter, bis 1939 nur noch ein 585 cm^3 Zweizylinder-Boxer übrig war.

Militäraufträge, die Herstellung von Flugzeugkomponenten und kleinen Transportern hielten das Untenehmen während des Krieges am Leben, und wieder war es die Kriegszeit die half, den Sprung in die Friedenszeit zu bewältigen. Die im Krieg hergestellten Generatoren hatten einen 350 cm^3 Zweizylinder-Boxer und dieser bildete, leicht modifiziert, den Motor für die erste Nachkriegs-Douglas von 1947. Leider waren die Motorräder nicht ausreichend getestet worden und bald schon traten Probleme auf. Die Materialien waren auch nicht die besten, und gute Handwerker – die Douglas gebraucht hätte, um ordentliche Qualität zu liefern – suchten sich besser bezahlte Jobs.

Bereits 1948 wurde ein Konkursverwalter eingesetzt und ein neuer Name gesucht, der nun Douglas (Sales & Service) lautete. Übergangsweise nahm Douglas 1951 die Lizenzherstellung von Vespa-Rollern auf. Die Produktion von konventionellen Motorrädern lief zwar weiter, jedoch mit sehr wenig Modellpflege und deshalb wurden sie oft zu Schleuderpreisen verkauft. Trotz der Einführung imposanter Modelle wie der 1955 eingeführten 350er Dragonfly wurde die Lage der Marke immer prekärer. Ende 1956 übernahm die Westinghouse Brake & Signal Company das marode Unternehmen. Die Motorradherstellung spielte unter den neuen Besitzern keine Rolle mehr und schon im März 1957 lief diese Herstellung aus, während die Vespa-Montage bis 1960 erfolgte. Douglas importierte später Motorräder der Piaggio-Tochter Gilera und blieb so bis Mitte 1982 Teil der Motorradbranche.

Dunelt

Dunford & Elliot (Sheffield) Ltd
Bath Street, Snow Hill, Birmingham 4
Dunford & Elliot (Sheffield) Ltd
Attercliffe Wharf Works, Sheffield
Dunelt Cycle Co
Rabone Lane, Smethwick, Birmingham 40

Die Firma Dunford & Elliot (Sheffield) Ltd wurde als Stahlhersteller 1902 gegründet. Motorräder wurden ab 1919 in

Birmingham gebaut. Neben konventionellen Maschinen entstanden bis 1929 auch Lastendreiräder, die als Pritsche, Kleintransporter und mit Kasten im Programm standen. Als gemeinsame Motorisierung diente der hauseigene 499 cm^3 Einzylinder-Motor. Diese Fahrzeuge wurden für zwischen 75 und 82 Pfund verkauft.

Ab 1929 verschwanden die meisten der Lastengespanne und mit ihnen auch der eigene Motor. Nach und nach kamen dann Motoren von Sturmey Archer und Villiers zum Einsatz. Wie viele andere Firmen Anfang der 30er führte auch Dunelt Modellnamen ein, und 1931 konnten die Kunden zwischen Cygnet, Vulture, Drake und Heron wählen. Im gleichen Jahr wurde der Betrieb nach Sheffield verlegt.

Dunelt produzierte bis 1935 und erlebte 1957 eine kurzfristige Renaissance mit einem Mofa, das sich aber nur vier Monate auf dem Markt behaupten konnte.

Dunkley

Dunkleys Products Ltd
National Works, Bath Road, Hounslow, Middlesex

Obwohl dieser Name auch die Hersteller von Kinderwagen, Motorrädern und Autos bezeichnete, hat diese Marke nichts mit der bekannten Firma aus Birmingham zu tun. Der Dunkley Whippet 60 Scooterette war ein 1957 eingeführter, einfacher Roller, dessen Karosserie in einen Rundrohrrahmen eingepasst worden war, diesen also nicht umhüllte. Die Optik ähnelte einer damals populären Möbelform. Ein weiteres Produkt von Dunkleys in Hounslow war die Popular, die von einem hauseigenen 61 cm^3 Einzylinder mit Zweiganggetriebe angetrieben wurde und, so die Werbung, mühelos 50 km/h erreichte. Die Werbung wies außerdem auf die Vorzüge der einfachen Konstruktion hin, was, im Klartext, nichts anderes bedeutete als eine einfache Technik. Dafür war wenigstens der Preis niedrig. Ein Motor mit 64 cm^3 war 1958 im Angebot, im Jahr darauf ein 49,6 cm^3 Popular-Viertaktmodell für 77 Pfund. Keines davon erlebte das Jahr 1960.

Charles Edmund & Co

C. Edmund & Co (1920) Ltd
Crane Bank, Chester, Cheshire
C. Edmund & Co (1920) Ltd
Milton Works, Chester

Charles Edmund & Co baute ab 1907 in Chester Motorräder. Diese waren für ihre einstellbaren, blattgefederten Fahrwerke bekannt und wurden bis 1916 hergestellt. Dann gab es allerdings nur ein einziges Modell im Programm, ein kettengetriebenes Motorrad mit Zweiganggetriebe und einem 2,5 PS starken Einzylinder-Motor und 254 cm^3 Hubraum. Der Preis betrug 46 Pfund. Eine Neustrukturierung fand nach dem Krieg statt, sowie ein Umzug in neue Räume in Chester. Das letzte Motorrad wurde 1923 gebaut.

EMC

Ehrlich Motor Co Ltd
Twyford Abbey Road, Park Royal, London NW
Ehrlich Motor Cycles Ltd
Southall Lane, Heston, Middlesex

Wieder ein Initialname. Das »E« kam von Josef Ehrlich, der vor den Nazis 1937 aus Österreich nach England geflohen war. Schon 1939 hatte der motorinteressierte Konstrukteur einen Entwurf fertig, der wohl, hätte es nicht Krieg gegeben, auch in Produktion gegangen wäre. Seine Pläne mußten sechs Jahre verschoben werden. 1946 gründete er die Ehrlich Motor Co Ltd für die Herstellung von Motorrädern. Die Bezeichnung EMC war geschickt gewählt, da diese Formel an Einsteins Relativitätstheorie erinnerte, die damals dank der Atombombenversuche in aller Munde war.

Die ersten Motorräder entstanden 1947 und verfügten über einen 345 cm^3 großen Zweitaktmotor mit Vierganggetriebe. Später, 1950, entwickelte er mit Puch-Teilen ein neues Motorrad: Praktisch baute er eine Puch mit EMC auf dem Tank. 1953 suchte sich Josef Ehrlich neue Tätigkeitsbereiche.

Enfield

Siehe Royal Enfield

Excelsior

Bayliss, Thomas & Co/Bayliss, Thomas & Co Ltd
Excelsior Works, Lower Ford Street, Coventry 1
Excelsior Motor Co Ltd
King's Road, Tyseley, Birmingham 11

Bayliss und Thomas schlossen sich 1874 zusammen, um in Coventry den Bau von Fahrrädern aufzunehmen. Sie wählten den Produktnamen Excelsior. Aus dem Zweimann-Betrieb wurde 1896 eine GmbH, ein Umstand, der auch zur Produktion von Motorrädern führte und Excelsior zu einer der ersten britischen Motorradmarken machte.

Man beteiligte sich auch sehr früh am Motorradsport, ab 1900 gingen regelmäßig Werksfahrer an den Start. Zum Ende der Edwardianischen Zeit bot das Werk sechs Motorräder an, von einem 210 cm^3 Zweitakt-Einzylinder mit 2,25 PS für 30 Pfund bis hin zu einem 488 cm^3 großen Zweizylinder mit 8 PS und kombiniertem Ketten-und Riemenantrieb für 78 Pfund. Alle Motoren kamen von JAP.

1910 wurde die Firma in Excelsior Motor Company umgetauft und nach dem Ersten Weltkrieg von R. Walker & Son übernommen, einem der größten Zulieferer. Die Motorradproduktion fand nun in den Walker-Werkshallen in Tyseley statt, wo in einem neuen Industriegebiet sich mehrere Motorrad- und Autohersteller ansiedelten. Hier waren Raum und entsprechende Kapazitäten für eine gesundes Produktionswachstum vorhanden. Das Programm wuchs von den sieben Modellen des Jahres 1926 auf zehn 1927 und 15 Typen von 1929. Im darauf folgenden Jahr reduzierte sich die Modellpalette auf 14, von der 147 cm^3 Typ »0« mit 1,5 PS Villiers-Motor für 20 Pfund, bis hin zu der 245 cm^3 großen »13« mit 2,5 PS-JAP-Motor für 78 Pfund. Bei folgenden Baureihen wurden die Buchstaben mit einer Nummer versehen, das Angebot von 1931 reichte von der A2 bis zur A14, 1932 von der B0 bis zur B14 und 1933 von C0 bis C14 usw.

Das Rennprogramm spielte weiter eine wichtige Rolle, die dort gemachten Erfahrungen flossen in den Serienbau ein; Burney & Blackburne bauten exklusiv für Excelsior einen Vierventilmotor mit 246 cm^3 Hubraum. Die erste Serienmaschine mit diesem Motor war die D14 von 1934 für 80 Pfund. In der Werksliteratur hieß das Modell »Mechanical Marvel«, mechanisches Wunder. Zwei neue kamen für 1935 dazu. Die beiden Manxman hatten Motoren, die für die Mechanical Marvel entwickelt worden waren und Hubräume von 246 und 349 cm^3.

Excelsior-Motorräder sind bis 1940 montiert worden, dann wurde auf die Rüstungsproduktion umgestellt. Unter anderem ist dort das klappbare Motorrad »Welbike« entstanden, das für den Einsatz von Fallschirmjägern konzipiert worden war. Nach dem Krieg wurde dieses Minibike dann von Brockhouse Engineering gebaut. Die zivile Produktion nahm Excelsior 1946 wieder auf, vor allem mit Leichtkrafträdern. Unter verschiedenen Namen kamen mehrere Modelle in den Handel, doch die meisten blieben nur ein, höchstens zwei Jahre im Angebot. Zu den langlebigsten gehörte die Talisman mit einem Zweizylinder-Zweitaktmotor mit 243 cm^3 Hubraum (eine Excelsior-Eigenentwicklung) und Viergangetriebe.

Excelsior ließ nie etwas aus, was Gewinn versprach, daher unternahm man auch zwei Versuche auf dem Rollermarkt. Der erste erfolgte 1957 mit dem Skutabyke und er war genau das, was der Namen anklingen ließ: Ein Motorrad mit Rollerverkleidung und dem 98 cm^3-Motor aus der Excelsior Consort. Ein Roller mit konventionellerem Zuschnitt, der Monarch, erschien 1959. Er hatte die DKR-Schale, darunter saß aber Excelsiors eigener 147 cm^3-Motor. Er blieb nur bis 1960 in Produktion. Die Palette bestand 1962 aus nur zwei Modellen und sah ab 1963 nur die Auslieferung von Bausätzen vor, die aber bis 1965 in Produktion blieben. Danach stellte die Firma Komponenten und Teile für Britax her.

Co-operative Wholesale Society Ltd
Federal Works, King's Road, Tyseley, Birmingham 25

Es scheint vielleicht unglaublich, dass eine Großhandelskette sich mit der Motorradproduktion beschäftigte. Doch Tatsache ist, dass die Wholesale Society neben Motorrädern auch noch Autos, Lkws und Kleintransporter im Programm hatte. Autos entstanden zwischen 1919 und 1926 im alten Bell-Werk in Manchester; Motorräder wurden bei Federal Works in Birmingham gebaut.

Sie wurden als Federal und Federation vermarktet, doch zumindest letzterer war nur eine kurzes Leben von 1928 bis 1932 beschieden. Die Motoren lieferte entweder JAP oder Villiers; die Modellpalette reichte vom Model 1 von 1929 mit einem 172 cm^3 großen Villiers-Einzylinder für 29 Pfund bis hin zur GT/H mit einem 680 cm^3 JAP-Zweizylinder für 56 Pfund. Die Federation-Reihe bot eine größere Spannweite, war aber der Federal ähnlich. Identisch waren unter anderem Basis- und Spitzenmodelle. Federation bot allerdings auch Gespanne an. Im Laufe der 30er verkleinerte sich die Federation-Palette und verschwand nach 1937 endgültig.

FEW

F.E.W. Patents & Engine Co Ltd
South Avenue, Kew Gardens, Surrey

Nach den Spezifikationen war die FEW ein Luxusmotorrad. Gebaut von F.E.W Patents & Engineering in London, kann die FEW sicher nur für die Produktionsjahre 1927 und 1928 nachgewiesen werden. Wahrscheinlich allerdings gab es entsprechende Modelle auch schon einige Jahre davor, beziehungsweise danach. Nachzuweisen sind für 1927 zwei Ausführungen: die Special und die Duo, beide mit 980 cm^3 Zweizylindermotoren, für 130 bzw. 138 Pfund. Für 1928 stand nur noch die Duo, jetzt mit einem 550 cm^3 großen Einzylindermotor für 79 Pfund, im Angebot. Ein Bestseller war sie wohl nicht, denn nach offiziellen Unterlagen war sie die allerletzte FEW.

Firefly

The Firefly Motor Co
72 High Street, Croydon, Surrey

Firefly war eine jener kurzlebigen Marken, die in den Pionierjahren ständig kamen und gingen. Sie stellte Autos und Motorräder her, die Autos basierten auf Chassis von Renault. Zwei Motorräder listet das Programm ebenfalls auf, ein kettengetriebenes Modell mit Zweigangetriebe und eines mit Direktantrieb.

Forward

The Forward Cycle & Motor Co
7-9 Edmund Street/Summer Row, Birmingham

Forward war ein Fahrradhersteller in Birmingham, der 1909 auf Motorräder wechselte. Für 1912 gab es zwei Leichtkrafträder im Programm, die Typen Standard mit einem 349 cm^3 V-Zweizylinder für 39 Pfund und der Open Frame mit dem gleichen Motor, jedoch zu einem Preis von 44 Pfund. Zwischen den beiden Modellen lagen Lichtjahre. Die Standard war so altmodisch, wie es die Zeiten überhaupt erlaubten, die Open Frame war zum Teil verkleidet

The Reliable "Forward" Lightweight.

Open Frame Model, **42** Guineas, nett cash.

Nur sechs Jahre lang, von 1909 bis 1915, baute Forward seine leichten, aber leistungsstarken Motorräder, die in ihrer Klasse sehr erfolgreich waren. Hier das teilverkleidete Modell mit offenem Einstieg – ein Vorgänger späterer Leichtkrafträder und Mofas. *Jim Boulton*

und deshalb einigen Cyclecars und Cityfahrzeugen um einige Jahre voraus. Leicht aber leistungsstark, konnte die Forward bei Rennen und Zuverlässigkeitsfahrten viele Erfolge erzielen. Das brachte den Erbauer auf die Idee, 1913 die »Dropped Top Tube TT« für 40 Pfund herauszubringen. Auch Modelle mit einem 498 cm∆ großen V-Zweizylinder wurden gebaut. 1915 endete die Motorradproduktion.

Francis & Barnett Ltd
Lower Ford Street, Coventry I
Ab 1962: Gough Road, Greet, Birmingham II

Dafür, dass die Motorradindustrie einmal so groß war, entstanden erstaunlich wenig langlebige Familiendynastien. Es gibt Beispiele dafür, wie etwa Vater und Sohn Brough, die Familie Sangster von Ariel oder die Stevens Brüder. Ein anderes Beispiel ist die Familie Francis. Vater Graham war die zweite Hälfte der Firma Lea-Francis, sein Sohn Gordon steuerte die erste Hälfte zum Markennamen Francis-Barnett bei.

Im Ersten Weltkrieg reparierte Gordon Francis Motorräder und begründete 1919 mit Arthur Barnett eine eigene Motorradfertigung. Beiden schwebte ein Fahrzeug für Leute mit wenig Motorrad-Erfahrung vor.

Die ersten dieser Einsteiger-Maschinen entstanden im ehemaligen Bayliss-Thomas Excelsior-Werk, wo auch einige der allerersten britischen Motorräder gebaut wurden. Sie hatten 292 cm³ JAP-Motoren mit Zweiganggetriebe und boten für die damalige Zeit viel Schutz. Die Schutzbleche waren tief heruntergezogen, Trittbretter ersetzten Fußrasten und Teile der Kette war gekapselt. Leider war der Preis entsprechend hoch und betrug satte 84 Pfund.

Gordon Francis versuchte, die Herstellungskosten zu reduzieren, die Motorräder aber trotzdem zu verbessern. Seine Kriegserfahrungen hatten ihm gute Kenntnisse über die Schwachstellen eines Motorrads vermittelt, besonders bei den Rahmen. Bis 1923 entwickelte er einen Rahmen, der die Vorteile der Dreiecksform ausnutzte. Er war aus sechs Paaren geraden Rohren aufgebaut, plus einem gebogenen Paar. Zusammen bildeten sie ein auf dem Kopf stehendes Dreieck unter dem Tank, ein zweites rund um den Tank und ein drittes, stehendes Dreieck, das zurück zum Hinterrad lief.

Auch andere fortschrittliche Lösungen waren zu sehen, wie die schnell ausbaubaren Radachsen, die mit nur zwei Schlüsseln (aus dem Bordwerkzeug) zu lösen waren. Ein 147 cm³ Villiers-Zweitaktmotor trieb die Maschine an. Es gab ein Zweiganggetriebe, die Kraftübertragung zum Hinterrad erfolgte per Riemen. Wegen ihrer Standfestigkeit wurden die Motorräder unter dem Slogan »Built Like a Bridge« vermarktet, gebaut wie eine Brücke, und das für nur 25 Pfund. Größere Modelle verfügten über Motoren mit 172, 250 und 350 cm³ Hubraum.

Francis-Barnett stellte 1928 die Pullman-Reihe vor. Diese hatten 344 cm³ Villiers- Zweizylindermotoren und kosteten 65 Pfund. Jedes Jahr bis 1933 standen sechs Maschinen zur Auswahl, die jeweiligen Änderungen waren marginal. Im Januar in jenem Jahr kam die Cruiser, eine 250er für 34 Pfund, die die markentypische Verschalung einen Schritt weiter führte: Vorderrad- und Hinterradschutzbleche deckten beide Räder teilweise ab, der Motor war ganz gekapselt und der Fahrer wurde von Beinschutzschildern geschützt. Auch die anderen Modelle im Programm erhielten in jenem Jahr Namen: Es gab zwei Lapwing, zwei Black Hawk und eine Falcon.

Die Stag wurde 1935 eingeführt, befeuert von einem 247 cm³ Burney & Blackburne Viertaktmotor. Dieses Modell blieb im Programm, bis der Motorhersteller seine Produktion 1938 einstellte. Zu dieser Baureihe kam die Snipe, mit 98 oder 122 cm³ großen Villiers-Motor und einem Rahmen mit geschraubtem Zentralblechrohr. Dieses Modell war vor allem für Export gedacht, überwiegend in Skandinavien und Kontinental-Europa, wo gerade leichte, kleinmotorisierte Maschinen Steuervorteile genossen. Kurz vor dem Zweiten Weltkrieg kam von Francis-Barnett das Powerbike, ein Leichtkraftrad mit 98 cm³-Motor, das auch 1940 weitergebaut wurde. Francis-Barnett wurde beim Bombenangriff auf Coventry ausgebombt, konnte aber 1946 die Herstellung wieder aufnehmen. Im Juni 1947 wurde die Marke von der Associated Motor Cycles übernommen, aber die Produktion erfolgte weiterhin in Coventry, was Francis-Barnett in der Werbung unterstrich. Die Baureihe 1957 umfasste die Plover 78 mit Dreiganggetriebe und einem 147 cm³ Villiers (Preis: 122 Pfund), die Falcon 81 mit 197 cm³ Villiers-Motor und Dreiganggetriebe (159 Pfund) und die Cruiser 80, eine 250er für 185 Pfund.

Francis-Barnett gehörte ab Juni 1947 zur ständig wachsenden AMC-Gruppe und konzentrierte sich Anfang der 50er auf den Bau von kleinen Zweitaktmaschinen. Ein Beispiel dafür ist diese 197 cm△ große Falcon 64 Crossmaschine von 1964, die auch als Exportmodell erhältlich war.
Jim Boulton

Dieses Programm wurde ergänzt 1959 um die Light Cruiser 79, eine 175er mit Vierganggetriebe, um die Cruiser 84, ebenfalls mit 175 cm³ Motor (aber teils gekapselt), um die Scrambler 82 (eine 249er Motocrossmaschine, 1957 eingeführt) und die Trials 83, auch Wettbewerbsmodell mit 249 cm³, die aus der Scrambler weiterentwickelt wurde. Zwei Modelle, die Cruiser 80 und 84, hatten italienische Motoren von Vincent Piatti, die in der Herstellung teuer waren und sich außerdem als problematisch erwiesen. Der Versuch, sich von Villiers unabhängig zu machen, war gescheitert, und Francis-Barnett beauftragte Villiers, alle Piattis umzurüsten.

Das war nicht die einzige Fehlentscheidung, die AMC getroffen hatte. Das Unternehmen befand sich in finanziellen Schwierigkeiten. Daher wurde 1962 die Herstellung von Francis-Barnett ins James-Werk nach Greet in Birmingham verlegt. Von da an erschienen Motorräder und Leichtkrafträder von Francis-Barnett ganz unter AMC-Regie, doch mit der Zeit verwischten sich die Konturen von James und Francis-Barnett. Zuletzt waren lediglich noch Embleme und Lackierungen unterschiedlich. Die Francis-Barnett-Typen waren dunkelgrün, die James-Modelle rot. Die AMC-Geschichte ging am 14. August 1966 zu Ende, und damit starb auch die Marke Francis-Barnett.

Invacar Ltd/Greeves Motor Cycles
Church Road, Thundersley, Benfleet, Essex

Bert Greeves war zwar ein begeisterter Motorradfahrer, kam aber eher durch Zufall zur Motorradproduktion: Sein Vetter Derry Preston Cobb war seit seiner Geburt gelähmt, und Bert Greeves versah seinen Rollstuhl mit einem Motorantrieb. Daraus resultierte die Idee, ein Geschäft zu machen. Cobb selber war begeistert und stieg in das Projekt mit ein. Die Firma Invacar Ltd fand ihr Quartier in Thundersley, unweit von Benfleet in Sussex.

Greeves und Cobb bekamen viele staatliche Aufträge für den Bau von Versehrtenfahrzeugen, der Zweite Weltkrieg war noch nicht lange beendet. Die Geschäfte liefen gut. Das Unternehmen bediente sich vieler Komponenten zeitgenössischer Motorradtechnik, und da Greeves sich sowieso für Motorräder interessierte, entstand nahezu zwangsläufig die Idee zu einem eigenen Motorrad. Dieses erschien 1951 in Gestalt einer Motocross-Maschine, deren Vordergabel von den gleichen Gummibändern wie die Invalidenfahrzeuge gefedert wurde. Die Serienherstellung lief ab 1953 und umfasste zwei Straßen- und zwei Wettbewerbsmodelle fürs Gelände. Die Motoren lieferten entweder Villiers oder British Anzani.

Markentypisch war der aus Aluminium gegossene Hauptrahmen, der zusammen mit der langhubigen Federung der Maschine zu guten Fahreigenschaften verhalf. Leider war die Herstellung nicht billig. Der Rahmen wurde 1955 von einem konventionellem Rohrrahmen ersetzt, die Gummifederung mit Hydraulik erschien 1957. Trotzdem blieben Greeves die Erfolge im Gelände und auf der Rennstrecke treu, und diese Erfahrungen flossen in die Straßenmodelle ein.

Greeves stellte 1964 einen ganz neuen Typ vor, die Challenger mit einem 250er Motor eigener Konstruktion, die sich als sehr erfolgreich erwies. Viele Konkurrenten waren schon von der Bildfläche verschwunden, was dem japanischen Ansturm den Weg ebnete und aus Greeves ein leichtes Opfer machte. Dazu kamen Probleme beim Motorhersteller Villiers, immer noch der Hauptlieferant für Greeves. Viele Motoren waren jetzt nicht immer zu haben, so dass 1966 Greeves die Herstellung von Straßenmodellen einstellen musste. Zuletzt waren noch einige wenige Exemplare für die Polizei gebaut worden. Invacar wurde 1973 verkauft, die Herstellung von Geländemaschinen lief dennoch weiter.

1977 befand sich ein neuer Typ in der Entwicklung, doch ein Brand vernichtete große Teile des Unternehmens. Einige Motorräder konnten aus vorhandenen Teilen zusammengebaut werden, und das letzte verließ das Werk im Mai 1978.

Grindlay (Coventry) Ltd
Shakleton Road, Coventry 5

In der kleinen, ruhigen Shakleton Road in Coventry erblickten zwei Fahrzeuge das Licht der Straße: Der Aircraft, ein Auto, und das Motorrad Grindlay-Peerless. Diese Firma begann als Seitenwagenhersteller 1918 und baute fünf Jahre später das erste Motorrad. Schon 1926 umfasste das Modellangebot acht Motorräder. Es reichte von einem 344 cm³ großen Barr & Stroud-Einzylinder mit 2,75 PS für 61 Pfund bis hin zu einem 998 cm³ teuren Zweizylinder mit einem 8 PS starken Barr & Stroud für 110 Pfund (solo) beziehungsweise 135 Pfund als Gespann.

Die Typenvielfalt war beachtlich: 1928 (9), 1929 (9), 1930 (13), 1931 (7), 1932 (3), 1933 (5) und 1934 (5). Alle hatten entweder JAP- oder Villiers-Motoren. 1932 kam es zur Verwendung von Modellnamen. Die Maschinen hießen Tiger Cub, Tiger und Tiger Chief, unterstützt ab 1933 von Speed Cub und Speed Chief. Inzwischen setzte Grindlay-Peerless ausschließlich Rudge Python-Motoren ein, so auch bei den Produkten des Jahres 1934, die letzten der Marke. Das Spitzenmodell war die Racing 500 mit einem 5 PS starken 499 cm³-Motor für 65 Pfund. Nach Ende des Motorradbaus konzentrierte sich die Firma wieder auf die Herstellung von Seitenwagen und Motorkomponenten.

G.S.D. Motors
Smithford Street, Coventry 1

Hinter Markenbezeichnungen kann man sich oft nur wenig vorstellen. Und unter Abkürzungen noch weniger. GSD ist so ein Beispiel dafür. Ausgeschrieben bedeutete das Kürzel »Grant Shaft Drive« und stand ursprünglich für einen Kardanantrieb, den Firmengründer R.E.D. Grant entwickelt hatte. Das Motorrad, vermarktet als »das einzige britische Motorrad mit Autoqualitäten« erschien 1921 mit einem 350 cm³ großen White & Poppe-Zweitaktmotor, mit Vierganggetriebe und Handschaltung wie bei einem Auto. Die Kraftübertragung besorgte ein Kardanantrieb. Das Ganze war in einen Doppelschleifenrahmen eingebaut und sollte »unzerbrechlich« sein. Die in Konstruktion und Fertigung sehr hochwertige Maschine kostete 85 Pfund – Qualität hatte eben ihren Preis. Und der stieg noch weiter, als 1923 ein 500 cm³ Bradshaw Zweizylinder-Boxer eingesetzt wurde. Ein Erfolg war die GSD allerdings nicht, 1924 gab es die Marke nicht mehr.

Hill Brothers
Walsall Street, Wolverhampton

Die HB war ein außergewöhnlich gut gemachtes Motorrad, dem kein Erfolg vergönnt war. Das hatte vielfältige Ursachen wie etwa Kosten, Rezession und Zeitgeist.

HB – Diese Initialen stehen für Hill Brothers (Ronald, Tom und Walter Hill), die mit ihrer Marke 1919 auf den Plan traten. Als Antrieb wählten sie einen 2,75 PS starken Black-

Die Brüder Geoff und Tim Healey aus Bromsgrove renovierten Ariel Square Four und begannen mit der Herstellung von eigenen Motorrädern mit Ariel-Antrieb. Bei dieser attraktiven Healey 1000/4 von 1971 kam ein eigenes Fahrgestell mit Doppelschwinge zum Einsatz. Nach Problemen mit Zulieferern wurde die Produktion nach nur wenigen Jahren eingestellt. *Jim Davies*

burne-Motor mit Riemenantrieb; die Herstellung erfolgte in einer Werkstatt in Wolverhampton. Der Anfangspreis betrug 73 Pfund, stieg aber auf Grund der Inflation gewaltig und lag 1921 schon bei über 99 Pfund. Das war zu viel: Zwar wurden im darauf folgenden Jahr fünf Modelle vorgestellt, doch große Stückzahlen waren nicht zu erreichen; 1923 ging die Firma bankrott.

Healey

C.G. & T. Healey
Washford Industrial Estate, Redditch, Worcestershire

In den 60ern, mitten im Herzen des Royal Enfield-Territoriums, gründeten die Brüder Geoff und Tim Healey eine Firma für die Restaurierung von Ariel Square Four-Maschinen. Einige Exemplare waren in dermaßen jämmerlichem Zustand, dass sie mehr oder weniger von Null an neu aufgebaut werden mussten. Nahezu zwangsläufig kam

dann die Idee auf, ein eigenes Motorrad zu bauen. Die Arbeiten an der Healey-4 begannen etwa 1970 mit renovierten Square Four-Motoren, die in neue Rahmen mit Doppelschwinge eingesetzt wurden. Einige Prototypen mit Doppelschwingen hatte Ariel übrigens seinerzeit selbst schon in der Erprobung.

Die Healey-4 sah ebenso elegant wie kraftvoll aus, und die Pläne für eine Dragstermaschine waren schon weit gediehen, als der Prototyp den Motor sprengte. Wie andere kleine Hersteller auch hatten die Brüder stets Probleme mit Unterlieferanten, und da das Geschäft nie besonders florierte, suchte sich jeder der Brüder neue Geschäftsbereiche.

Heldun

Heldun Engineering Ltd
26-28 Augusta Street, Birmingham 18

Heldun in Shropshire baute ab 1965 kleine Motorräder für Trial, Rennen und Straße, allesamt mit importierten 49 cm³-Motoren versehen. Sie waren komplett oder als Kit zu haben. Hammer hieß das Motocrossmodell, Husky stand für Trial, Hawk für Straßenrennsport und Hurricane für die Straße, alle mit Fünfganggetriebe. Später erschien mit 75 cm³-Motor die Harlequin, aber das half auch nichts: Keiner der Typen verkaufte sich gut. 1969 war Heldun nurmehr Erinnerung.

Henley Engineering Co
114 Spring Hill, Birmingham
Steward Works, 18 Doe Street, Birmingham 4
17-18 Warstone Lane, Birmingham 18
New Henley Motors
Wellington Works, Park Road, Oldham

Henley, wie die New Henley auch, waren Produkte von Henley Engineering und wurden ab Mitte der 20er gebaut. Die Firma setzte verschiedene Ein- und Zweizylinder-Modelle zusammen, mit Motoren von Blackburne, Villiers oder JAP. Die übrigen Teile stammten von unterschiedlichen Lieferanten. Das erste Angebot stammt aus dem Jahre 1926 und zeigt acht Modelle in verschiedenen Ausführungen, die unter den Hauptgruppen Popular, Touring und Sport zu haben waren. Billigste Variante war die Popular mit 300 cm³-JAP-Motor für 39 Pfund. Sport hieß die Spitzenreihe mit einem 680 cm³ Blackburne-Zweizylinder für 67 Pfund. 1927 beschränkte man sich auf sechs Modelle (Sport, Semi Sport und vier Super Sport); 1929 trugen alle Motorräder Mark-Bezeichnungen, die von Mark 1 bis Mark 9 reichten.

Selbstverständlich litt auch diese Marke unter den wechselnden Verhältnissen am Markt, eine Tatsache, an dem auch ein Umzug vom Herzen der Motorradindustrie nach Lancashire in den späten 20ern nichts änderte. Nach 1930 taucht der Name nicht mehr auf.

The Hercules Cycle & Motor Co Ltd
Britannia Works, Rocky Lane, Aston, Birmingham 6

Wie bei Forward handelte es sich auch bei Hercules um einen Fahrradhersteller aus Birmingham, der sich ab 1955 im Motorradbereich versuchte. In diesem Fall blieb er aber bis in die 60er dabei. Vorgestellt bei der Motorcycle Show als »das sehnsüchtig erwartete Hercules Grey Wolf Moped«,

Im strahlenden Sonnenschein präsentiert sich die Hesketh V 1000. Die friedliche Szene erzählt nichts von den turbulenten Ereignissen im Hintergrund. Das Drama entfaltete und vollendete sich in weniger als zwei Jahren und reichte von der Vorstellung einer Vorserie im April 1980 bis zum Einstieg des Konkursverwalters am 16. Juni 1982. Die Herstellung der V 1000 lief am 11. August 1981 an, aber keine einzige Maschine erreichte ihren Besitzer vor Februar des nächsten Jahres – und die meisten kehrten dann schnell mit verschiedenen Defekten ins Werk zurück. Die Hesketh-Story hatte das Zeug zum Bestseller, entpuppte sich aber letztlich doch als kläglicher Misserfolg.
Jim Boulton

hatte dieses Zweirad einen JAP-Zweitaktmotor mit Zweiganggetriebe. Der Indianername kam bei englischen Kunden allerdings nicht besonders gut an und bald wechselte der Name in Hercu-motor. Als die Lieferungen der JAP-Motoren aufhörten, sah sich der Hersteller gezwungen, seine Motoren anderswo zu suchen. Er wählte das französische Lavalette-Aggregat mit Einstufenautomatik. Das solcherart motorisierte Moped taufte Hercules auf den Namen Corvette und faselte in der Werbung von »kontinentalem Flair plus erstklassiger britischer Handwerkskunst«. Vorgestellt 1960, verkaufte sich die Corvette für 56 Pfund aber nicht besonders gut. Die Produktion lief bereits Ende 1961 wieder aus.

Hesketh

Hesketh Motorcycles plc/Hesleydon Ltd
Daventry/Easton Neston, Towcester, Northamptonshire

Lord Hesketh wurde durch sein Engagement in Formel-1 bekannt. Das Team tauchte 1973 mit einem eigenen Rennwagen auf und verzeichnete dank des inzwischen verstorbenen Fahrers James Hunt viele Erfolge.

Lord Hesketh hatte die nötigen Räumlichkeiten wie auch die Ausstattung, als er begann, sich über den erbärmlichen Zustand der einheimischen Motorradindustrie Gedanken zu machen. Ein mutiger, wenn auch letztlich erfolgloser Versuch Ende 1975, die Marke Norton zu retten, brachte den Lord erstmals in Verbindung mit Motorrädern. Es dauerte aber bis 1977, bevor die Pläne von einem eigenen Motorrad Gestalt annahmen. Fünf mühevolle Jahre folgten, verstrichen für die Entwicklung des Motorrads und das Aufspüren von Geldgebern. Ein Vorserienmodell war im April 1980 vorgestellt worden, aber es dauerte weitere 16 Monate, bis zum 11. August 1981, bevor die Fabrik in Daventry etwas zu tun bekam.

Von Anfang an gab es Schwierigkeiten – oder sogar noch früher, um genau zu sein. Das 4500 Pfund teure Motorrad, die Hesketh V 1000, entpuppte sich als Mixtur von Komponenten, die nicht richtig zusammen passten. Die dadurch entstandenen Probleme zeigten sich sogar bei den ersten Testexemplaren für die Presse. Dazu kam, dass die Ausgaben schon lange alle Grenzen überschritten hatten und die Schulden ständig stiegen. Ende 1981 verzeichnete das Werk einen Verlust von über 600 000 Pfund, und so ging es dann auch weiter.

Die ersten, geduldigen Kunden erhielten ihr Exemplar erst im Februar 1982, aber auch diese Motorräder kehrten bald mit allerlei Problemen ins Werk zurück. Unter anderem mußten Motoren ausgetauscht werden: Die Lage war nicht mehr haltbar. Am 16. Juni 1982 meldete die Firma Hesketh Motorcycles Konkurs. Das war allerdings noch nicht das Ende der Geschichte. Hesketh arrangierte im September 1982 eine Versteigerung der Restbestände und gründete dann eine neue Firma Hesleydon Limited, die die V 1000 in Kleinserie bei Hesketh zu Hause, in Easton Neston, bauen sollte. Eine neue Mannschaft war schnell gefunden, die nun vorgestellte V 1000 sollte nun 5647 Pfund kosten. Bald darauf wurde ihr eine Tourenmaschine namens »Vampire« für 6535 Pfund zur Seite gestellt. Um eine Chance zu haben, hätte der Export florieren müssen, doch das Ausland zeigte sich desinteressiert. Die kleine Produktion hörte dann im Januar 1984 ganz und endgültig auf.

Das Ziel, die britische Motorradehre wieder herzustellen und aus den Fehlern der jüngsten Geschichte zu lernen, das erreichte Hesketh zu keinem Zeitpunkt. Im Gegenteil:

Die kurze Geschichte der Marke HRD schrieb der ehemalige Sunbeam-Testfahrer Howard R. Davies. Eines seiner ersten Serienmodelle von 1924 war diese HRD 90 mit 500er JAP-Motor. Auch für eine Sportmaschine war sie sehr teuer, und dieser Typ von 1926 kostete neu stolze 102 Pfund.
VMCC

Was immer auch in der Vergangenheit schief gegangen war, hatte sich hier exemplarisch wiederholt.

HRD Motors Ltd
Fryer Street, Wolverhampton

In der Geschichte des Motorrads haben aktive wie auch ehemalige Rennfahrer immer wieder versucht, eine eigene Motorradmarke zu gründen. Meist mit zweifelhaftem Erfolg. Der erfolgreichste war womöglich Howard R. Davies, einst Testfahrer bei Sunbeam und aktiver TT-Rennfahrer auf der Isle of Man vor und nach dem Ersten Weltkrieg. Im Krieg war er übrigens Pilot, und in jener Zeit reifte wohl der Traum von einer eigenen Marke. Nach dem Krieg fuhr er mit einer AJS Rennen und gewann 1921 die Senior TT auf der Isle of Man, wobei er mit einer 350er gegen die 500er Konkurrenz siegte. Nach diesem großen Triumph blieben die Erfolge aus, und nicht einmal der Wechsel auf OEC 1924 brachte eine Verbesserung, im Gegenteil. Mechanische Probleme ließen ihn nur selten ins Ziel kommen.

Howard Davies bestritt mit seinen eigenen Motorräder weiterhin Rennen und gewann 1926 sogar die Senior TT. Hier sitzt er rechts im Bild, Glimmstengel im Mund, und bereitet seine Rennmaschine vor.
VMCC

Überzeugt, daß er selber ein besseres Motorrad bauen konnte, mietete er 1924 eine kleine Werkstatt in Wolverhampton, zog dann aber noch vor Jahresende in größere Lokalitäten in der Fryer Street. Davies hatte seine ersten Motorräder vor der Motor Cycle Show 1924 fertig. Sie waren eine Sensation, nämlich die ersten mit sogenannten Satteltanks, das heißt der Tank umschloss die oberen Rahmenrohre. In Serie gingen die HRD 90 mit 500er JAP-Motor, die 80 mit 350er Motor und die 70, als Gespannmaschine gedacht, mit 500er Motor.

Davies größter Erfolg war der Sieg auf der Isle of Man 1925 im Sattel seines eigenen Motorrads. Die Serienfertigung lief bis 1928 weiter, aber die HRD wurde immer teurer, und gerade beim Preis konnte Davies nicht konkurrieren.

Die Herstellung wurde Ende 1928 eingestellt, doch die Firma selbst wurde dann vom Australier Phil Vincent gekauft. Er verlegte die Herstellung nach Stevenage und verkaufte die Motorräder anschließend als Vincent-HRD.

Humber & Co Ltd
Humber Road, Beeston, Nottingham
Humber Road, Stoke, Coventry 3

Thomas Humber gründete 1869 eine Fahrradfabrik in Beeston in Nottinghamshire, expandierte und verfügte in

den 90ern auch über Fabriken in Wolverhamtpon und Coventry. Erste Versuche mit Verbrennungsmotoren begannen 1895, im Jahr darauf entstand ein Motorrad-Prototyp. Daraus wurde nichts, zumal Humber in dieser Zeit auch in die Machenschaften von Harry J. Lawson (der gleichzeitig seine Finger bei Daimler und anderen Motorherstellern im Spiel hatte) verwickelt war.

Die Neustrukturierung im Jahre 1900 brachte die Rettung für Humber. Eine neue Geschäftsführung übernahm das Ruder. Die Herstellung von Motorrad-Modellen begann 1902. Zwei Ausführungen standen zur Auswahl, die eine mit Minerva-Motor, die andere war eine P&M, gebaut in Lizenz von Phelon & Moore. Diese Typen sind bis 1905 weitergebaut worden, dann kam die Motorradfabrikation zum Erliegen, als das Unternehmen seine verschiedenen Aktivitäten neu organisierte. Als Hersteller von Autos, Motorrädern und Fahrrädern baute Humber jetzt eine neue Anlage in Folly Lane (später in Humber Road umgetauft) im Stadtteil Stoke in Coventry. Die ehemalige Hauptanlage war zweimal, nämlich 1896 und 1906, von Bränden verwüstet worden.

Die Fabrik in Beeston wurde 1908 geschlossen und die Herstellung nach Stoke verlegt. Dort lief im Jahr darauf der Motorradbau wieder an: mit riemengetriebenen, 2 und 3,5 PS starken Modellen. Die Stückzahlen waren hoch; Humber-Maschinen erzielten auch einige Rennerfolge. Die Herstellung lief bis 1916, hörte dann aber zugunsten von Patronen und Feldküchen wieder auf. Bei der Wiederaufnahme 1919 hatte die neue Humber einen 4,5 PS leistenden Zweizylinder-Boxer, der bis 1924 als Basisantrieb Verwendung fand. Danach, bis zur Produktionseinstellung 1930, verwendete Humber einen eigenen 349 cm³ großen Einzylinder mit 3,5 PS, der die fünf Modelle mit verschiedenen Namen befeuerte.

Humber kaufte 1928 den Konkurrenten (und Nachbarn) Hillman und verlegte sich mehr und mehr auf Autos. Die letzten Humber-Motorräder entstanden 1930, und nach einer Übernahme durch die Finanzgruppe Rootes Securities Ltd 1932 wurde das Fahrradgeschäft an Raleigh verkauft. So kehrte ein Teil der Geschäfte zu seinen Ursprüngen zurück, nach Nottingham.

Indian

**Brockhouse Engineering (Southport) Ltd
Crossens, Southport**

Indian war eine seit 1901 in Springfield, Massachusetts, existierende amerikanische Motorradmarke. Deren Geschäftsführer Ralph Rogers kam 1947 nach England und suchte Importrechte für britische Motorräder. Bei seinem Besuch traf er John Brockhouse von Brockhouse Engineering, einem 1936 als technischer Betrieb und Stahlblech-Verarbeiter gegründeten Unternehmen. Während des Krieges verdiente die Firma an staatlichen Aufträgen ganz gut und stellte unter anderem das klappbare Welbike für die Fallschirmjäger her. Nach dem Krieg baute sie dieses in ziviler Ausführung weiter.

Humber-Motorräder entstanden in großen Stückzahlen. Kein Wunder also, dass sie auch einige Erfolge in Rennen bei Trials aufweisen konnten. Auf diesem Wettbewerbsmodell von 1913 sitzt der Fahrer Sam Wright. Die Produktion lief bis 1916, wurde aber dann auf Munition und Feldküchen umgestellt und erst 1919 wieder aufgenommen. Der unvermeidliche Besitzerwechsel kam 1930. Die neuen Herren von Rootes Securities verlegten sich auf die Herstellung von Autos, was das Ende für die Humber-Motorräder bedeutete.
Jim Boulton

Brockhouse wollte in Indian investieren und erhoffte sich im Gegenzug eine sichere Exportbasis für seine Produkte. Er entwickelte ein neues Motorrad, Indian Brave, und stellte es 1951 in den USA vor. Es hatte einen 248 cm³ großen Einzylindermotor und das, was man »American Styling« nannte. Dahinter verbarg sich nichts weiter als die Tatsache, dass nun Kickstarter, Schalthebel und Bremspedal entsprechend amerikanischen Gepflogenheiten und damit genau umgekehrt zu den englischen Bedienelementen angebracht waren. Die Brave hatte mit ihrer zweifelhaften Zuverlässigkeit sowieso einen schweren Stand. Dazu kam, dass die amerikanische Marke 1953 mehr oder weniger aufhörte zu existieren – und da stand nun Brockhouse mit einem Motorrad, das wohl jetzt auch in Großbritannien vorgestellt wurde, mit 129 Pfund aber zu teuer war – und unzuverlässig wie eh und je. Langsam war sie auch, und nicht einmal die amerikanische Exotik konnte solche Probleme überbrücken. Nach 1957 tauchte sie in der Werbung nicht mehr auf, obwohl sie in kleinen Stückzahlen weitere zwei Jahre gebaut wurde. 1959 verkaufte Brockhouse den Namen an AMC, der ihn für einige Royal Enfield verwendete – in einem weiteren, ebenso erfolglosen Versuch, auf dem amerikanischen Markt Fuß zu fassen.

Britische Motorräder

Invicta

A. Barnett & Co
58 West Orchard, Coventry

Invicta war der Markenname, unter dem Alan Barnett in Coventry Fahrräder und Motorräder herstellte. Die Motorradproduktion lief ab 1914 mit drei Modellen: zwei getrieben von einem 249 cm³ Einzylinder, das eine mit Direktantrieb (29 Pfund), das andere mit Zweiganggetriebe (36 Pfund). Das dritte war ein 499 cm³ großer Einzylinder mit Dreiganggetriebe für 60 Pfund. Der Krieg stoppte 1916 die Produktion, die danach nicht mehr aufgenommen wurde.

Ivy

S. A. Newman Ltd
47-53 Lichfield Road, Aston, Birmingham 6

Newmans Ivy ist eine wenig bekannte Marke aus Birmingham, deren Popular-Reihe mit Herren- oder Damenrahmen sich in den späten 20ern und frühen 30ern sehr gut verkaufte.

Motorisiert mit entweder Newmans eigenen 224er und 249er-Triebwerken oder dem 499 cm³ JAP-Motor, kostete die kleinste Popular als Herrenmodell 34 Pfund, die Damen mussten ein Pfund mehr berappen. Die Modellreihe des Jahres 1926 umfasste auch die größere M (49 Pfund) wie auch die M5 mit JAP-Motor (49 Pfund), die es auch als Gespann gab. Diese Palette verringerte sich 1931 auf nur drei Modelle, zwei Popular-Typen und das mysteriöse Model X, von dem nicht mehr bekannt ist, als das es einen 300 cm³ JAP-Motor hatte und nur 40 Pfund kosten sollte. Kurz darauf muss das Unternehmen von der Bildfläche verschwunden sein, in allen Katalogen nach 1934 steht unter Ivy nur der Vermerk: »Herstellung eingestellt«.

Ixion

Whittall Engineering Co
Whittall Street, Birmingham 4
Ixion Motor Manufacturing Co
35 Great Tindal Street, Ladywood,
Birmingham 16
15 Wellington Road, Smethwick, Birmingham 41
New Hudson Cycle Co Ltd
132 Princip Street, Birmingham 4

Was so exotisch klang, war ein solides Produkt aus Birmingham. Die Firma begann als Whittall Engineering und stellte eine Reihe von fünf Einzylinder-Maschinen her, drei davon mit 269 cm³-Motoren, die anderen mit 349 cm³. Das billigste Modell kostete 1913 26 Pfund, die teuerste war die 349 cm³ Sidecarette für 56 Pfund. Im Angebot gab es auch eine Damenausführung, die wie die anderen auch bis 1916 gebaut wurde.

Ixion erschien 1919 nach dem Kriegsende wieder. Die jetzige Ixion Motor Manufacturing saß zunächst in einer neuen Fabrik in Great Tindal Street in Birmingham, siedelte aber später in den Stadtteil Smethwick um. Dort lief die Produktion bis zum Konkurs der Marke 1928 weiter. Die Rechte am Markennamen gingen an die New Hudson Cycle Company, die 1930 unter diesem Namen eine schwer verkäufliche 250er loszuwerden versuchte. Als alle weg waren, verschwand auch der Name Ixion.

James

The James Cycle Co Ltd
James Works, Gough Road, Greet, Birmingham 11

Harold James gründete 1870 unter diesem Namen in Sparkbrook, Birmingham, eine Fahrradmarke. Als das erste James-Motorrad gebaut wurde, war er schon nicht mehr am Leben. Das war 1902. Dem voraus gegangen war eine stürmische Expansion und – 1897 – die Umwandlung in eine GmbH. Während sich ihr Gründer zur Ruhe setzte, ging es der James Cycle Company Limited prächtig.

Das James-Motorrad war eine Konstruktion von Frederick Kimberley, der etwa genauso viel Erfahrung mit der neuen Technik hatte wie alle anderen Zweiradbauer auch. Dennoch schaffte er es, zwei Typen ins Programm zu hieven. Bei beiden handelte es sich eigentlich nur um motorisierte Fahrräder. Das Modell »A« hatte einen Minerva-Motor und Riemenantrieb, die »B« hatte einen Derby mit Rollenantrieb zum Hinterreifen. Beide kosteten 55 Pfund.

1904 stellte James einen Schleifenrahmen vor, der ursprünglich für einen belgischen FN-Motor gedacht war, der aber kurz darauf von eigenen Motoren verdrängt wurde. Das Modell Safety von 1908 war eine Sensation, konstruiert von L.P. Renouf. Der Rahmen war unten offen, hatte aber Trittbretter statt Fußrasten. Die Räder waren mit Schnellbefestigungen am Rahmen montiert, und der Sattel war nicht nur lang, sondern auch vollgefedert. Für den Antrieb sorgte ein Viertaktmotor von James.

Die Gesellschaft gedieh weiter, 1911 konnte die Osmond Motorcycle Co. übernommen werden. 1914 bestand die Palette aus nur vier Modellen und reichte von einem 225 cm³ Einzylinder mit Zweiganggetriebe (für 38 Pfund) bis zu einem 598 cm³ großen Einzylinder mit Dreiganggetriebe (gut 80 Pfund). Ein 495 cm³ Zweizylinder mit Dreiganggetriebe war ebenfalls für 66 Pfund erhältlich.

Im Ersten Weltkrieg baute die Firma Motorräder für die belgischen und die russischen Streitkräfte. Die zivile Produktion konnte wegen eines Feuers im Werk erst 1920 aufgenommen werden. In den 20ern stellte die Marke 250er und 350er Einzylinder, wie auch 500er Zweizylinder her. Im Katalog von 1929 sind zehn Modelle aufgelistet, von der A9 Standard 296 cm³ Utility (26 Pfund) bis hin zur A10 OHV Special 500 Speedway (80 Pfund). Die Rückseite listete penibel die »jüngeren« Erfolge der Marke James – heißt: diejenigen ab 1924.

James übernahm 1930 die Baker Motor Cycles Ltd, einen weiteren Hersteller aus Birmingham, der auf Leicht-

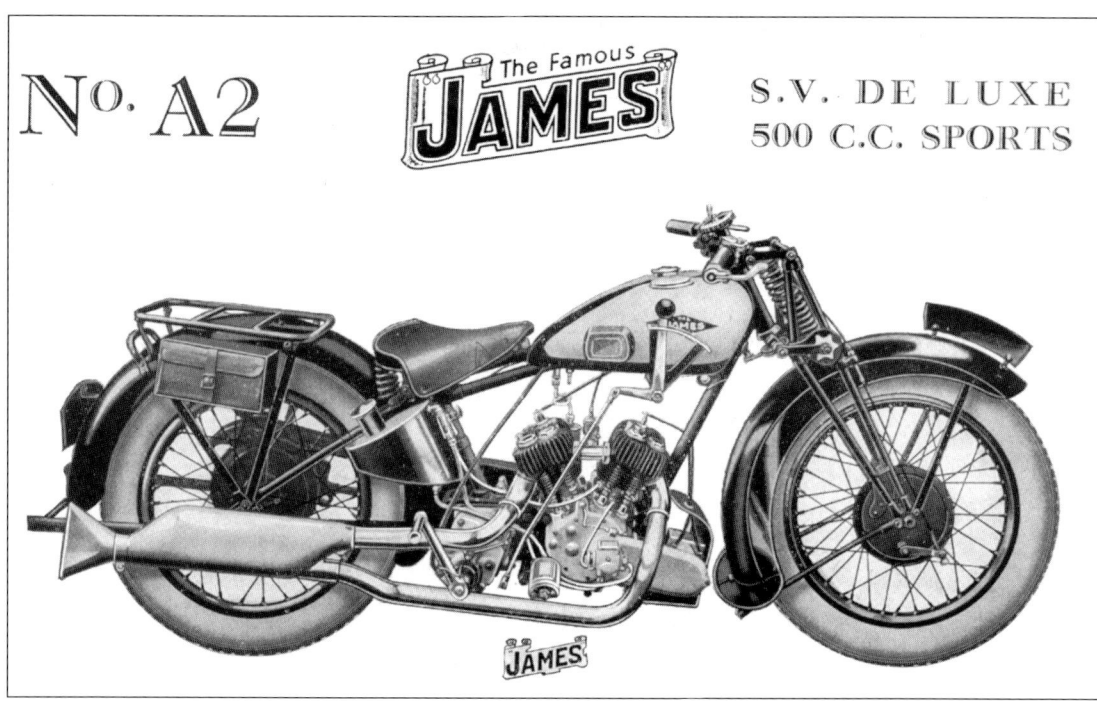

No. A2

The Famous JAMES

S.V. DE LUXE
500 C.C. SPORTS

k, kraträder spezialisiert war. Für 1931 bekamen die zwei großen V-Zweizylinder richtige Modellnamen, Flying Ace und Grey Ghost, aber nur die letztere wurde ab 1932 weitergebaut. Sie verschwand 1936. Von da an konzentrierte James sich auf Zweitakter, von 98 bis 250 cm³, wovon der größere Motor sich auch im 1938 eingeführten Autocycle befand, aufgebaut rund um einen verstärkten Fahrradrahmen.

Im Zweiten Weltkrieg baute James Flugzeugkomponenten und Munition, aber auch mehr als 6000 kleine Zweitaktmaschinen für die Invasionstruppen und rund 2600 kleine Kradmeldermaschinen. Bei einem Luftangriff im November 1940 wurde das Werk weitgehend zerstört, und die Produktion konnte erst 1943 wieder voll aufgenommen werden.

Davon erholte sich James nie wieder richtig, 1951 übernahm AMC den Hersteller. Anfangs war das von Vorteil, da die Mannschaft von AMC mit Argusaugen Herstellung und Modellpflege in Greet überwachte. Die Palette umfasste drei Grundmodelle (99 cm³ Comet, 122 cm³ Cadet und 197 cm³ Captain), die in Standard oder De Luxe-Varianten erhältlich waren. Auch Wettbewerbstypen wurden, wenn auch nur auf Bestellung, gebaut. Noch 1951 erschien die Commodore, eine verschalte Ausführung der Comet. Auch die modifizierte Autocycle wurde weiter ausgeliefert. Die obengenannten Wettbewerbsmodelle kamen übrigens 1952 offiziell ins Programm und hießen Colonel Competition.

Die ersten Anzeichen dafür, dass auch bei AMC nicht alles stimmte, zeigten sich 1956, als James (unter dem Markenname Francis-Barnett) in den Skandal um die Piatti-

Ebenfalls aus dem James-Katalog von 1929: Die A2 De Luxe 500 Sports, mit einer garantierten Geschwindigkeit von 65 mph (105 km/h) in Tourenausführung – leicht zu erreichen, wie die Werbung versicherte. Das Modell kostete 65 Pfund.
Jim Boulton

Motoren verwickelt wurde. Einer Marke, die bis dahin mit Villiers so eng verbunden gewesen war, konnte diese Fehlentscheidung nur schaden. Erfreulicher in jenem Jahr war da schon eher die Einführung eines neuen Rahmens für die Cadet und zweier neuer Fahrzeuge, Comet und Commando. Auch für 1957 wurden neue Modelle angekündigt, dabei handelte es sich aber um AMC-Entwicklungen, die entweder mit den Schriftzügen von Francis-Barnett oder James versehen wurden: Ein eigenständiges Markenprofil von James gab es ab diesem Zeitpunkt nicht mehr.

Zuletzt erschien im Mai 1960 ein James Roller, eine Konstruktion mit Duplexrahmen und 149 cm³-Zweitaktmotor samt Vierganggetriebe von AMC. Diese James 150 war nicht so wuchtig wie andere britische Roller und blieb bis Mitte 1965 in Produktion. Zu dieser Zeit allerdings war der Name James nur einer von vielen im AMC-Verbund, für den nach katastrophalen Fehlentscheidungen die Luft immer dünner wurde. Nach 1962 entstanden Francis-Barnett-Motorräder im James-Werk. Was dort gebaut wurde, kam unter beiden Namen in den Handel und ließ sich nur an Lack oder Tankemblem unterscheiden. Als AMC am 4. August 1966 unterging, verschwand auch die Marke James.

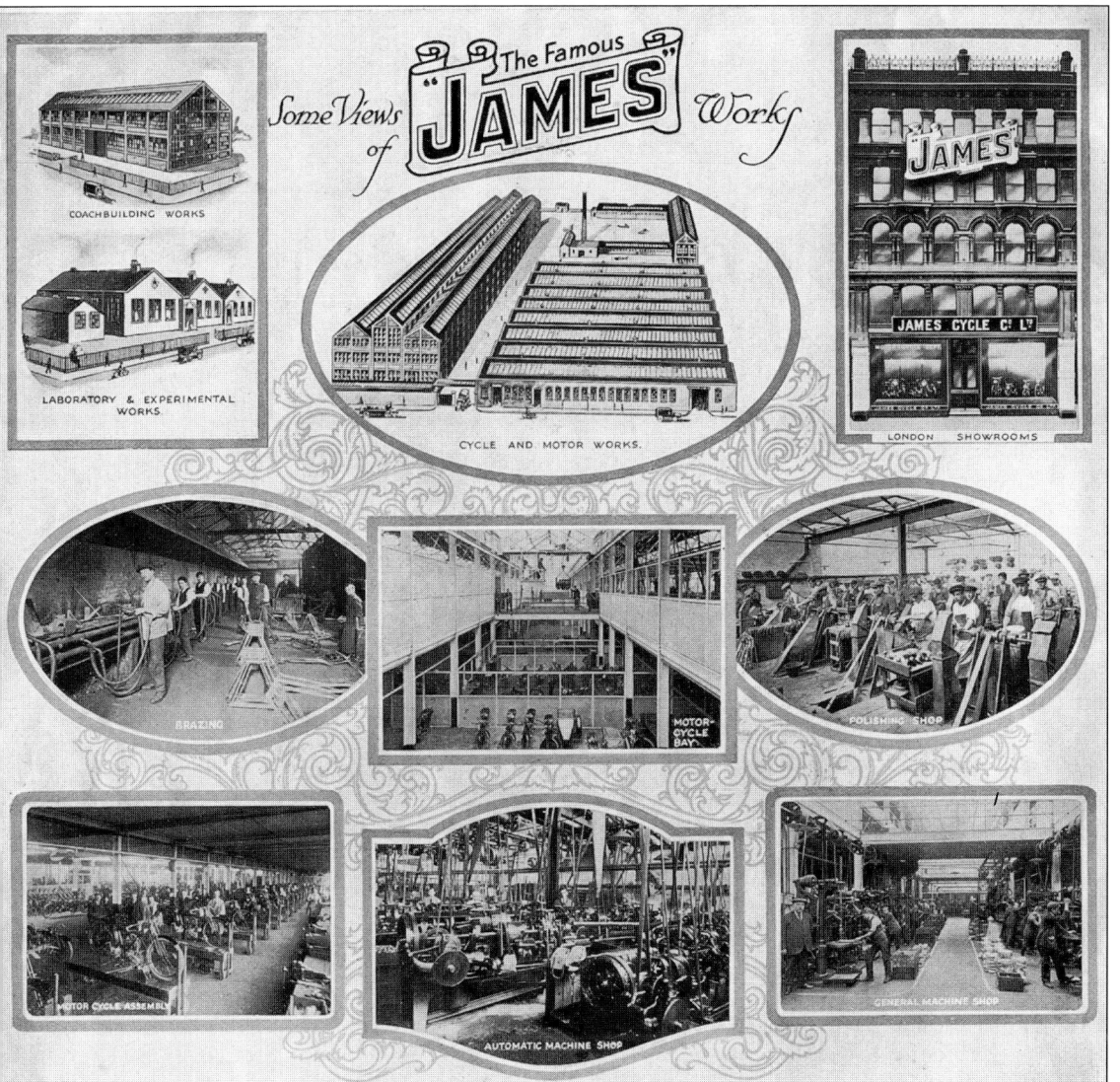

Einige Ansichten jener Fabrik, in der die berühmten James-Motorräder entstanden. Eine Illustration im Katalog von 1929. *Jim Boulton*

John A. Prestwich & Co Ltd
Northumberland Park, Tottenham, London N17

Die vielleicht berühmtesten Initialien in der Geschichte der britischen Motorradindustrie stammen von einem Motorenhersteller, nicht von einem Motorrad-Produzenten. John Alfred Prestwich lebte im Londoner Stadtteil Kensington, auf der nördlichen Seite des Hyde Parks. Etwa um die Jahrhundertwende ließ er sich von Verbrennungsmotoren faszinieren – so sehr, dass er 1901 seinen ersten Motor baute. Alsbald begann er mit der Herstellung im Stadtteil Tottenham in Nord-London. Er verkaufte seine Motoren unter seinem eigenen Kürzel, JAP.

Für die junge Industrie waren die JAP-Motoren eine Gottesgabe, da man bis dahin auf Importprodukte angewiesen war, meistens französische De-Dion-Bouton oder belgische Minerva. Der JAP-Motor war nicht nur sofort verfügbar, sondern auch gut und etablierte Hersteller, wie Triumph, früher Minerva-Kunde, wechselten bald auf die einheimische Marke. Prestwich ruhte sich auf seinen Lorbeeren nicht aus und hatte schon 1906 einen V-Zweizylinder entwickelt, der mit bis zu 1000 Kubik Hubraum gebaut wurde. Außerdem gab es eine Sonderausführung mit 2,7 Liter Hubraum und 16 PS Leistung.

Zwischen 1904 und 1908 versuchte der große Motorhersteller John Alfred Prestwich eigene Motorräder zu bauen. Der JAP-Motor wurde einfach in einen Fahrradrahmen zwischen Rahmenrohr und Vorderrad gesetzt. In der Mitte befand sich der schmale Tank und direkt darunter vermutlich ein Oberflächenvergaser samt Zündspule.
VMCC

Viele später gängige Herstellungsmethoden sind erstmals bei JAP praktiziert worden, was für die hohen JAP-Qualitätsstandards spricht. Prestwichs Motoren wurden auch von der Flugindustrie geschätzt, die ersten Typen von Flugzeug-Pionier Avro verfügten über JAP-Triebwerke. Irgendwie nahe liegend, dass John Prestwich bald auch eigene Motorräder herstellen wollte. Seine Versuche 1904 und 1905 wurden allerdings bald wieder abgebrochen. Auch solche mit Autos führten zu nichts. Dafür war das Kerngeschäft höchst erfolgreich, und ab 1908 konzentrierte man sich ganz auf die Motorherstellung. Prestwich informierte sich genau über alle Entwicklungen und konnte auf die Erfahrungen mit Flugmotoren im Ersten Weltkrieg zurückgreifen; schon 1922 stellte er revolutionäre Motoren mit doppelten obenliegenden Nockenwellen her. Die 273 km/h schnelle Weltrekordmaschine von Brough Superior hatte einen Motor von JAP.

JAP fusionierte 1956 mit dem Konkurrenten Villiers; die Werksanlage in Tottenham wurden deshalb stillgelegt. Was danach noch an JAP-Motoren entstand, kam aus dem Villiers-Werk in Wolverhampton.

JD

Bowden Wire Ltd
Victoria Road, Willesden Junction, London NW 10

Bowden Wire Co stellte Fahrradzubehör her, besonders Bremsen und Bremszüge. Ein Motorradbau war daher nicht abwegig, und diese wurde in den eigenen Werksanlagen in der Victoria Street im Nordwesten Londons realisiert. Aus irgendeinem unerklärlichen Grund wurden sie unter JD-Label vermarktet. Gebaut wurde nur ein einziges Modell namens Gents, getrieben vom hauseigenen 116 cm³ Motor. Die Herstellung lief Anfang der 20er an und die letzte Gents rollte für nur 20 Pfund 1927 vom Band.

JES

J.E. Smith Motor Co Ltd
J.E. Smith Motor Works, Worcester Street, Gloucester
J.E. Smith Motor Co (Gloucester) Ltd
York Mills, Witton Lane, Aston, Birmingham

Hinter JES stand J.E. Smith, der 1909 in Gloucester anfing, Motoren zu bauen. JES Motorräder gab es seit 1912, der Einzylinder mit 116 cm³ kam auf nur 20 Pfund. 1916 war der Preis auf 24 Pfund gestiegen. In dem Jahr wurde wegen des Krieges die Produktion eingestellt und erst 1919 wieder aufgenommen. Die Marke wurde 1924 von Connaught in Birmingham aufgekauft, aber der neue Besitzer machte wenig daraus.

JH

J.H. Motor Engineering Works,
Castle Hill Street, Mumps, Oldham

James Howarth, Besitzer der J.H. Motor Engineering Works in Oldham, kam von Bradbury & Co und verwendete für seine 13 verschiedenen Modelle Motoren von JAP, M.A.C. und Villiers. Eine Herstellung fand nur von 1913 bis 1916 statt. Fünf der Typen hatten Villiers-Motoren mit 2,5 oder 2,75 PS Leistung und konnten mit Direktantrieb, Zwei- oder Dreiganggetriebe geliefert werden. Ihre Preise bewegten sich zwischen 32 und 50 Pfund. Vier Modelle hatten M.A.C. Zweizylinder-Motoren mit Direktantrieb oder Dreiganggetriebe, zu Preisen von 58 bis 87 Pfund, letzterer mit 8 PS Leistung. Die vier anderen Typen waren mit JAP-Zweizylindern ausgestattet, entsprachen aber ansonsten den Typen mit M.A.C.-Motor. In welchen Stückzahlen diese Motorräder überhaupt gebaut wurden, ist unklar, gesichert ist lediglich die Erkenntnis, dass JH den Ersten Weltkrieg nicht überlebte.

Juckes

TC Juckes Engineering/
The Efficient Engineering & Motor Co
Bilston Road, Wolverhampton

Juckes ist ein weiteres Beispiel für einen Komponentenhersteller, der den Versuch wagte, ein eigenes Motorrad zu bauen. TC Juckes Engineering, später in The Efficient Engineering & Motor Co umgetauft, wurde Anfang des Jahrhunderts von T. C. Juckes in der Bilston Road in

Wolverhampton gegründet. Hier produzierte die Firma Motorradgetriebe, unter anderem eines mit vier Gängen, aber auch Motoren. Juckes baute für sich selbst und seine Freunde Motorräder und ließ sie ab 1912 in begrenzten Stückzahlen mit 4 PS Leistung in Serie gehen.

Im Ersten Weltkrieg stieg die Nachfrage nach Getrieben, diese wurden zum Hauptprodukt des Unternehmens. T. C. Juckes dachte aber weiter an Motorräder und stellte 1923 seine A- und B-Modelle vor. Mit Riemenantrieb und 2,75 PS starkem Zweitaktmotor hatte die A Direktantrieb, eine Spitze von 80 km/h und kostete nur 34 Pfund. Die B hatte Vierganggetriebe und kostete 49 Pfund. 1925 kam die GS mit einem 347 cm³ Viertaktmotor, einer Spitze von fast 130 km/h und einem Preis von 54 Pfund. Wie viele andere kleine Hersteller auch hatte Juckes keine großen Finanzreserven, 1925 war es so weit: Die Firma ging Bankrott, Anlagen und Lagerbestände wurden versteigert.

Kenilworth

Kenilworth Utility Motors Ltd/Booth Bros.
Much Park Street, Coventry I

Die Nachfrage nach billigen Transportmitteln direkt nach dem Ersten Weltkrieg führte zu einer Reihe von Rollern. Einer davon war der Kenilworth, ab 1919 in Coventry gebaut. Er hatte einen Rohrrahmen und einen 143 cm³ Norman Motor, obwohl spätere Modelle auch JAP und Villiers verwendeten. Kenilworth schwamm auf dieser ersten Roller-Welle gut mit, die Produktion wurde aber 1924 eingestellt.

Die Juckes, Model GA 1925, wurde vom hauseigenen 347 cm³ Viertaktmotor angetrieben. Die Marke selbst war nur drei Jahre lang aktiv (1923-1925), doch ihr Schöpfer, T. C. Juckes, lieferte mehr als 20 Jahre lang Motorradgetriebe an verschiedene Firmen. Nur wenige GA dürften entstanden sein, da die Firma im Herbst 1925 bankrott ging. *Jim Boulton*

Viele Hersteller standen in den frühen 20ern vor dem Bankrott. Diese Versteigerung am 2. November 1925 stand am Ende der Juckes-Motorradherstellung, aber auch für das Ende des ganzen Unternehmens, das seit mehr als 20 Jahre Getriebe gebaut hatte. Die aufgelisteten Teile und Motoren ergaben, zusammengesetzt, etwa fünf oder sechs Motorräder.
Jim Boulton

Kerry

The East London Rubber Co Ltd
211 Shoreditch & 2, 4 & 8 Great Eastern Street, London EC

Kerry wurde angeblich von der East London Rubber Company im Osten Londons gebaut. Möglicherweise handelte es sich um ein ausländisches Motorrad, das mit eigenem Emblem versehen wurde. Soviel steht fest: Kerry wurde 1905 zum Verkauf angeboten. Im Programm gab es fünf Modelle, vier Einzylinder und ein Zweizylinder: Popular Lightweight, zwei Popular und Modele De Luxe mit Ein- oder Zweizylindermotor. Die Preise bewegten sich zwischen 29 und 44 Pfund. Viel mehr ist darüber nicht bekannt, auch nicht, wie lange sie im Handel waren.

King

W. King & Co
Bridge Street Motor Garage, Bridge Street, Cambridge

King gehörte der Pionierzeit an und hatte eine Servicewerkstatt in Cambridge, baute aber auch unter seinem eigenen Namen motorisierte Fahrräder. Die modifizierten Fahrräder hatten den Motor hinter dem vorderen Rahmenrohr. Das Hinterrad wurde per Kette angetrieben. Bei der

Als einer der ersten Roller hatte der Kenilworth einen vollgefederten Rahmen, aufgebaut aus Dreikantrohren. Der Roller wurde 1919 vorgestellt und verwendete Motoren zwischen 149 und 292 cm∆, die von Norman, Villiers und JAP stammten. In jedem Fall reichten diese ihre Leistung über ein Reibungsgetriebe an das Hinterrad weiter. Die Herstellung endete 1924.
VMCC

Crystal Palace Motor Show 1902 erhielt die Marke die höchste Auszeichnung; 1903 vermeldete King eine Zahl von Verbesserungen, darunter »Rutschkupplung und federnde Kette«. Die fünf Modelle hatten Motoren, deren Leistung entweder 2, 2,5 oder 2,75 PS betrug.

Kingsbury

Kingsbury Engineering Co Ltd
Kingsbury Works, Kingsbury, London NW9

Überkapazitäten verführten nach dem Ersten Weltkrieg in den frühen 20ern viele Unternehmen zur Herstellung von Motorrädern. Eines davon war Kingsbury Aviation Engineering, Tochterunternehmen des Werkzeugherstellers Baringham. Ursprünglich für den Bau von Flugzeugmotoren gegründet, hatte das Werk 1918 immerhin 800 Angestellte und eine eigene Landebahn in Kingsbury, London.

Nach dem Krieg war das natürlich alles eine Nummer zu groß, und die beste Lösung schien selbstverständlich zu sein, auf die Herstellung von Autos und Motorrädern umzusteigen. Die Stückzahlen waren verschwindend, das Unternehmen ging 1921 Bankrott. Danach wurde die Anlage von Henri Vanden Plas für seinen Karosseriebau aufgekauft und bis zu ihrer Schließung 1979 genutzt.

Lagonda

Lagonda Motor Co Ltd
The Chestnuts, The Causeway, Staines, Middlesex

Um die Jahrhundertwende zog der Amerikaner Wilbur Gunn in das Haus Chestnuts ein. Er bastelte an Motorfahrzeugen, baute 1906 in seinem Gewächshaus einige Motorräder und danach Drei- und Vierräder. Kurz darauf mündete die Bastelei in eine regelrechte Herstellung und das Grundstück verwandelte sich in eine richtige Fabrik. Seine Fahrzeuge nannte Gunn Lagonda, vergaß aber dann Motorräder und Cycle Cars und konzentrierte sich auf den Autobau. Details zu seinen Motorrädern sind praktisch unbekannt.

Lea-Francis

Lea & Francis Ltd
Lower Ford Street, Coventry I

Die Partnerschaft zwischen Richard Lea und Graham Francis, 1895 entstanden, war perfekt, da sie einen unentwegten Erfinder mit einem wirtschaftlich denkenden Ingenieur verband. Sie eröffneten eine kleine Werkstatt in Coventry und bauten in direkter Konkurrenz zu Sunbeam

Oben: Der Fahrer dieser Lea-Francis mit Kennzeichen aus Coventry riskiert nichts: Seine Socken sind über die Hosen gezogen, die Kappe sitzt fest am Kopf, der Reservereifen ist festgezurrt und die nötige Lektüre steckt in der Jackentasche. Das Motorrad ist mit einem JAP-V-Zweizylinder versehen, wahrscheinlich handelt es sich um die 1922 vorgestellte Sporting. Zwei Jahre später stellte Lea-Francis die Motorradproduktion ein und konzentrierte sich wieder auf den Autobau.
Museum of British Road Transport, Coventry

Unten: Der bekannte Autohersteller Lea-Francis aus Coventry baute zwischen 1911 und 1924 auch Motorräder. Neben ihren V-Motoren waren sie auch für ihre Trittbretter, Beinschutzschilder und die gekapselte Antriebskette bekannt. Die Motoren stammten entweder von JAP oder MAG. Der Platzmangel im Werk erzwang 1924 die Stilllegung der Produktion.
VMCC

Britische Motorräder

und Humber Fahrräder. Innerhalb eines Jahres erzwangen ihre Erfolge einen Umzug in eine große zweistöckige Fabrikanlage und separatem Büro, ebenfalls in Coventry.

Die ersten motorisierten Fahrzeuge in den Jahren 1903 bis 1906 waren Autos. Motorräder kamen erst 1911 ins Programm, das erste mit einem 430 cm^3 JAP-Zweizylinder mit Zweiganggetriebe. Mehrere Modelle mit entweder JAP- oder M.A.G.-Motoren folgten.

Die Lea-Francis-Maschinen wiesen viele Innovationen auf. Dazu gehörten Trittbretter statt Fußrasten, Beinschutzschilder und eine voll gekapselte Kette. 1914 gab es drei Typen im Programm, alle mit Zweizylinder-Motoren und Hubräumen von 430, 496 und 749 cm^3. Das 496 cm^3-Modell hatte ein Dreiganggetriebe. Wegen der Kriegsaufträge lief die zivile Fertigung 1916 aus. Motorräder gingen 1919 wieder in Produktion, in mehr oder weniger unveränderter Form. Aus Platzgründen wurde der Motorradbau 1924 zugunsten der Autoherstellung eingestellt.

Levis

Hughes, Butterfield Brothers
Stechford, Birmingham 9
Butterfields Ltd
Levis Motor Works, Old Station Road, Stechford, Birmingham 9

Die Brüder William und Arthur Hughes Butterfield etablierten 1906 ein Konstruktionsbüro und zeigten, wie die Stevens Brüder auch, Interesse an Verbrennungsmotoren. William Butterfield konstruierte 1910 seinen eigenen Zweitaktmotor, im Jahr darauf ließen sich die zwei Brüder offiziell als Motorradhersteller registrieren. Unterstützung erfuhren sie von Howard Newey. Der Konstrukteur und begeisterte Motorradfahrer zeichnete für die Konstruktionen verantwortlich. Als Produktname wählten die Brüder »Levis«, entlehnt dem lateinischen »Levis et celer«, leicht und schnell. Man sieht, humanistische Bildung ist doch zu etwas nutze…

Der Prototyp erschien 1911, basierend auf einem Fahrrad und getrieben von einem 198 cm^3 Zweitaktmotor mit Riemenantrieb. Die Weiterentwicklung ging Ende 1911 in Serie. Dieser Motor war größer, 269 cm^3, und verkaufte sich für 35 Pfund. Schon 1913 konnte das florierende Geschäft in eine GmbH verwandelt werden, Butterfields Ltd, mit Howard Newey als Produktions-Chef.

Es gab immer nur drei Modelle im Programm. Vier Zweitaktmotoren eigener Konstruktion und Herstellung kamen dabei zum Einsatz: 211, 296, 292 oder 349 cm^3 und alle außer einem hatten Eingang-Direktantrieb. Erst 1915 wuchs die Modellpalette, als die 349 cm^3 De Luxe dazukam, zu einem Preis von 41 Pfund. Die 292er kostete 33 und die 211er 28 Pfund.

Die Herstellung für den einheimischen Markt endete 1916, konnte aber 1919 sofort nach dem Krieg wieder aufgenommen werden. Mehr und mehr Firmen entdeckten damals die Vorzüge kleiner Zweitaktmotoren, Levis, von Anfang an auf Motoren dieser Art spezialisiert, hatte ihnen gegenüber eine ganze Menge voraus. Dazu kamen technische Innovationen, wie verbesserte Getriebe und Bremsen, Kickstarter und mechanische Ölpumpen. Die Marke warb daher selbstbewusst mit dem Slogan »The Master Two-Stroke«.

In den 20ern konnte Levis sich durch aktive Renneinsätze auf dem Markt gut behaupten, zu Hause und auf dem Kontinent. Der erfolgreichste Fahrer war Geoff

Die Montage von Levis-Motorrädern in den 20ern. Die Produktionsstätte erstreckte sich auf zwei Etagen. Die Teile wurden oben hergestellt, die Endmontage fand unten statt.
Jim Boulton

Die imposante Fassade der Levis Motor Works in Old Station Road in Stetchford, einem Stadtteil von Birmingham. Die Firma wurde unter dem Namen Butterfield Limited 1913 in eine Aktiengesellschaft umgewandelt. Motorräder mit dem hauseigenen Master-Zweitaktmotor baute man schon seit 1911.
VMCC

Davison, der zwischen 1922 und 1925 viele Erfolge verbuchte. Das Model »K« von 1924 bedeutete für die Marke eine Revolution, da diese 250er Dreiganggetriebe und Kette anstelle des üblichen Riemenantriebs hatte. Das darauf folgende Modell »M« war etwas billiger in der Ausführung und auch darin war Levis marktführend, da man mit Blick auf die bedrohlich werdende Wirtschaftsflaute Kosten sparte und Preise senkte. Deshalb umfasste das Programm 1926 nur zwei Modelle, M und K.

Dennoch erschienen 1927 neu: die 247 cm³ große »O« für 39 Pfund und die 346 cm³ große »A« für 54 Pfund. Im darauf folgenden Jahr war das Programm auf acht Typen gewachsen, mit unter anderem neuen 247 cm³-Motoren, einige davon mit Namen versehen . Basismodell war die »Levisette« für nur 28 Pfund. »M« De Luxe kostete 38 Pfund, die Six-Port 39 und die »Z« 36 Pfund. In den 30ern erweiterte Levis das Programm weiter, die wirtschaftliche Situation erlaubte nun auch wieder höhere Preise. Das Modell »D« erschien 1933 mit einem 498 cm³ Viertaktmotor (57 Pfund); 1937 kam ein 591 cm³ Viertakter dazu.

Bei Ausbruch des Zweiten Weltkriegs stellte Levis Flugzeugkomponenten her. Die Motorradproduktion wurde auch sechs Jahre später nicht mehr aufgenommen.

The Leonard Gundle Motor Co
41-42 Smith Street, Hockley, Birmingham 19

Leonard Gundle baute Lieferdreiräder für Metzger und Eislieferanten und nahm in den 20ern normale Motorräder ins Programm. Die LGC-Typen, benannt nach den Initialen Leonard Gundle Company, hatten JAP-Einzylinder mit 247 oder 350 cm³ Hubraum. In jedem Jahr befanden sich zwei oder drei Modelle im Programm, zu Preisen zwischen 42 und 51 Pfund.

Gundle stellte auch Beiwagen her; alle Maschinen waren gegen Aufpreis als Gespanne lieferbar. Nur diese trugen Bezeichnungen oder Namen, wie etwa Sidecar A, Sidecar B, Sidecar Sports oder Touring, die Solomotorräder dagegen nicht. Leonard Gundles Motorradmontager endete 1931, man konzentrierte sich wieder auf den ursprünglichen Geschäftszweig.

W.A. Lloyd
Clyde Works, 7 Freeman Street, Birmingham 5
Lloyd Motor Engineering Co Ltd
132 Monument Road, Ladywood, Birmingham 16

Die Hersteller in Birmingham scheinen von Initialnamen geradezu fasziniert gewesen zu sein. LMC stand etwa für die Lloyd Motor Engineering Company, die in der Monument

Leonard Gundle baute Lieferfahrräder für Metzgereien und Eiskrem-Dreiräder. In den 20ern kamen konventionelle Motorräder dazu. Diese Model TS/1 mit 247 cm^3 Villiers-Motor erschien 1928 und kostete 49 Pfund. Drei Jahre später wurde das letzte Motorrad produziert.
VMCC

Road in Ladywood Motoren fabrizierte. Hinter dem Namen Lloyd stand ein gewisser W. A. Lloyd, ein Hersteller von Fahrradkomponenten, der unter seinem eigenen Namen in der Freeman Street ab 1907 auch Motorräder baute. Bei diesem Hintergrund war es nur verständlich, dass der Hersteller im Hauptwerk von LMC dann ebenfalls auf Motorräder umstieg, eine Entscheidung, die etwa 1910 getroffen wurde.

Zunächst entstand nur ein einziges Modell, ein 499 cm^3 großer Einzylinder mit Direktantrieb, der 48 Pfund kostete und 1915 Gesellschaft von vier weiteren Varianten (drei 499 cm^3-Einzylinder und ein 843 cm^3-Zweizylinder) bekam. Alle außer einem Modell verfügten über Dreiganggetriebe und kombinierten Ketten- und Riemenantrieb. Diese Modellpalette wurde auch 1916 angeboten, die Preisspanne reichte von 52 bis 79 Pfund. Wegen des Krieges lief die Produktion aus.

Martinshaw

Martinshaw Motors Ltd
Clarence Works, Park Road, Teddington

Martinshaw Motorräder sind nur 1926 und 1927 gelistet. Die Ursprünge der Marke liegen im Dunkeln, obwohl Zu-

sammenhänge mit der Motorwahl nicht unwahrscheinlich sind. Andererseits fehlt es nicht an technischen Informationen: Die Motoren stammten von Burney & Blackburne, es waren Einzylinder zwischen 350 und 500 cm^3 Hubraum. Für 1926 standen drei Modelle zur Auswahl, zwei 350er und eine 500er, zu Preisen zwischen 48 und 52 Pfund. Im Jahr darauf waren es nur die beiden 350er für 53 beziehungsweise 68 Pfund; 69 und 84 Pfund kosteten diese als Gespanne.

Massey; Massey-Arran

Massey-Arran Motor Co Ltd
Birmingham
Massey Motor Co Ltd
35 Mincing Lane, Blackburn, Lancashire

Wie so viele andere fing Massey-Arran direkt nach dem Ersten Weltkrieg an, Motorräder zu bauen und blieb bis in die frühen 30er in diesem Geschäftsbereich. Die Marke entstand 1920 in Birmingham, zog wohl in fünf Jahren sechsmal um, bevor man in Blackburn in Lancashire etwa um 1925 sesshaft wurde. Von da an bestand die Modellpalette aus vier Einzylinder-Typen. Die Motoren stammten von Blackburne, JAP oder Villiers, die Hubräume reichten von 250 über 293 bis 350 cm^3. Die Preise bewegten sich zwischen 35 und 47 Pfund. Dieses Angebot lief bis 1928 weiter, dann wurden nur zwei Einzylinder (172 cm^3 Villiers und 350 cm^3 Blackburne) angeboten. Von 1929 bis Produktionseinstellung 1931 gab es nur noch die Maschine mit Villiers-Motor, zuletzt verkauft für 32 Pfund.

H. Collier & Sons Ltd/Matchless Motor Cycles (Colliers) Ltd/Associated Motor Cycles Ltd
44-45 Plumstead Road, Woolwich Road, Woolwich, London SE 18

Harry H. Collier und sein Bruder Charles R. Collier stellten Fahrräder her und gehörten zu den ersten Motorradbauern in Großbritannien. Fahrräder fertigten sie seit 1878, das erste Motorrad erschien 1899. Es handelte sich um ein motorisiertes Fahrrad, komplett mit Kette und Tretpedalen. Der Motor befand sich zwischen Sattelstange und Hinterrad. Der Markenname Matchless (unvergleichlich) wurde nur für die Motorräder verwendet, die Motorradherstellung erfolgte in einer kleinen Anlage in der Plumstead Road, eine Werkstatt, die bald zu klein sein sollte.

1903 bekamen die Matchless einen direkt hinter dem Vorderrad eingebauten Motor. Im darauf folgenden Jahr kam das Matchless Tricar, ein an für sich konventionelles Motorrad, aber mit zwei Rädern und einem Beifahrersitz an

der Stelle, wo sich normalerweise das Vorderrad befand. Als 1907 die ersten Rennen auf der Isle of Man stattfanden, waren die Brüder Colliers mit ihren eigenen Motorrädern dabei, gewannen ihre Klasse und notierten auch die schnellsten Runden.

1913 erschien ein Dreiradauto mit JAP-V-Zweizylinder-Motor und einzeln aufgehängten Vorderrädern. Die Produktion dieses Dreirads wurde 1914 eingestellt, aber nach dem Krieg wieder aufgenommen. Es bekam 1923 Gesellschaft durch ein Vierrad-Cycle gleicher Bauart, Tourer genannt. Starke Konkurrenz in Form des von Morris in Großserie hergestellten Autos verhinderte den Erfolg; beide Matchless-Cyclecars wurden ab 1924 nicht mehr gebaut.

Bei den Vorkriegsmodellen handelte es sich allesamt um Zweizylinder mit 964 oder 992 cm^3 Hubraum. Teuer waren sie außerdem, 1913 kostete der riemengetriebene 964er mit Zweigang-Planetenwechsel im Hinterrad 89 Pfund. Der kettengetriebene 992er mit Dreiganggetriebe und auswechselbaren Rädern gab es 1916 für stolze 97 Pfund. Die zivile Produktion endete 1916, wurde aber

Vernünftige Motorradkleidung, so suggeriert die Titelseite diese Katalogs für 1959, braucht kein Matchless-Fahrer... Neues Spitzenmodell war die G 12 mit 650 cm^3 großem Zweizylindermotor. Laut Beschreibung bot dieser Typ »den extra Kick in der Beschleunigung, kombiniert mit dem unbeschreiblichen Gefühl, alles im Griff zu haben«, also alles, was »der Kenner verlangt«. Wie dem auch sei: Es sah zumindest so aus, als ob die G 12 ein richtig tolles Motorräd wäre.
Jim Boulton

Eine Vorkriegs-Matchless und deren stolzer Besitzer. Das Motorrad hat einen JAP-V-Zweizylinder mit Riemenantrieb und trägt ein Kennzeichen von Dudley.
Jim Boulton

Matchless Competition: AJS/Matchless hatte bis zum Schluss mindestens ein Wettbewerbsmodell im Programm, das Competition hieß. Besonders bekannt wurden die Geländemaschinen, die es nicht nur in Crossausführung gab, sondern auch mit verkürztem Hilfsrahmen für Trial-Zwecke. Der Comp-Motor bestand sehr früh ganz aus Aluminium, wie auch der kleine Comp-Tank.

nach dem Waffenstillstand wieder aufgenommen und brachte eine deutliche Steigerung der Geschäfte. Die Werksanlage in Woolwich wurde weiter ausgebaut und, um die Nachfrage nach Motoren und Motorrädern zu erfüllen, die Belegschaft ständig erweitert. Die Palette reichte von einem 246 cm^3 Einzylinder bis zu einem 1000 cm^3 V-Zweizylinder, der auch an andere Hersteller geliefert wurde, darunter an Brough Superior, Calthorpe, Coventry-Eagle und OEC. Auch der Autohersteller Morgan verwendete für sein Dreirad diesen Motor.

Colliers verbaute ab 1928 ausschließlich eigene Motoren in seinen Motorrädern und war damit unabhängig. Zuvor waren für einige Modelle die 996 cm^3 M.A.G. und 980 cm^3 JAP V-Zweizylinder verwendet worden, der letztere im Model H, dem Spitzenfabrikat, das in Gespannausführung auf 120 Pfund kam.

Die 30er begann Colliers mit einer breiten Modellpalette, die jedem Geschmack (und Geldbeutel) etwas bot. Sieben Einzylinder und drei Zweizylinder standen im Programm, von der 247 cm^3 großen R7-Einzylinder für 37 Pfund zu der 990 cm^3 XR2-Zweizylinder für 62 Pfund. Allerdings war darunter auch mancher Flopp, so etwa die für 1930 angekündigte Silver Arrow. Dieser Entwurf war vor allem wegen des Motors bemerkenswert, einem 397 cm^3 großen Blockmotor, dessen zwei Zylinder im 26 Grad Winkel zueinander standen. Zwar geriet der leise laufende Motor dank des schmalen Zylinderwinkels sehr kompakt, entwickelte aber zu wenig Leistung. Nicht einmal mit einem Preiszettel von nur 55 Pfund lief der Verkauf berauschend. Die gleichzeitig angekündigte Silver Hawk hatte einen 593 cm^3 Vierzylinder-Motor, beide Zylinderpaare standen im gleichen 26-Grad-Winkel. Mechanisch laut und teuer (75 Pfund), lief die Silver Hawk trotz Rezession bis 1934, ein Jahr länger als die Silver Arrow.

Die Collier Brüder übernahmen 1931 die Marke AJS aus Wolverhampton und verlegten auch diese Produktion nach Woolwich. Sunbeam wurde 1938, aufgekauft; danach firmierte das Unternehmen als Associated Motor Cycles Ltd (AJS).

Die Modelle wurden in den 30ern ständig überarbeitet und blieben so stets auf der Höhe der Zeit. Die neu konzipierten Einzylindertypen hatten beispielsweise die modernen, nach vorn geneigten Motoren und erhielten den Spitznamen »Sloper«. Typisch war die Sports 250 oder auch die Model 34/F, eine 346 cm^3-Maschine mit Dreiganggetriebe und Kettenantrieb zum Preis von 36 Pfund. 1937 war die Palette in drei Modelltypen unterteilt: Clubman hatte Einzylindermotoren mit 246, 347 oder 498 cm^3 Hubraum; Clubman Specials waren Scramble-

(Motocross-) oder Trial-Ausführungen der Clubman-Reihe und die Tourist-Reihe bestand aus 246 oder 498 cm³ großen Einzylindern sowie einem 990 cm³ großen V-Zweizylinder. Die 250er Clubman kostete 41 Pfund, die 990er Sports Tourist 72 Pfund.

1940 sollte eine ehrgeizige Modellpalette erscheinen, doch AMC baute statt dessen Rüstungsgüter. Immerhin: Für das Militär fertigte man einen Einzylinder mit 350 cm³. 1943 wurde die Marke Sunbeam an BSA verkauft; nach dem Krieg kaufte AMC stattdessen Francis-Barnett (1947), James und Norton (1951 bzw.1952); 1959 kam Brockhouse Engineering dazu. Zum größten Teil lief die Herstellung der übernommenen Marken in den jeweiligen Werken weiter, da man in Woolwich mit AJS und Matchless vollauf beschäftigt war. 1951 war Woolwich eine der größten Motorradfabriken der Welt. Über 1000 Mitarbeiter montierten dort jede Woche über 400 Motorräder.

In den 50ern rückten die verschiedenen Konzernmarken enger aneinander, besonders AJS und Matchless. Unter letzterem Label kamen jedes Jahr zwischen acht und dreizehn Typen auf den Markt. Als Beispiel sei das Programm 1957 genannt. Dieses bestand aus sechs Einzylindern und zwei Zweizylindern. Die billigste Maschine war die G3/LS, ein 347 cm³-Einzylinder für 211 Pfund. Die teuerste war die Rennmaschine G 45, ein Stoßstangen-Zweizylinder für 403 Pfund.

AMC übernahm 1956 Norton, schloss das Werk aber erst 1962 und verlegte dann die Produktion nach Woolwich.

Das Motiv stammt aus einer Mitteilung der McEvoy Motor Cycles und wurde am 2. September 1925 veröffentlicht. Es handelte sich um eine der ersten Maschinen des Herstellers, die ein 994 cm³ großer V-Zweizylindermotor von British Anzani antrieb. »Qualität ist Ökonomie«, verspricht die Drucksache, und bittet um Anfragen der geschätzten Kunden, die, so der Text, in jedem einzelnen Punkt von Mr. McEvoy persönlich beantwortet werden würden. Auch die Preisgestaltung war eher individuell: In diesem Prospekt sind sie mit Füller eingefügt und reichen von 130 bis 150 Pfund, was schon damals sehr viel für ein Motorrad war – selbst wenn es, wie die McEvoy, angeblich 100 mph laufen sollte.
Jim Boulton

Es war der letzte Kauf, den AMC tätigen sollte. Finanzielle und andere Probleme zwangen am 4. August 1966 das Unternehmen in die Knie. Aus den Resten entstand die Norton-Villiers Group. Daraus wurde unter der Führung von Dennis Poore 1973 Norton-Villiers-Triumph geformt, dessen Manganese Bronze Holdings die Hinterlassenschaft gekauft hatte. Die Herstellung in Woolwich endete offiziell 1969, die Anlage blieb aber für die Ersatzteilversorgung bis 1971 in Betrieb.

Max

W. Claude Johnson
The Studio, Westbourne Street, Lancaster Gate, London W

Wer hat gesagt, dass Motorradfahrer sitzen müssen? Sicher nicht W. Claude Johnson, der Konstrukteur der Max, dessen Entwurf dem Fahrer »eine stehende Position auf Fußbrettern erlaubt, nur Zentimeter über dem Boden«. Wegen dieser Auslegung hatte das Motorrad einen sehr kurzen Radstand und eine fast dreieckige Optik. Alles was übrig geblieben ist, ist ein vergilbter Prospekt von 1906, in dem zwei Fotos von verschiedenen Modellen abgebildet sind. Ein Riemenantrieb kann ausgemacht werden, weitere Informationen erteilt, so kann man lesen, ein Herr Louis Burn unter obenstehender Adresse. Na, der dürfte inzwischen auch keine Auskunft mehr geben können.

McEvoy

McEvoy Motor Cycles (1926) Ltd
Leaper Street, Duffield, Derbyshire

McEvoy baute seit dem Ersten Weltkrieg Motorräder und tat dies auch noch in den 20er Jahren. Allerdings traten 1925 finanzielle Probleme auf, die 1926 zu einer Neugründung führten.

Der Fahrradhersteller Mercury Industries in Birmingham begann 1956 im Zweigwerk in Dudley mit dem Motorradbau. Im Debütjahr wurden zwei Typen vorgestellt, hier der Hermes-Roller mit 49 cm³ großem Zweitaktmotor. Es handelte sich eher um ein verkleidetes Moped als um einen richtigen Roller, aber das Pärchen scheint zufrieden zu sein.
Jim Boulton

McEvoy war verhältnismäßig klein, bot aber eine erstaunliche Typenvielfalt mit vielen Motoralternativen an. Darunter waren Blackburne, British Anzani, JAP und eigene Motoren zu finden, ebenso Aggregate von Rudge und Villiers. Die Modellpalette wuchs jedes Jahr, von drei Typen 1926 bis auf 17 Modelle im Jahr 1929. Darunter befanden sich sechs Einzylinder, sechs Zweizylinder und zwei Vierzylinder-Modelle. Die letzteren waren für ihre Zeit sehr ungewöhnlich; angetrieben wurden sie vom 986 cm³ McEvoy-Vierzylinder, erhältlich für 140 beziehungsweise 150 Pfund. Leider wurden diese Modelle nur 1929 angeboten, denn 1930 war McEvoy als Motorradhersteller von der Bühne verschwunden.

Mercury

Mercury Industries (Birmingham) Ltd
Dock Lane, Dudley, Worcestershire

Mercury stellte Fahrräder her, versuchte sich aber 1956 auch als Produzent von Kleinkrafträdern und Motorrädern. Zunächst erschienen das 48 cm³ Mercette Zweigang-Moped und der 49 cm³ Hermes Zweigang-Roller. 1957 kamen das Grey Streak-Motorrad mit 99 cm³ Villiers-Motor, ein neuer Roller namens Dolphin sowie ein vergrößertes Mercette (das Whippet 60 hieß) dazu. An diesem Programm änderte sich für 1957 nicht viel, lediglich ein Typ entfiel, dafür kam ein neuer Roller hinzu. 1958 allerdings, im dritten Jahr, stellte Mercury die Produktion ein.

Metro

Metro Manufacturing & Engineering Co Ltd
15 Francis Street/Adderly Road, Saltley, Birmingham 8

Die Metro Manufacturing & Engineering Co Ltd wurde im Juni 1916 ins Register eingetragen. Im gleichen Jahr stellte die junge Firma vier riemengetriebene Motorräder vor, allesamt mit dem gleichen, 269 cm³ großen Einzylindermotor. Darunter befand sich ein Damenmodell; die Maschinen konnten entweder mit Direktantrieb oder mit Zweiganggetriebe geliefert werden. Die Preise bewegten sich zwischen 28 und 36 Pfund, aber bevor die Marke richtig Fuß fassen konnte, musste die Produktion kriegsbedingt eingestellt werden.

Monopole

Monopole Cycle & Motor Co Ltd
Foleshill Road, Coventry I

1890 als Monopole Cycle and Carriage Company gegründet, lag die Firma anfangs in Great Heath in Coventry. Die Marke zögerte lange, der Konkurrenz ins Motorradgeschäft zu folgen und unternahm dann zwei Anläufe. Mit dem letzten hatte man aber zu lange gezögert, der Boom war vorüber.

Die ersten Monopole-Motorräder erschienen 1916: Zwei Typen, beide mit einem 269 cm³ Einzylinder-Motor, der eine mit Direktantrieb, der zweite mit Zweiganggetriebe, Kettenantrieb vom Motor und Riemenantrieb zum Hinterrad. Für den Rest des Ersten Weltkrieg ruhte die Produktion und wurde erst 1920 wieder aufgenommen. Noch 1926 bestand das Programm aus nur zwei Modellen, beide mit Namen, die zumindest in Englisch eher doppeldeutig wirken: The Ladies und die Number 2. The Ladies hatte einen 150 cm³ Aza-Motor und kostete 28 Pfund, Number 2 hatte einen 350er JAP und kam auf 50 Pfund. Sich bessere Modellnamen einfallen zu lassen, lohnte sich wohl nicht mehr, da 1927 das letzte Herstellungsjahr war. Die Firma überlebte als Produzent von Fahrrädern und Lieferfahrrädern.

Montgomery

W. Montgomery & Co
Bury St Edmunds, Suffolk
139 Much Park Street, Coventry 1
Montgomery Motors Ltd
Gosford Street, Coventry 1
Leicester Causeway, Coventry 1
Butts Works, Walsgrave Road, Coventry 2

Montgomery war eine langlebige Marke, die eine Vielzahl an Typen aus verschiedenen Komponenten montierte. Das Unternehmen fing 1894 in Bury St. Edmunds an, zog dann 1913 nach Coventry um. In den 20ern umfasste die Herstellung auch Maschinenwerkzeuge und Beiwagen. Besonderes Merkmal der Marke waren die eigenen, nicht zugekauften Rahmen, die als besonders stabil galten. Darin waren unterschiedliche Motoren eingebaut, wie von Aza, Bradshaw, Villiers und, vor allem, von JAP.

Ein Brand verwüstete 1925 die Fabrik, die Produktion lief dennoch weiter. Für 1926 wurden elf Modelle angekündigt, acht Einzylinder und drei Zweizylinder. Die Palette umfasste einen 175 cm^3 Aza für 28 Pfund ebenso wie einen 980 cm^3 großen JAP-Zweizylinder, der das knapp Fünffache kostete. Sechs Typen waren als Gespanne erhältlich. Im Jahr darauf geriet die Marke nach einem weiteren Brand in Schwierigkeiten, die auch die Motorräder der Marke P&P betrafen, die bei Montgomery seit 1922 vom Band liefen. Erst 1928 war Montgomery mit acht Modellen wieder vorhanden.

Für einen Hersteller von Motorrädern dieser Art bot Montgomery in den 30ern passable Motorräder in jeder Preisklasse an; die Modellvielfalt war genauso groß wie bei der bekannteren Konkurrenz von Douglas, Brough oder Cotton. Überdies reagierte das Unternehmen sehr schnell auf alle Entwicklungen am Markt und variierte entsprechend Angebote und Preise. Mitte der 30er kosteten alle Modelle mehr als 100 Pfund; Spitzenmodell war ein 750er Zweizylinder mit JAP-Motor für 66 Pfund. Seit 1933 trugen die Baureihen Modellnamen; sie hießen Standard, Greyhound, Bulldog und Twin. Die Montage lief bis 1940 und kam dann kriegsbedingt zum Erliegen. Sie wurde nach dem Krieg nicht mehr aufgenommen.

Morton-Adam

Morton Adam Motor Co
6 Matlock Road, Coventry 1

Unter den kurzlebigsten Marken aus Coventry finden wir Morton-Adam, ein Erzeugnis der Morton Adam Motor Company. Die ersten eigenen Motorräder sind 1923 entstanden, nachdem die Firma einige Jahre Motoren gebaut hatte. Einer davon, ein 246 cm^3 Einzylinder, trieb alle Morton-Adam Motorräder. Die Palette umfasste gerade fünf Modelle, von 29 bis 50 Pfund. Die zwei teuersten waren für 63 oder 68 Pfund als Gespanne erhältlich. Morton-Adam

waren vier Jahre am Markt, 1926 scheint das letzte Produktionsjahr gewesen zu sein.

Motorite

Siehe AEB

Mountaineer

Mountaineer Motor Co
Manchester Road, Marsden, Yorkshire

Die Geschichte von Mountaineer ähnelt sehr der von Morton-Adam. Beide sind anfangs der 20er gegründet worden, und beide verwendeten für ihre Kleinserien-Produkte ähnliche Motoren eigener Konstruktion. Mountaineer bot vier Modelle an. Jedes davon hatte den Mountaineer 269 cm^3 Einzylindermotor mit 2,75 PS. Keines der Modelle trug einen Namen, das billigste kostete 29 Pfund und das teuerste 37 Pfund. Zwei Maschinen waren auch als Gespanne erhältlich. Eine weitere letzte Ähnlichkeit zeigte sich auch in der Geschichte ihres Scheiterns: Auch Mountaineer erlosch, bevor noch die 30er Jahre angebrochen waren.

NER-A-CAR

Sheffield Simplex Ltd
Tinsley, Sheffield, Yorkshire
Canbury Park Road, Kingston-on-Thames, Surrey
F.W. Lane
236 Norwood Road, London SE 27

In den 20ern entstand eine Reihe von Fahrzeugen, die halb Auto, halb Motorrad waren. Dazu gehörten auch die sogenannten vierrädrigen Cyclecars, die mit Motorradkomponenten aufgebaut waren. Außerdem gab es viele Motorräder, die einige Auto-Eigenschaften aufwiesen. Die Ner-a-car (im Englischen ausgesprochen klang das so wie »Neara-car«, fast ein Auto) gehörte zu letzteren und war eine Entwicklung des amerikanischen Konstrukteurs J. Neracher. Typisch war der tiefgezogene Rahmen aus hohlen Stahlprofilen und von einer Blechkarosserie umgeben. Ein Verkaufsargument war, dass der Fahrer keine besondere Schutzkleidung brauchte: Go just as you are on your Ner-a-car!

Zuerst in Syracuse, New York, hergestellt, wurden die Rechte von der Sheffield Simplex erworben, die 1922 die britische Produktion aufnahm. Vier Modelle sind entwickelt worden, eines mit dem hauseigenen 285 cm^3 Einzylindermotor, die restlichen drei mit 349 cm^3 Burney & Blackburne Einzylindern. Die Preise bewegten sich zwischen 39 und 85 Pfund, der letztere für die De Luxe mit elektrischer Beleuchtung, Tacho und Windschutzscheibe. So richtig erfolgreich war das skurrile Gefährt nicht, bereits 1926 gab es ernsthafte Probleme, so dass 1927 die Palette auf zwei

Modelle schrumpfte. Immer noch zu viel: Die Firma war nicht zu retten. Die Ersatzteilversorgung übernahm eine andere Firma im Südosten Londons.

A.H. Haden
Princip Work, Princip Street, Birmingham 4

Princip Street, nordwestlich des Stadtzentrums von Birmingham, war Heimat für nicht weniger als drei Fahrrad- und Motorradhersteller, die sich alle mit dem Zusatznamen »New« schmückten: New Hudson, New Imperial und, wie hier, New Comet.

Die ersten New Comet Motorräder erschienen kurz vor dem Ersten Weltkrieg, gebaut von einem gewissen A.H. Haden, der sich in seiner Fabrik Princip Works als Fertiger von Motorradkomponenten einen Namen gemacht hatte. Die Produktion lief bis 1916, und in dieser kurzen Zeit entstanden fünf Modelle. Das billigste verkaufte sich für 26 Pfund und hatte einen 211 cm^3 Einzylinder-Motor. Spitzenmodell war ein 771 cm^3 großer Zweizylinder für 75 Pfund.

Nach dem Krieg ging es weiter, für die New Comet der 20er boten sich unzählige Motoralternativen – von Aza und Climax bis Villiers. In jedem Fall aber handelte es sich um Einzylinder mit zwischen 150 und 193 cm^3 Hubraum, die weniger kosteten als ihre Vorgänger in der Vorkriegszeit. Mitte der 20er kam das Unternehmen in Schwierigkeiten, 1928 stand nur noch die Super Sports, mit 172 cm^3 Villiers-Motor für 38 Pfund im Angebot. Zwei neue Varianten der Super Sports sollten 1931 erscheinen, doch in diesem Jahr wurde die Produktion kurzfristig stillgelegt, um nie wieder aufgenommen zu werden. Haden stellte aber weiter Motorradkomponenten her.

New Gerrard Motors Ltd
Gayfield Square, Edinburgh
Liverpool Street, Nottingham
25 Greenside Place, Edinburgh

Als eine der wenigen schottischen Marken wurden New Gerrard-Motorräder ab 1922 von Jock Porter montiert. Dieser, ein erfolgreicher Isle-of-Man Rennfahrer, hatte einen eigenen Rahmen konstruiert und den Rest aus verschiedenen Quellen zugekauft. Der Motor stammte meist von Barney & Blackburne, die Einzylinder hatten entweder 350 oder 549 cm^3 Hubraum. Zwischen 1924 und 1927 erfolgte die Produktion in der Campion-Fabrik in Nottingham statt, kehrte aber 1928 in ein neues Werk in Edinburgh zurück. Das größte Angebot lieferte man 1926, es umfasste fünf Modelle, vier Jahre später war davon nur noch eines übrig. Diese Maschine, Typ Standard, hatte einen 346 cm^3 JAP-Einzylinder und eine Magdyno-Beleuchtung. Gebaut bis 1936, wurden Restbestände bis 1940 verkauft.

Siehe Henley

New Hudson Cycle Co Ltd
Parade Mills, 29-35 Summer Hill Street, Birmingham I
New Hudson Ltd
St George's Works, Icknield Street, Birmingham 18
Waverley Works, Birmingham 10

New Hudson aus Birmingham war eine lange Werksgeschichte beschieden. Als Fahrradhersteller 1903 gegrün-

Der Rennfahrer H. Berwick posiert auf dieser Aufnahme aus der Zeit vor dem Ersten Weltkrieg mit seiner New Hudson. Es könnte sich dabei um eine für Rennen umgebaute Einzylindermaschine mit 499 cm^3 handeln. Der ehemalige Fahrradherstelller New Hudson baute 1909 die ersten Motorräder und blieb bis 1933 im Geschäft.
Jim Boulton

det, kamen 1909 Motorräder hinzu, wobei die Motoren eingekauft oder eigens entwickelt wurden. Unter den Vorkriegsmodellen entpuppte sich ein 499 cm³ großer Einzylinder mit Dreiganggetriebe als Renner. Der Preis betrug 1911 55 Pfund und lag fünf Jahre später bei 65 Pfund. Es gab auch einen 771 cm³ großen Zweizylinder, der 1913 eingeführt wurde.

Wie bei vielen anderen Herstellern auch ruhte bei New Hudson während des Krieges die Produktion, er nahm diese aber 1919 in einer neuen Fabrik in der Icknield Street wieder auf. Mitte der 20er war die Modellpalette beeindruckend, 1926 standen stolze zwölf Typen zur Auswahl, die allesamt Namen wie Popular Sports, De Luxe Semi Sports, De Luxe Tourist, Super Sports oder Super Vitesse trugen. Den Antrieb besorgten hauseigene Motoren mit 346, 499 oder 600 cm³ Hubraum; die Preise rangierten zwischen den 44 Pfund für die Popular Sports bis zu den 72 Pfund, die für die Super Vitesse verlangt wurden.

So lief es bei New Hudson bis in die 30er weiter. Die Palette verringerte sich auf neun oder zehn Modelle, es blieb bei den eigenen Motoren, wenn auch mit veränderten Hubräumen (249, 346, 493, 496, 500 und 550 cm³). Eine neue Reihe erschien 1931, sie umfasste zehn Varianten der Bautypen Standard, De Luxe und Special. Sie hatten alle nach vorn geneigte Motoren, die, wie das Getriebe auch, gekapselt waren. Eine 493 cm³ Sports folgte 1932, doch 1933 scheinen sich die ersten Probleme ergeben zu haben. Jedenfalls standen nur zwei Modelle im Angebot: eine 346 cm³ für 45 Pfund und eine 493 cm³ für 50 Pfund. Im darauf folgenden Jahr wurde die Produktion eingestellt, die Firma produzierte für Girling Brems- und Federungskomponenten weiter. 1940 folgte mit dem neuen New Hudson Autocycle eine kurze Rückkehr zum Motorradbau. Als es 1946 endlich auf den Markt gebracht werden konnte, hieß der neue Besitzer BSA. Immer wieder modernisiert, wurde das Autocycle bis 1957 weitergebaut.

New Imperial Cycles Ltd
Lower Loveday Street, Birmingham 19
Princip Street, Birmingham 4
New Imperial Motors (1927) Ltd
Princip Street, Birmingham 4
New Imperial Motors (1927) Ltd
Spring Road, Hall Green, Birmingham 11

Ende des 19. Jahrhunderts gegründet, hatte New Imperial sich früh einen Namen als Fahrradhersteller gemacht. Ein gewisser N.T. Downs experimentierte in der Firma seit 1903 mit Motorrädern; das erste New Imperial Motorrad war 1911 fertig. Die drei Vorkriegsmodelle verfügten alle über den hauseigenen 292 cm³-Motor mit Dreiganggetriebe zu Preisen von zwischen 36 und 45 Pfund. New Imperial baute 1914 ein Autocycle, wenn auch nur kurze Zeit. Die Motorradproduktion ruhte zwischen 1916 und 1919.

Die Modellreihe konnte dank der Entwicklung eigener Motoren in den 20ern wiederbelebt werden. Es gab sie als Einzylinder mit 246, 300 und 346 cm³ Hubraum und als Zweizylinder mit 674 und 980 cm³. Diese Motoren trieben 1927 nicht weniger als 15 verschiedene Motorräder an, New Imperial-Solomaschinen wie auch Gespanne zwischen 38 und 85 Pfund. Ein wichtiges Verkaufsargument waren tatsächlich die Beiwagen, die für die meisten der Modelle lieferbar waren. Im Katalog befand sich zum Beispiel der »Model F Sport Sidecar for Motor Cycle 6« (aus Aluminium) mit Gepäckträger; das Boot kostete 15 Pfund.

Das Spitzenmodell im 1930er Programm von New Imperial war diese Model 7B. Es handelte sich um einen 499 cm³ großen Einzylinder für 49 Pfund. Gegen zwei Pfund Aufpreis erhielt der Kunde einen Motor mit höherer Verdichtung.
Jim Boulton

Norman zeigte 1959, im letzten Produktionsjahr, die B3 Sports (links) und die Roadster (rechts). Danach wurde der Hersteller von Raleigh Industries geschluckt. So endete nach 20 Jahren die Produktion von eleganten und raffinierten Kleinmotorrädern. *Jim Boulton*

Im Dezember 1927 wurde die Herstellung unter dem Namen New Imperial Motors (1927) Ltd neu strukturiert. Somit fand die Produktion in drei Fabrikanlagen in der Princip Street und in einer in der Hall Green statt. Im Januar 1929 zog der Hersteller in eine größere Fabrik in Birmingham ein. Diese wurde im August fertig und am 1. September 1929 in Betrieb genommen.

Die Modellreihe für 1932, im August 1931 vorgestellt, bedeutete eine kleine Revolution für New Imperial. Damals wurde eine Art von Einheitssystem für den Einbau von Motoren und Getrieben eingeführt, zusammen mit einer verbesserten Federung. Zunächst fand sich diese fortschrittliche Technik nur an den Modellen 16 und 32, hielt ab Baujahr 1933 auch bei anderen Einzug. Auch deren Namen wiesen darauf hin: Unit Minor und Unit Super; 1934 folgten dann Unit Major und Unit Plus. Daneben gab es immer noch Maschinen wie die (zumindest dem Namen nach) exotisch anmutende Blue Prince de Luxe, Semi Sport und Grand Prix (Speed Model), diese aber nach konventioneller Bauart.

Keine New Imperial kostete mehr als 60 Pfund, was eigentlich sehr konkurrenzfähig war. Dennoch schrumpfte in den 30ern die Modellpalette allmählich; die zunehmenden finanziellen Probleme führte dazu, dass die Marke 1939 an Jack Sangster verkauft wurde. Sangster versuchte, die Herstellung in sein Triumph-Werk in Coventry zu verlegen, doch der Krieg wusste das zu verhindern. Die letzten New

Imperial entstanden in den ersten Monaten des Jahres 1940.

New Ryder

New Ryder Motor Cycle Co Ltd
76 Belmont Row, Birmingham 4
41 Cape Hill, Smethwick, Birmingham 40
7-8 Broad Street, Birmingham 1

In Birmingham drängelten sich die Produzenten, die die Bezeichnung »New« im Firmennamen führten. So auch hier: Die New Ryder Motor Cycle Company war zwischen 1914 und 1916 aktiv und stellte Motorräder mit JAP-Motoren her. Ursprünglich in Belmont Row zu Hause, einem eher landwirtschaftlich geprägten Gebiet, etablierte sich die Firma dann in Smethwick, direkt neben der großen Brauerei von Mitchells & Butlers. New Ryder baute nur zwei Modelle, einen Einzylinder mit Direktantrieb und 269 cm³ Hubraum für 28 Pfund und einen weiteren Einzylinder mit Zweiganggetriebe und 292 cm³ Hubraum für 34 Pfund. Die Fabrikation wurde 1919 wieder aufgenommen, um 1922 ganz aufzuhören.

Newmount

Newmount Trading Co Ltd
5 Warwick Row, Coventry
Victoria Garage, All Saints Lane, Coventry

Das Wort Trading (Handel) im Firmennamen erzählt hier die volle Wahrheit: Bei der Newmount handelte es sich nämlich um eine Zündapp aus Nürnberg, die mit 198 oder 298 cm³ Einzylindermotoren vermarktet wurden. Die eigenen Tankembleme wurden in Coventry ab 1930 angebracht, im darauf folgenden Jahr kamen bei den drei Modellen Python-Motoren (349 und 499 cm³) zum Einsatz. Sie kosteten zwischen 60 Pfund und 88 Pfund. Nach 1931 taucht der Name Newmount nicht mehr auf.

Norman

Norman Cycles Ltd
Beaver Road, Ashford, Kent
Raleigh Industries Ltd
177 Lenton Boulevard, Nottingham

Als Fahrradhersteller in Ashford, heute eine wichtige Station des Kanaltunnels, wagte Norman 1939 den Versuch als Motorradkonstrukteur. Zwei Modelle standen zur Wahl, ein Autocycle genanntes Vehikel und ein Kleinkraftrad. Sie waren für 1940 entwickelt worden, konnten aber erst zwischen 1946 und 1948 gebaut werden, um danach von moderneren Konstruktionen ersetzt zu werden. Beide trugen Villiers-Motoren. Während der 50er stellte Norman verschiedene Kleinmotorräder mit Villers-Aggregaten, aber auch mit Importmotoren her. Acht Modelle standen noch 1959 zur Auswahl, im Jahr darauf wurde die Marke von Raleigh übernommen. Die neuen Eigner stellten bald danach die Produktion ein.

Norton

The Norton Manufacturing Co Ltd (bis 1913)
Bradford Street/Floodgate Street/Bracebridge Street, Birmingham
Norton Motors Ltd/Norton Motors (1926) Ltd (ab 1913)
Bracebridge Street, Birmingham/44-45Plumstead Road, London SE 18
Norton Villiers Ltd (ab 1966)
Norton Villiers Triumph Ltd/ NVT Ltd (ab 1973)
Lynn Lane, Shenstone, Staffordshire

Auch eine der berühmtesten britischen Marken, Norton, hat als Hersteller von Fahrradkomponenten begonnen. The Norton Manufacturing Co wurde 1896 von James Lansdowne Norton in der Bradford Street in Birmingham gegründet. Schon in seinen jungen Jahren von Technik fasziniert, experimentierte Norton sehr früh mit motorgetriebenen Fahrrädern und baute 1901 seine erste Maschine, bei der ein in Birmingham gebauter 1,5 PS Clément-Garrard-Motor für Vortrieb sorgte. Dieses Modell ging in Serie, wobei Motoren von Clément, Moto-Reve und Peugeot mit Riemenantrieb Verwendung fanden. Der eine Typ mit Peugeot V-Zweizylinder sollte 1907 Geschichte schreiben: Unter Rem Fowler gewann Norton die Zweizylinderklasse bei der allerersten TT auf der Isle of Man und legte damit den Grundstein zu späterem Ruhm.

Norton baute von 1922 bis 1966 Stoßstangen-Einzylinder. Bekanntester Typ war die ES2, die aus der Model 18 entwickelt worden war. Als nach dem Zweiten Weltkrieg eine Hinterradfederung als Verkaufsargument immer wichtiger werden sollte, gab es doch eine Kategorie Fahrer, die darauf gerne verzichteten: Trialfahrer. In der Szene kursierten zu dieser Zeit Theorien über die Zusammenhänge von Haftung auf losem Untergrund und der Feinfühligkeit, mit der die Kraftaufnahme zu erfolgen hatte, ein fein austariertes Spiel jedenfalls, das ein einfederndes Hinterrad nur stören könnte. Die meisten Trial-Spezialen verzichteten deshalb lange auf eine Hinterradfederung. Der stolze Besitzer dieser ES2 in Trialausführung ist Mike Jackson (3. v.l.), der sein Leben lang in der britischen Motorradindustrie gearbeitet hat und in den 90ern ein florierendes Geschäft mit Norton-Teilen betrieb.   5

Rechte Seite: Für 1938 revidierte Norton die Modellpalette gründlich. Nicht weniger als zehn technische und optische Innovationen listet dieser Prospekt auf. Dazu gehörten ein gekapselter Ventilmechanismus, eine glättere Gussoberfläche, wartungsfreundlicher gehaltene Ventile, neue Schalldämpfer, ein verbesserter Schaltmechanismus und (für einige Modelle) Hinterradfederung. Diese drei Modelle sind aus dem gleichen Prospekt.
Jim Boulton

Die immer umfangreicher werdende Produktion verlangte den Umzug in größere Lokalitäten, zuerst in die Floodgate Street und dann zur Sampson Road North, beide in Birmingham. Dann erst folgte der Umzug an die endgültige Adresse, Bracebridge Street, nördlich des Stadtzentrums. Schnelles Wachstum kann für Unternehmen zu vielen Problemen führen, so auch für Norton, das 1913 freiwillig Bankrott anmeldete. Gerettet von wohlwollenden

Model No. C.J

3.48 H.P. O.H.C.   Code Word : DERBY

Price - £71 . 10 : 0   or Deposit £17 : 17 : 6,
balance by gradual payments

Model No. C.S.1

4.90 H.P. O.H.C.   Code Word : CLENT

Price - £79 : 0 : 0   or Deposit £19 : 15 : 0,
balance by gradual payments

Model No. 40 International

3·48 H.P. O.H.C.   Code Word : TENBY

Price - £86 : 10 : 0   or Deposit £21 : 12 : 6,
balance by gradual payments

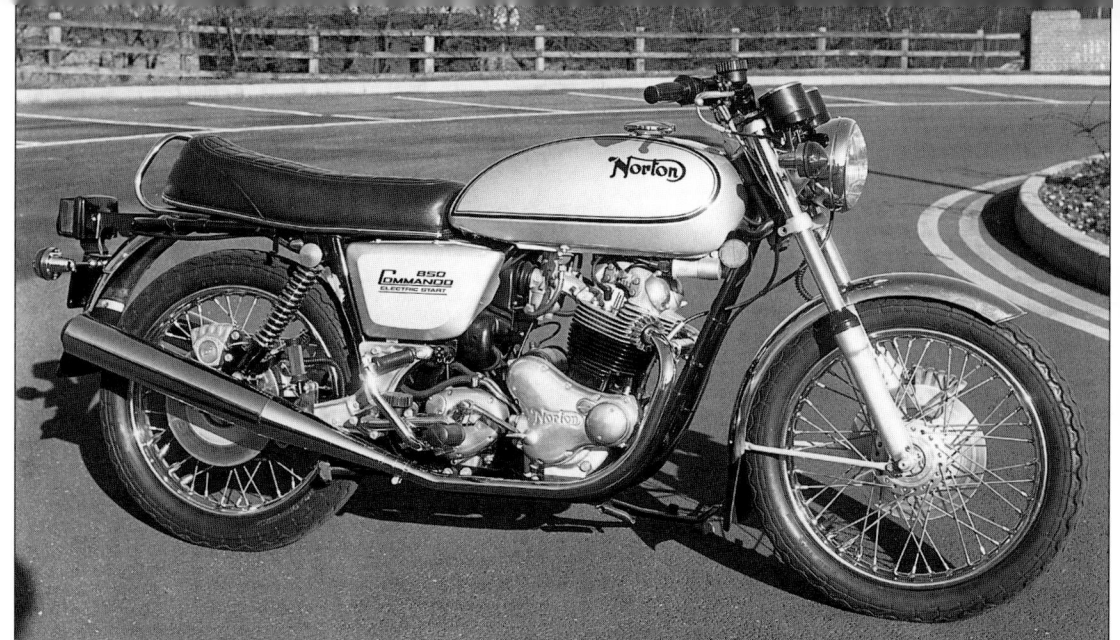

Die Produktion von Norton-Motorrädern lief 1975 in Shenstone wieder an. Die Mannschaft umfasste nur 20 Mann. Aus dem ersten Produktionsjahr der nunmehrigen NVT stammt diese 850 Norton Commando, deren größte Innovation ein elektrischer Anlasser darstellte.
Jim Davies

NVT/Norton engagierte sich 1988 auch im Rennsport. Hier wartet Trevor Nation mit seiner 500 Wankel auf den Start bei der Senior TT.
Jim Davies

Norton Manx: Im Herbst 1962 entstanden die letzten Produktionsrennmaschinen von Norton und AJS/Matchles. Später sollte der ehemalige Rennfahrer John Tickle einige Norton neu aufbauen, doch zur Saison 1963 sollten die letzten richtigen, vom Werk gebauten Maschinen zum Einsatz kommen. Diese letzten 30 M (offizielle Bezeichnung für die 500 Manx) waren mit 86 x 85,5 mm Bohrung und Hub nur leicht überquadratisch ausgelegt, lieferten aber 48 PS bei 7800/min. Dieses Exemplar hat einen der populären, etwas kleineren Zubehörtanks aus jener Zeit, verfügt vorn aber über die Trommelbremse einer Moto Guzzi.

Norton Twins: Die Kombination aus Federbettrahmen und zweizylindrige Stoßstangenmotor bescherte Norton tolle Maschinen mit zunächst 500 cm³ Hubraum. Ihnen folgten Varianten mit 600 cm³. Schließlich folgte die 650 SS, die letztendlich zur 750 Atlas führte. Als die beiden zuerst und parallel angebotenen Modelle 88 (mit 500 cm³) und 99 (mit 600 cm³) noch aktuell waren, hatte Triumph auch teilverkleidete Maschinen im Angebot, die irgendwie an Roller erinnerten: »Bathtubs«, Badewannen, spotteten die Traditionalisten, was Norton nicht daran hinderte, 1962 mit der 250 Jubilee die gleiche Richtung einzuschlagen. Ähnliche Typen erschienen auch mit den größeren Zweizylinder-Triebwerken. Als besonders gelungen galten sie allerdings nicht.

Kreditgebern, konnte die Marke unter Norton Motors Ltd. neu entstehen und gelangte unter Führung von William (»Bill«) Mansell zu neuer Stärke.

Eines der bekanntesten Modelle dieser Zeit war die Big Four, ein 4 PS starker Langhuber, der 1907 vorgestellt wurde. Besonders die Streitkräfte waren von dieser Maschine angetan, und im Ersten Weltkrieg verkaufte Norton dieses Motorrad vor allem an die russische Armee. Die übrigen Vorkriegstypen basierten auf zwei Einzylindermotoren mit 633 und 490 cm³ Hubraum. Die Preise bewegten sich zwischen 50 und 68 Pfund.

Die zivile Produktion wurde 1919 wieder aufgenommen, jetzt erstmals mit Ketten- statt Riemenantrieb. Etwa

aus jener Zeit stammt auch der Werbeslogan, den Norton all die Jahre verwenden sollte. Ein zufriedener Kunde hatte in einem Brief an den Hersteller die Qualitäten seines Motorrades in höchsten Tönen gelobt und meinte, kein anderes Motorrad käme überhaupt auch nur in deren Nähe: »The Unapproachable Norton«, die unerreichbare Norton.

In den 20ern konnte Norton seinen Ruf als Hersteller von zuverlässigen und qualitativ hochwertigen Motorrädern nachdrücklich unter Beweis stellen. Zahlreiche Rennerfolge, zusammen mit intensiven Testprogrammen, unterstützten diese PR-Arbeit. Für positive Schlagzeilen sorgte auch der Gewinn der Maudes Trophy. Bei dieser von der Motorsportbehörde Auto Cycle Union (ACU) ausgeschriebenen

Oben: In den 50ern setzte Norton nach und nach auch für die Straßenmodelle den Federbett-Rahmen ein. Eins der populärsten Modelle im Angebot war diese 88 Dominator von 1957, ein 500er Zweizylinder, der auch einen größeren Bruder hatte, die 99 mit 600 Kubik Hubraum.

Unten: Norton Commando Production Racer: Mehrere Erfolge beim traditionsreichen 500-Meilen-Rennen von Thruxton führten 1971 zum Bau dieser Sportmaschine, die eigens für Sportmaschinenrennen gebaut und gelb lackiert worden war. Nach dem Umzug von NVT nach Shenstone verschwand das Modell 1975 aus dem Programm.

Norton Commando S: Der Hersteller machte viel Aufhebens um die Isolastic-Motoraufhängung der Commando. Bei dieser Anordnung, bei der Motor und Antrieb zusammen mit Schwinge und Hinterrad eine Einheit bildeten, »isolierten« Gummikissen diesen gegenüber dem Rahmen. 1968 eingeführt, erschien schon 1969 die hier abgebildete »S«, die offensichtlich für den US-Export bestimmt war.

Veranstaltung ging es darum, einen möglichst hohen Fertigungsstandard, gleichbeibende Fertigungstoleranzen und die Maßhaltigkeit einzelner Komponenten nachzuweisen, was im Zeitalter, in dem Handarbeit noch eher die Regel war, schon ein Thema war. Die ACU-Jury und eine Delegation besuchten 1923 das Werk. Ein Motorrad wurde aus wahllos ausgesuchten Komponenten montiert und dann zwölf Stunden lang gefahren. In der Zeit schaffte Norton nicht weniger als 18 Weltrekorde. Norton gewann die Trophy, mit der sich prima werben ließ, auch in den folgenden drei Jahren, 1924, 1925 und 1926.

Firmengründer »Pa« Norton starb 1925, was sich auf das Unternehmen aber zunächst nicht weiter auswirkte: Die Geschicke von Norton lag in Händen fähiger Manager und Techniker. Im Modellangebot fand sich für jeden etwas, für »Speed, gewöhnliche Touren, Solofahren oder Gesellschaftsfahrten mit Gespann«, so der Katalog von 1930. Zehn Typen sind darin aufgelistet, allesamt Einzylinder in den Hubraumgrößen 348, 490, 588 und 633 cm³. Billigstes Modell war die 16H für 49 Pfund, teuerstes Stück war das Model 22 Two-Port zu 73 Pfund.

Nortons Rennerfolge waren fantastisch, ein Sieg folgte dem anderen, zu Hause und auf dem Kontinent. In den 30ern kam es noch besser. Nur an zwei Jahren, 1931 und 1938, gingen die Siege in beiden Rennklassen auf der Isle of Man nicht an Norton. Die restliche Zeit des Jahrzehnts stand Norton als unangefochtener Sieger auf dem Treppchen. Technisch standen die 30er für eine Periode der Innovationen. Ein schlanker, tief liegender Rahmen mit kürzerem Radstand wurde 1938 eingeführt, zusammen mit einer neuen Gabel. Zunächst mit ungedämpften Federn, verfügte diese schon 1939 über eine hydraulische Dämpfung. Die meisten technischen Neuheiten kamen zum Modelljahr 1938. Nicht weniger als zehn wichtige Änderungen listet

der Werkskatalog penibel auf: Ein gekapselter Ventiltrieb, geglättete Kurbelgehäuse, einfachere Ventileinstellung, neuer Schalldämpfer, verbesserte Fußschaltung und, gegen Aufpreis, ein vollständig gefederter Rahmen für einige Modelle.

Im Zweiten Weltkrieg beschäftigte Norton sich wieder mit der Herstellung von Motorrädern und Gespannen für die Streitkräfte. Die zivile Produktion lief nach dem Krieg ununterbrochen weiter, doch die Rennanstrengungen konzentrierten sich jetzt auf die USA. Schon 1941 hatte die Marke in den 100- und 200-Meilen Rennen in Daytona teilgenommen und gesiegt. Bis 1953 sollten weitere sechs Siege in diesem Rennen folgen. Auch der technische Fortschritt stand nicht still: 1949 erschien der erste Zweizylinder und die Entwicklung eines neuen Doppelschleifenrahmens, dessen komfortablen Fahreigenschaften ihm zum Spitznamen »Featherbed«, Federbett, verhalfen. Dieser Rennrahmen wurde für die Straßenmodelle ab 1953 verwendet.

Norton sah sich in erster Linie als Hersteller von großen Motorrädern und reagierte ziemlich spät erst auf die Nachfrage nach kleineren Modellen. Die erste kleine Norton erschien erst 1958, eine 250er. Der Schritt in kleinere Hubraumklassen wurde 1956 nach der Übernahme durch AMC eingeleitet. Das schien zunächst nur wenig Einfluss auf Norton zu haben. Vorläufig blieb in der Bracebridge Street alles beim alten, die Modelle 1957 und 1958 waren noch echte Norton-Konstruktionen. Das Programm war etwas kleiner als zuvor und umfasste sechs Typen, von der 348 cm³ Einzylinder Model 50 für 189 Pfund bis hin zur Rennmaschine Manx 30/40M, die mit 499er oder 348er Dohc-Einzylindermotor auf 398 Pfund kam.

Erstes Opfer des AMC-Missmanagements der frühen 60er war das Norton-Stammwerk, das geschlossen wurde.

AMC verlegte die Produktion 1962 nach Woolwich. Nach dem endgültigen Kollaps 1966 gingen die Reste an die Manganese Bronze Holdings, darunter auch die Rechte am Namen Norton. Daraus entstand Norton-Villiers (später kam noch BSA dazu). Gleichsam letzter Akt des Dramas war die Gründung einer »neuen« Gesellschaft am 17. Juli 1973, die Norton-Villiers-Triumph Ltd hieß.

Die Norton-Produktion wurde 1975 in Staffordshire wieder aufgenommen. Die Belegschaft dieser NVT-Ägide bestand aus 20 Mann. Neben einem florierenden Ersatzteil-Handel beschäftigte sich NVT mit dem Verkauf der Triumph-Motorräder, die das Gewerkschaftskollektiv in Coventry gebaut hatte. Motorräder unter Norton-Label entstanden zwischendurch immer wieder einmal, so etwa auch die Wankel-Norton, die es auf einige Exemplare auch im Polizeidienst brachte. Die letzten »echten« Norton wurden 1993 gebaut. Viele Versuche, die Marke wieder zu beleben wurden gemacht, doch außer dem Namen erinnert nichts mehr an alte Traditionen. Ende der 90er Jahre befanden sich die Namensrechte im Besitz eines Deutschen, der den Bau einer auf 100 Exemplare limitierten Auflage eines Modells plante.

Bekannt für ihre exzellenten V-Twin-Motoren, stellte NUT nach dem Ersten Weltkrieg auch Einzylinder-Maschinen mit eigenen Motoren her. Beinschilder und Kettenschutz waren bei weitem nicht die Regel zu dieser Zeit.
VMCC

The N.U.T. Engine & Cycle Co Ltd
N.U.T. Works, Station Road, Walker, Newcastle upon Tyne

Diese merkwürdige Kombination aus den Initialien (der Markenname lautet in der Übersetzung »Nuss«) setzte sich aus den Anfangsbuchstaben ihres Geburtsorts zusammen, Newcastle upon Tyne. Gegründet 1911, stellte die Firma eine Reihe von JAP-motorisierten Zweizylindern her. 1915 bestand das Programm aus acht Typen, es reichte von einem 348 cm^3 großen Einzylinder mit Direktantrieb für 56 Pfund bis zu einem 976 cm^3 großen Zweizylinder mit Dreiganggetriebe und kombiniertem Ketten- und Riemenantrieb für 82 Pfund.

Nach dem Ersten Weltkrieg lief die Produktion wieder an. Die Ein- und Zweizylinder-Motoren stammten jetzt aus eigener Herstellung, nur 1928 fand bei einigen Modellen der 172 cmΔ große Villiers-Motor Verwendung. Die NUT-Einzylinder hatten einen Hubraum von 248, 346 und 350 cm^3, die Zweizylinder 500, 692, 700, 746 und 750 cm^3. In den Modelljahren 1927 und 1928 wurden Namen verwendet (Standard, Dynamo, Sports, Super Sports, Pillion und Overseas); Beiwagen passten an alle Muster und kosteten zwischen 18 und 22 Pfund Aufpreis. Für 1933 wurden sieben Modelle angekündigt, aber nur vier tatsächlich gebaut. Nach 22 Jahren gehörte die Marke NUT der Vergangenheit an.

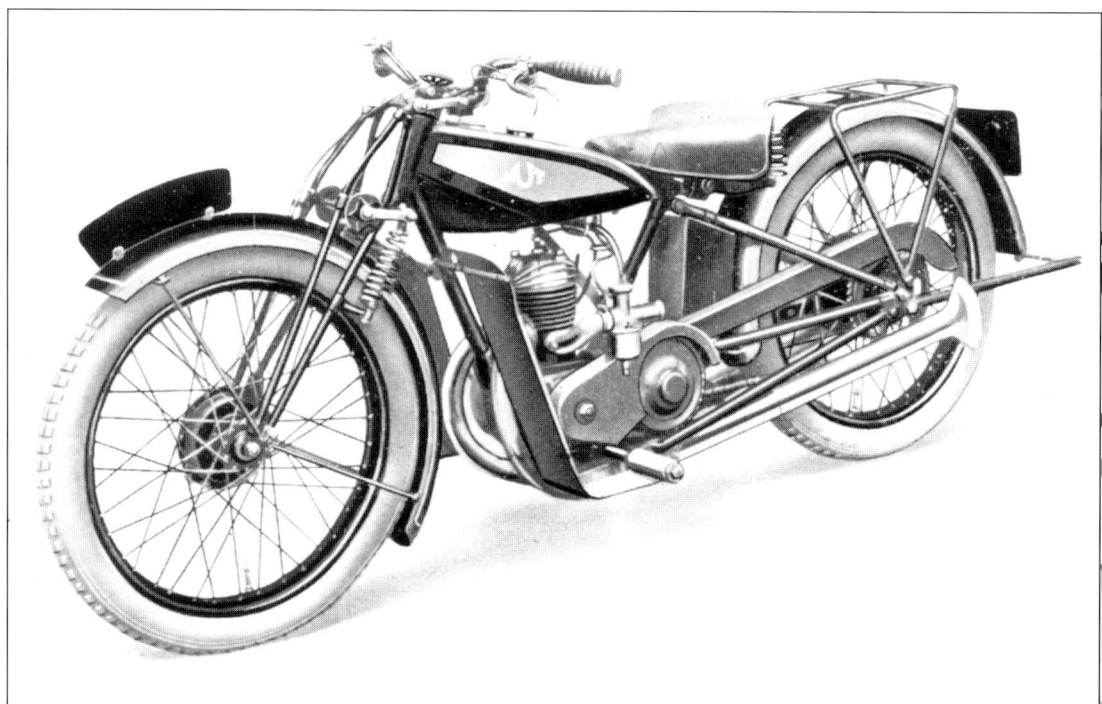

Osborn Engineering Co Ltd
Atlanta Works, Lees lane, Gosport, Hampshire
OEC Ltd
Atlanta Works, 5-7 Highbury Street, Portsmouth,
Hampshire
Atlanta Works, Stamshaw Road,
Portsmouth, Hampshire

John Osborn und Fred Wood gründeten kurz nach dem Ersten Weltkrieg die Firma Osborn Engineering. Die ersten Motorräder dürften etwa 1921 gebaut worden sein, sie hatten Motoren von Blackburne oder JAP. Diese ersten Maschinen waren konventionell aufgebaut, doch nach dem Umzug nach Portsmouth sollten die OEC-Typen für innovative Konstruktionslösungen bekannt werden.

Dazu gehörte 1924 ein Rahmen mit zwei gerade stehenden, vorderen Rahmenrohren. 1926 konnten die Käufer ihre Maschinen mit Hinterradfederung ordern; 1927 folgte eine Duplex-Lenkung: Über Gelenke war das Vorderrad mit einem Rohr verbunden. Ein zweites Rohr sorgte für die Lenkung. Beide Rohre waren miteinander und auch mit dem Rahmen verbunden. Das hört sich zwar kompliziert an, funktionierte aber ganz gut, war fahrstabil und richtete automatisch das Vorderrad geradeaus. Es war, etwas vereinfacht ausgedrückt, ein Vorgänger späterer Achsschenkellenkungen, wobei Federung- und Bremsfunktionen voneinander getrennt waren.

Die OEC-Palette umfasste 1927 zwölf Typen: Sieben Einzylinder und fünf Zweizylinder, getrieben von entweder Aza, Blackburne oder JAP. Das billigste Modell hatte einen 350er JAP-Einzylinder und kostete 54 Pfund, das teuerste einen 1000er JAP V-Zweizylinder und kostete 140 Pfund. Gegen Aufpreis war, nach wie vor, eine Hinterradfederung erhältlich. In den späten 20ern und frühen 30ern verstärkte der Hersteller seine Werbeanstrengungen und versuchte, die Vorteile der etwas ungewöhnlichen Technik zu erklären. Die Vielfalt der verwendeten Motoren wuchs, zum Einsatz kamen Aggregate von Blackburne, JAP, Sturmey-Archer und Villiers. Gelegentlich wurden ab 1928 auch hauseigene Motoren eingesetzt, ein 500er Einzylinder und ein 998er V-Zweizylinder.

Die skurrilste OEC-Konstruktion war wohl die Whitwood Monocar, ein voll gekapseltes Motorrad mit zwei hintereinander liegenden Sitzen und zwei Stützrädern, die beim Stillstand ausgeschwenkt werden konnten. Dieses Modell wurde zwischen 1934 und 1936 in der neuen Fabrik in Portsmouth gebaut. Nach Kriegsausbruch wurde die Produktion 1940 eingestellt, sie lief erst 1949 wieder an, dann aber in einer zweiten Fabrik in Portsmouth. Gebaut wurden jetzt vor allem Geländemaschinen und eine Speedway-Maschine mit 500er JAP-Motor. Es gab auch ein leichtes Straßenmotorrad im Angebot. Leider konnte die Marke, trotz moderner Technik wie etwa dem Doppelkettenantrieb, nicht an die Vorkriegserfolge anknüpfen. Der Versuch, mit Stahlrohrmöbeln neue Geschäftsfelder zu erschließen, scheiterte. Ende 1954 schlossen sich die Werkstore.

In den 20ern waren dort auch unter den Namen OEC Atlanta, OEC Blackburne und OEC Temple Motorräder entstanden. Die ersten beiden Marken wurden 1926 wieder eingestellt. Die Blackburne basierte auf alten Konstruktionen von Burney & Blackburne, die kurz zuvor ausgelaufen waren. OEC Temple hielt sich bis 1928 und bot unter anderem einen 1000er Zweizylinder für 119 Pfund an. Dieses Motorrad bildete auch die Basis für eine Rekordmaschine, mit der OEC den damaligen Weltrekord für Motorräder aufstellte. Und dieser lag (wohlgemerkt im Jahre 1930), bei 242,5 km/h!

Humphries & Dawes Ltd
Hall Green Works, Birmingham 28
O.K. Supreme Motors Ltd
Bromley Street, Bordesley, Birmingham 9
Warwick Road, Greet, Birmingham 11

Humphries & Dawes gehörten zu den ersten Herstellern, die in Birmingham bauten: Ihre ersten Motorräder entstanden schon 1899. Bis etwa 1910 hießen sie schlicht und einfach OK, danach OK Junior. 1914 bestand das Angebot aus drei Modellen mit Motoren aus eigener Herstellung: ein 269 cm^3 mit Direktantrieb für 27 Pfund, eines mit 190 cm^3, Zweiganggetriebe und kombiniertem Ketten- und Riemenantrieb für 36 Pfund und schließlich ein ähnlicher Typ, aber mit 292 cm^3 großem Motor für 38 Pfund. Alle sind bis 1916 gebaut worden.

Etwa 1919 meldete sich die Marke OK zurück, wechselte kurz darauf den Namen in OK Supreme Motors und taufte auch die Motorräder entsprechend um. Gleichzeitig zog der Hersteller in eine neue Fabrik. Die Motoren stammten wieder aus eigener Produktion, ergänzt um solche von Blackburne und JAP. Ab 1927 sind ausschließlich Motoren von JAP verwendet worden. Zwischen sechs und zehn Modelle standen jedes Jahr im Angebot, und ab 1934 hatten sie sogar vernünftige Namen: Britannia, Flying Cloud, Hood und Phantom. Bis Kriegsausbruch wurde noch in einer neuen Fabrik in der Warwick Road in Greet, Birmingham, produziert; die für 1940 geplante neue Typenreihe kam wohl nicht mehr auf den Markt. Im Krieg stellte man Rüstungsgüter her und wechselte danach auf die Produktion von Motorradzubehör.

Frank H. Parkyn/Olympic Cycle & Motor Co Ltd
Granville Street, Wolverhampton

Frank Parkyn gehörte zu den etablierten Fahrradherstellern in Wolverhampton und hatte seit den frühen 1880ern Fahrräder gebaut. In den 1896 bezogenen größeren Räumen beschäftigte sich Parkyn dann mit dem Motorradbau und dürfte kurz nach der Jahrhundertwende die Serienfertigung seiner Olympic Motorräder eingeleitet haben. Für Vortrieb

Als Frank Parkyn nach dem Ersten Weltkrieg seine Marke Olympic wieder ins Leben rief, setzte er zunächst Motoren von Blackburne, JAP oder Villiers ein. Dieser Typ, im November 1921 für 1922 vorgestellt, hatte einen 261,5 cm³ großen Zweitaktmotor mit 2,75 PS. Hier gut zu sehen ist die Form des Rahmens, die ganz typisch für die Marke war. Obwohl die Olympic-Maschinen ausgezeichnet verarbeitet waren, entstand die letzte schon 1923.
Jim Boulton

Dieses Foto der Omega Motor Cycle Company, aufgenommen während der Stanley Show von 1909, belegt, wie innovativ dieser Hersteller war. Bei dem hier gezeigten 1,5 PS-Modell wurde die Tretkurbel durch die Kurbelwelle des Motors angetrieben. Stolz posieren die Schöpfer, R. S. Roberts und S. Dorsett, neben ihrer Maschine. Leider sollten zwischen 1909 und 1910 nur wenige der gut konstruierten Motorräder entstehen.
Jim Boulton

sorgten MMC-Motoren aus Coventry, es sind aber wohl nur wenige entstanden. Die Marke lebte 1919 mit einem 268 cm³ großen Modell, das einen Verus-Motor und Zweiganggetriebe trug, wieder auf. Die Produktion schleppte sich bis 1923 hin, mit Motoren von Blackburne, JAP und Villiers.

OMC

Siehe SOS

Omega (1)

Omega Motor Cycle Co
St James's Square, Wolverhampton

Die erste Omega hätte vielleicht die Geschichte des Motorrads verändert – wenn sie denn nur von den Käufern akzeptiert worden wäre. Konstruiert für diejenigen, die Angst vor Motorrädern hatten, war die Omega ein motorisiertes Fahrrad mit einem tief unten liegenden, 1,5 PS starken Motor. Die Tretpedale waren mit der Kurbelwelle des Motors verbunden und erlaubten dem Fahrer eine aufrechte Sitzposition. Die Herren Dorsett und Roberts hatten diese Idee ausgetüftelt, konnten aber in den Jahren 1909 und 1910 nur wenige von ihrer Idee überzeugen. Dorsett stand für das »D« in DF&M, Hersteller des Diamond Fahrrads. Später – 1913 – baute er die Orbit.

Omega (2)

W.J. Green Ltd
Hill Street, Coventry 1
Croft Road, Coventry 1
Omega Works, Swan Lane, Coventry 2

Auch W.J. Green wählte den Namen Omega für seine Motorräder. Green war ein Motorhersteller, der etwa 1914 auch Motorräder ins Programm holte. Nur zwei Modelle standen zur Auswahl, eines mit Greens eigenem 336 cm³-Zweigang-Einzylinder und 3 PS Leistung und ein ähnliches mit 2,5 PS JAP-Motor. Beide kosteten 39 Pfund. Während des Krieges nahm Green staatliche Aufträge an und fing um 1920 wieder mit dem Motorräderbau an.

Für die Nachkriegsmodelle wurden Green- und JAP-Motoren von 170 bis 490 cm³ Hubraum verwendet. Ab 1926 baute Green außerdem ein Dreirad mit 980er JAP-V-Zweizylinder. Leider war das ein zu kostspieliges Unterfangen für die kleine Firma, der Bankrott 1927 war wohl unvermeidlich. In dem Jahr war auch der erste Zweizylinder vorgestellt worden, die Model 7 mit 680er JAP-Motor. Die Restbestände sind komplett von Holland's in Hearsall Lane Corner in Coventry aufgekauft worden.

Orbit

S. Dorsett
Sedgley Street, Wolverhampton

Das dritte Unternehmen von S. Dorsett, dem Hersteller des Diamond-Fahrrads, war die Orbit, die von einem eigenen 250 cm³ großen Zweitaktmotor getrieben wurde. Sie kostete 50 Pfund und erschien 1913. Die Stückzahlen waren bis 1919 nicht gerade groß. 1923 wurde die Orbit von einem 350er Bradshaw-Motor getrieben; der Preis war auf

Schon 1929 wiesen die Panther-Modelle die typischen Merkmale der Marke auf. Dazu gehörte der als tragendes Element gehaltene Motor. Auf Rahmen-Unterzüge wurde verzichtet. Der Käufer konnte zwischen Motoren mit 500 oder 600 cm³ wählen, beide hatten vier durchgehende Stahlstäbe, die für zusätzliche Steifigkeit sorgten.
Jim Boulton

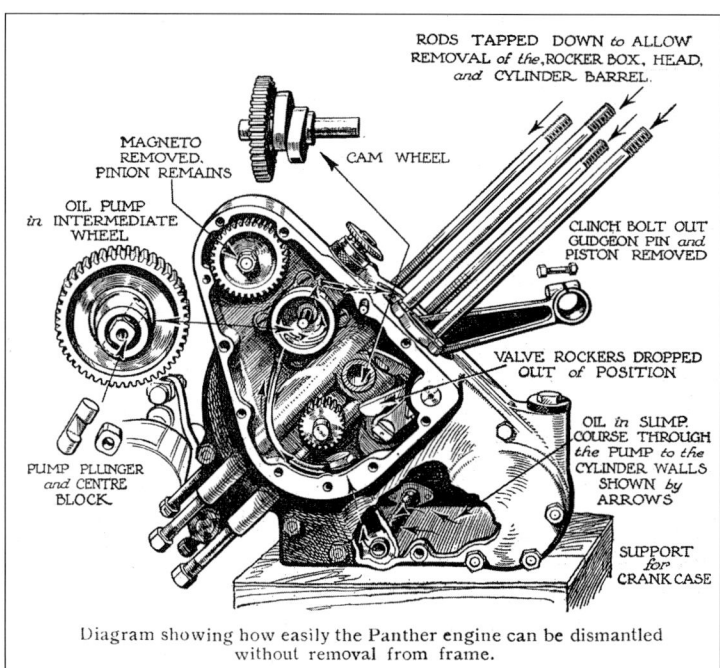

RODS TAPPED DOWN *to* ALLOW REMOVAL *of the* ROCKER BOX, HEAD, *and* CYLINDER BARREL.

MAGNETO REMOVED. PINION REMAINS

CAM WHEEL

OIL PUMP *in* INTERMEDIATE WHEEL

CLINCH BOLT OUT GUDGEON PIN *and* PISTON REMOVED

VALVE ROCKERS DROPPED OUT *of* POSITION

OIL *in* SUMP. COURSE THROUGH *the* PUMP *to the* CYLINDER WALLS SHOWN *by* ARROWS

PUMP PLUNGER *and* CENTRE BLOCK

SUPPORT *for* CRANK CASE

Diagram showing how easily the Panther engine can be dismantled without removal from frame.

Diese Illustration zeigt, wie Ende der 20er ein Panther-Motor zerlegt werden konnte, ohne dass man ihn aus dem Rahmen nehmen musste.
Jim Boulton

60 Pfund gestiegen. Im Folgejahr entstanden nur wenige Exemplare eines Nachfolgemodells, bevor die Produktion eingestellt wurde. (Siehe Omega 1)

P & M; Panther

J. C. Phelon/Phelon & Moore Ltd
Horncastle Street Works, Cleckheaton, Yorkshire
Albany House, 324 Regent Street, London W 1

Jonah Carver Phelon gehörte zu den Motorrad-Pionieren, der nach Experimenten in den 1890ern sein erstes Motorrad 1900 fertig hatte. Wie bei vielen seiner Kollegen verwendete auch er einen Fahrradrahmen als Basis, versah ihn aber nicht nur mit einem Motor, sondern konstruierte ihn zuerst um. Das machte er zusammen mit Harry Rayner. Die beiden entfernten das vordere Rahmenrohr und setzten dort den Motor hin. Noch eine Neuigkeit: Kettenantrieb. In dieser Zeit war der Riemenantrieb fast obligatorisch.

Das das nötige Kapital für eine größere Produktion fehlte, bot Phelon der Firma Humber die Herstellungsrechte an. Humber baute dann das Motorrad 1902 und 1903 in Lizenz. Richard Moore war aber von den Vorteilen von Phelons Konstruktion überzeugt und überredete Phelon, den Vertrag mit Humber zu lösen. Im Mai 1904 firmierten die beiden unter dem Namen Phelon & Moore.

Unter P&M-Regie bekamen die Motorräder jetzt ein Zweiganggetriebe, ansonsten beließ man es bei der ursprünglichen Konstruktion von Phelon und Rayner. Die Bauqualität war sehr gut; bei Zuverlässigkeitsfahrten errangen die Maschinen viele Erfolge. Basismodell war ein

3,5 PS starker Einzylinder mit 499 cm³ Hubraum, 1914 für 65 Pfund zu haben. 1915 kam ein 6 PS-V-Zweizylinder mit 771 cm³ und Vierganggetriebe dazu und kostete 81 Pfund.

Die Produktion konnte im Ersten Weltkrieg weiterlaufen, da P&M von der neu gegründeten Royal Flying Corps als Kradmeldermaschinen benutzt wurden. Die zivile Fertigung lief 1919 mit unveränderten Vorkriegsmodellen wieder an. Mit geringen Änderungen versehen, liefen diese Konstruktionen bis 1926 weiter. Dann wurde die gesamte Produktpalette grundlegend revidiert. Es kam zur Einführung von Satteltanks, aber auch eines neuen Produktnamens: Panther. Technisch bedeutsamer waren die Änderungen an Rahmen und Motor, die dazu führten, dass letzterer jetzt im Rahmen zerlegt werden konnte.

Im darauf folgenden Jahr erschien ein neues Modell mit 246 cm³ V-Zweizylinder-Motor und Vierganggetriebe, konstruiert von Granville Bradshaw. Das Zentralrohr des Rahmens bestand aus Gussstahl und führte vom Lenkkopf bis zur Sitzbank. Der Motor ruhte auf zwei an den Rahmen verschraubten Unterzügen. Die neue Panthette sollte eine Spitze von fast 100 km/h erreichen, und das bei einem Verbrauch von weniger als vier Liter. Für Gespannbetrieb wurde 1928 eine 600er vorgestellt. Deren Motor war aber nicht vielversprechend, ihn ersetzte 1929 ein Villiers-Triebwerk. In jenem Jahr bestand das Angebot aus sechs Modellen, das billigste davon kostete 24 Pfund und hatte einen 147er Villiers.

Wie viele andere britische Motorradhersteller hatte auch P&M in den 30ern Schwierigkeiten. Ein Abkommen mit dem großen Londoner Händler Pride & Clarke brachte die Rettung. Der hauseigene Konstrukteur Frank Leach zeichnete 1932 eine leichte, 249 cm³ große Maschine, die

Pride & Clarke für 29 Pfund verkaufte. Der Modellname Red Panther rührte von der roten Lackierung her. Der niedrige Preis resultierte aus der Verwendung billiger Komponenten und einfacher Ausführung. Etwa 3000 Red Panther jährlich fanden ihren Weg zum Kunden, was fast dreimal soviel war wie das, was die Fabrik in Cleckheaton sonst noch baute.

Im Zweiten Weltkrieg stellte Panther Flugzeugkomponenten her, hatte aber nach 1945 Probleme mit der Umstellung auf die zivile Motorradproduktion. Richard Moore zog sich 1947 zurück, andere Veränderungen im Management folgten. Ein positiver Nebeneffekt dieser Veränderungen bestand in der Einführung moderner Produktionsmethoden; die antiquierten Maschinen und Werkzeuge wurden ausgetauscht. Weniger erfolgreich war die Einführung von elektrischen, riemengetriebenen Maschinen. Das bisherige System mochte vielleicht alt gewesen sein, hatte aber immerhin funktioniert. Den neuen Maschinen, so behaupteten aber viele Mitarbeiter, mangele es an Präzision. Und überhaupt kämen sie mit dem neuen Maschinenpark nicht zurecht.

Es war wohl nicht die richtige Zeit, um neue Typen einzuführen, aber P&M versuchte unverdrossen den Einstieg ins Roller-Geschäft, mit dem die zehn Maschinen mit Villiers Ein- und Zweizylinder-Zweitaktern ergänz werden sollten. Die Motorräder kosteten zwischen 150 und 258 Pfund. Der Princess-Roller kam 1959 auf den Markt und hatte einen 175er Villiers mit Dreiganggetriebe. Allerdings war zu dem Zeitpunkt die Roller-Welle abgeebbt und der Markt übersättigt. Teile für etwa 1000 Stück wurden produziert, aber nur etwa 250 Roller wurden montiert und (wahrscheinlich) auch verkauft. Nur gut, dass andere Typen populärer waren – etwa der 650 cm³ große Einzylinder, der vor allem als Gespannmaschine reüssierte.

Die frühen 60er begannen für P&M nicht gerade rosig. Und es sollte noch schlimmer kommen. Die Verkaufszahlen sanken 1961 rapide ab, und trotz einer leichten Verbesserung übernahm im Oktober 1962 ein Konkursverwalter das Kommando. Anstatt das Werk sofort zu schließen, wurde beschlossen, aus Lagerbeständen so viele Motorräder wie möglich zusammenzubauen, ein schleppendes Geschäft, das sich bis 1967 hinzog. Sogar eine neue Modellreihe sollte erscheinen, doch Villiers fiel als Motorhersteller aus und auch der Kauf anderer Komponenten bereitete

Phoenix stellte 1905 neun Modelle mit Motorleistungen von 2 bis 3,5 PS vor. Als Übersetzungsalternativen standen Riemen- oder Kettenantrieb mit wahlweise Direktantrieb oder Zweiganggetriebe zur Verfügung. Die Motoren lieferte der belgische Hersteller Minerva, wie auf dem Kurbelgehäuse deutlich zu sehen ist. Phoenix blieb kaum fünf Jahre im Geschäft.
/MCC

Schwierigkeiten: Panther war am Ende. Ersatzteile waren ab Werk noch bis 1977 erhältlich.

P&P

Packman & Poppe Ltd
Moor Street, Coventry 5
37 Ford Street, Coventry 1
P&P Motorcycle Co Ltd
Orleans Road, Twickenham, London
Wooler & Gittins/P&P Motorcycle Co Ltd/Almack
Engineering Co Ltd
Chatsworth Avenue, Wembley, London

Eine der unbekanntesten Marken aus Coventry war P&P. Die Initialen standen für Packmann & Poppe, die Motorräder selbst wurden ab 1922 im Werk von Montgomery Motors, ebenfalls Coventry, gebaut. Nach dem verheerenden Feuer dort musste P&P 1925 sich einen neuen Hersteller suchen, und die Produktion wurde zunächst nach Twickenham und anschließend in die Chatsworth Avenue in Wembley, London, verlegt. Hier wurden fünf Typen mit verschiedenen Komponenten und Motoren von Blackburne, JAP und M.A.G. gebaut. Bei diesen Motoren handelte es sich um Einzylinder mit Hubräumen von 350 und 500 cm³. Zweizylindermodelle mit JAP 680- und 976 cm³-Motoren kamen 1928 dazu, zu Preisen von 78 bzw. 115 Pfund. Zwei weitere Baujahre folgten, aber 1930 war das vier Einzylinder umfassende, letzte Produktionsjahr von P&P.

Phillips

Phillips Cycles Ltd
Smethwick, Birmingham

Teil der Raleigh Group und berühmt für seine Fahrräder, präsentierte Phillips auf der 1954er Motorcycle Show ein

motorisiertes Fahrrad, »für maximales Vergnügen zu minimalen Kosten«. Für nur 49 Pfund handelte es sich um ein Fahrrad mit einem fest installierten 49 cm³ Zweitakter als Hilfsmotor. Weitere, mehr mofaähnliche Konstruktionen folgten, darunter das Panda von 1959 für 55 Pfund. Verschiedene Versionen entstanden bis 1964, dann entschied Raleigh, die Sache zu beenden.

Phillips, Teil der Raleigh-Gruppe, hatte im Programm von 1954 dieses motorisierte Fahrrad, und Fahrräder galten sowieso als Spezialität der Marke. Für Vortrieb sorgte ein 49 cm³ großer Zweitaktmotor mit getrenntem Kettenantrieb für Tretkurbel und Motor.
Jim Boulton

Phoenix (I)

**Phoenix Motors Ltd
Blundell Street, Caledonian Road, Islington, London N7**

Pheonix Motors wurde im Mai 1903 von Joseph Van Hooydonk für die Herstellung von Motoren gegründet. Hooydonk unterhielt enge Kontakte zum belgischen Motorenlieferanten Minerva, und diese dürften wenigstens zum Teil die Basis für Phoenix' Motoren gebildet haben. Das Werk befand sich in London, dort wurden schon sehr

früh auch komplette Motorräder und Dreiräder (Phoenix Trimo) gebaut.

Schon 1905 gab es neun Modelle mit Motoren von 2 bis 3,5 PS Leistung, Ketten- oder Riemenantrieb und Direktantrieb oder Zweiganggetriebe. Die Werbung der damaligen Zeit sprach vom »Verkauf in großen Stückzahlen« und davon, dass »nichts von dem, was ein perfektes Motor-Zweirad ausmacht, fehlt«.

Im ersten Jahrzehnt des Jahrhunderts versuchte Phoenix sich dann und wann auch mit der Autoherstellung. Als dann die endgültige Entscheidung dafür fiel, zog Phoenix in eine neue Fabrik in Letchworth in Hertfordshire um; Phoenix-Motorräder wurden dort nicht mehr gebaut.

Phoenix (2)

H.B. Engineering Co
34 Commerce Road, London N 22

Diese Phoenix war ein britischer Roller, vorgestellt 1956. Der Phoenix 150 hatte einen 147 cm³ Villiers Zweitaktmotor mit Dreiganggetriebe und kostete 147 Pfund. Danach erschien der De Luxe 150 mit den gleichen technischen Spezifikationen, aber besserer Ausstattung. Er kam auf 157 Pfund. Beide Modelle wurden parallel produziert und erhielten Verstärkung durch zwei weitere, eines mit 198er Einzilindermotor, eines mit einem 247 cm³ Zweizylinder. Die letzten Phoenix erschienen 1964.

Pouncy

A.J. Pouncy
Owermoigne, Dorchester, Dorset
St John's Hill, Wareham, Dorset

A.J. Pouncy baute Motorräder mit Namen, die so weit außerhalb der Norm waren, wie es überhaupt möglich ist. In einem kleinen Dorf mit dem ungewöhnlichen Namen Owermoigne unweit von Dorchester stellte Pouncy 1931 sein erstes Motorrad vor. Alle seine Maschinen hatten Villiers-Einzylindermotoren mit Dreiganggetriebe. Ende 1931 kam die Produktion in Gange; die komplette Modellreihe für 1932 umfasste die Typen Kid, Sports Cub und Triple S, mit Villiers 147- und 346 cm³-Motoren zu Preisen von 26, 39 und 45 Pfund.
  Pouncy verlegte seine Motorradherstellung dann nach Wareham und stellte für 1933 drei neue Modelle vor, die Pup, Pal und Mate hießen und Villiers-Motoren mit Hubräumen von 148, 249 und 346 cm³ trugen. Diese Typen wurden bis 1934 gebaut. Die dann folgenden Produktionsschwierigkeiten konnten zunächst überwunden, zeitweilig lief eine verbesserte Pal vom Band, doch schon 1936 nahm der Spuk ein Ende.

Premier

Siehe Coventry-Premier

Pride & Clarke

Pride & Clarke Ltd
158 Stockwell Road, London SW 9

Einer von Pouncys Modellnamen zierte für kurze Zeit ein Motorrad, das nur ein Jahr vom Londoner Händler Pride & Clarke gebaut wurde. Langjähriger Vertreter für Marken wie P&M und Panther, baute Pride & Clarke aus zugekauften Teilen die Cub mit Villiers 122 cm³-Motor zusammen. Leider wählten sie für dieses Unternehmen das Jahr 1939; der

Kriegsausbruch verhinderte den Einstieg als Motorradhersteller.

Priory

Priory Engine Co
82 Priory Road, Kenilworth, Warwickshire

Priory kam in der Zeit nach dem Ersten Weltkrieg in der Gegend von Coventry nur auf eine achtjährige Produktionszeit. Gegründet 1919, erschienen jedes Jahr bis 1926 drei oder vier Modelle. Neben der hauseigenen Arden-Motoren sind Villiers-Einzylinder mit 147 oder 269 cm³ Hubraum verwendet worden. Nur die Model Ladies für 25 Pfund trug einen Namen. Alle 147er Ausführungen verkauften sich für 23 bis 27 Pfund, die 269er kostete 38 Pfund. Als die Produktion auslief, gelangten Ersatzteile in die Schatzkiste von Holland's on Hearsall Lane Corner in Coventry.

Pullin; Pullin-Groom

Cyril Pullin/The Pullin-Groom Motor Co Ltd
24 Buckingham Gate, London SW 1

Einige Namen durchziehen wie ein roter Faden die Geschichte der britischen Motorradindustrie. Einer davon lautet Cyril Pullin. Bekannt für seinen 500er Sieg in der 1914 Senior TT auf der Isle of Man, versuchte er sich auch als Konstrukteur und Gelegenheits-Hersteller. So stellte er 1920 die Pullin vor, die gelegentlich als Pullin-Groom bezeichnet wurde. Sein Motorrad erinnerte an ein Autocycle (oder Mofa) mit Preßstahlrahmen und -Gabel; Pullin hatte aber auch den Motor konstruiert, einen horizontal arbeitenden 348 cm³ Einzylinder-Zweitakter.
  Jahre vor seiner Zeit erschienen, kostete die Pullin nur 51 Pfund, aber der Erfolg blieb aus und schon 1925 war die Geschichte zu Ende. Zu diesem Zeitpunkt hatte Cyril Pullin wieder ein neues Eisen im Feuer, jetzt mit Ascot-Pullin. Dort entstand unter dem Namen Powerwheel ein Hilfsmotor samt Hinterrad. Powerwheel wurde gebaut und vermarktet von Tube Investments Ltd, einer Firmengruppe, die sich 1919 formiert hatte und laut Eigenwerbung »der weltgrößte Hersteller von Fahrrädern und -Teilen« war. Pullin konstruierte schließlich 1955 noch einen Roller, fand aber keine Investoren, die genug Interesse für seine Ideen aufbrachten.

PV

Ellison & Fell/P.V. Motor Cycles Ltd
PV Motor Works, Perry Vale, Forest Hill, London SE 23

Die Herren Ellison & Fell scheinen nur im Unglücksjahr 1914 eine Motorradherstellung aufgezogen zu haben. Die Existenz dieser Marke, deren Name sich nach den Initialen der Straße, wo sie gebaut wurden, herleitete, ist jedenfalls nur

Das Pullin Motorrad war eine ungewöhnliche Konstruktion, die hier im
Katalog von 1920 vorgestellt und ge-
nauestens beschrieben wird.
Jim Boulton

für dieses Jahr nachgewiesen. Sechs Typen standen zur
Auswahl, mit drei verschiedenen JAP-Motoren. Die billigsten hatten einen 248 cm^3 Einzylinder, mit Direktantrieb
über Riemen für 48 Pfund. Mit Dreiganggetriebe kosteten
sie 59 Pfund. In der mittleren Preisklasse befand sich ein
654 cm^3 großer Zweizylinder, mit den zwei Getriebesystemen für 57 bzw. 67 Pfund erhältlich. Die Spitzenmodelle
hatten einen 771 cm^3 V-Zweizylindermotor und kosteten, je
nach Getriebe, 61 oder 72 Pfund.

Quadrant

Quadrant Cycle Co Ltd
Sheepcote Street, Birmingham 15
March, Newark & Co Ltd
Quadrant Works, 45 Lawley Street, Birmingham 4
Quadrant Motors Ltd
Quadrant Works, 97 Woodcock Street, Birmingham 4

Quadrant Cycle Co wurde 1890 in Birmingham gegründet.
Im Programm gab es ab 1899 Fahrräder, Motorräder und
das Dreirad Carette. 1905 bestand das Motorradangebot
aus zwei Modellen, mit 2 oder 3 PS Motorisierung für 29
bzw. 42 Pfund. Beide hatten eine fahrradähnliche Optik.

Motor und Benzintank befanden sich im Dreieck des Rahmens, der Antrieb erfolgte über Riemen. Gegen Aufpreis
waren viele Optionen erhältlich, wie etwa eine Federgabel
für 2 Pfund, der gefederte Sattel B 100 für 7 Shilling und ein
Hauptständer, der, mit einer Gepäckbrücke kombiniert, mit
15 Shilling zu Buche schlug.
Im ersten Jahrzehnt des Jahrhunderts versuchte man
sich 1906/1907 auch mit dem Autobau, setzte dann aber
nach einem Umzug ganz auf die Motorradproduktion. Hier
entstanden zwei Motorradmodelle, beide mit einem 565
cm△ Einzylindermotor mit Dreiganggetriebe, aber entweder
mit kombiniertem Riemen/Kettenantrieb (55 Pfund) oder
mit Vollkettenantrieb (57 Pfund) versehen. Als die Herstellung nach dem Ersten Weltkrieg wieder anlief, hatte sich
nicht nur die Adresse geändert. Jetzt gab es einen eigenen
Einzylinder, der mit 490 oder 624 cm^3 Hubraum lieferbar
war. Bis 1930 wurden drei verschiedene Modelle gebaut.
Damit endete die Motorradherstellung; das letzte Modell
hatte einen 490 cm^3 großen JAP-Einzylinder für 56 Pfund.

Rechte Seite: Werbung oder Wahrheit? Quadrant bezeichnete
sich als »das älteste Motorrad Großbritanniens« und erschien
schon 1899 auf der Bildfläche. Das hier abgebildete 500 cm^3
Modell gehörte zum letzten Produktionsjahr, 1927.
Jim Boulton

E.A. Radnall & Co Ltd
Vauxhall Works, Dartmouth Street, Birmingham 7

Gegründet 1895 für die Herstellung von Fahrradkomponenten, baute Radnall & Co unter dem Namen Radco auch
eigene Motorräder. Vor Einstellung der Produktion 1916 ist
nur ein einziges Modell nachgewiesen: Ein 211 cm³ Einzy-
linder-Motorrad mit Zweiganggetriebe und Riemenantrieb.
Nach dem Krieg erstand die Marke Radco neu, jetzt aber
mit mehreren Modellen, getrieben von Einzlindern eigener
Herstellung oder solchen von JAP. Für typisch darf das
Angebot von 1928 gelten, als sieben Typen gelistet wurden:
Zwei mit Radnalls eigenem 247 cm³ Einzylinder und fünf
mit JAP-Singles mit 250, 300 oder 500 cm³ Hubraum. Das
billigste Modell war die »A« mit Radnall-Motor für 32 Pfund,
das teuerste hieß »K« und hatte einen 500er JAP zu
58 Pfund.

Ab 1930 verwendete Radco zunehmend Villiers-
Motoren anstelle der JAP-Triebwerke. 1931 verfügte die
ganze Typenpalette über Villiers-Motoren. Überdies wurden
die Motorräder als »All Electric« vermarktet, wenn auch nur
für kurze Zeit. Für 1932 waren acht Modelle gelistet, im Jahr
darauf waren es nur noch drei, zwei mit Villiers 147 cm³-
und 196 cm³-Motoren, das dritte mit Radnalls 247 cm³-
Motor. Danach endete die Motorradherstellung, für die folgenden 25 Jahre stellte Radnall Fahrradteile her, Rad-
naben, Lenker, Bremsen und Werkzeuge. Während dieser
Zeit gab es immer wieder Überlegungen, wieder in den Bau
von Motorrädern einzusteigen, besonders in den frühen
50ern. Ein neuer Leichgewichtler war geplant, Prototypen
liefen sogar schon im Test, aber dann bekam die Firma kal-
te Füße und legte das Projekt auf Eis. Ein zweiter Versuch
folgte 1966, als Radnall den Radcomuter vorstellte, ein
klappbares Mofa, das in den Auto-Kofferraum passte, aber
auch diese Idee legte man ziemlich schnell zu den Akten.

Raleigh Cycle Co Ltd
Faraday Road, Renton, Nottingham
177 Lenton Boulevard, Nottingham

Raleigh ist wahrscheinlich der berühmteste Name unter
den britischen Fahrradherstellern, aber die Marke hat auch
als Motorradproduzent Tradition. Die ersten Modllen wurden schon 1899 vorgestellt. Zwei Grundtypen gab es, beide basierten auf den hauseigenen Fahrrädern: das eine war
ein 3-PS-Motorrad, das zweite ein 3,5-PS-Dreirad mit vor-
derem Beifahrersitz, das Raleighette genannt wurde. Das
Motorrad hatte Riemenantrieb und kostete 25 Pfund.

Die Fahrradherstellung lief ununterbrochen weiter,
doch Motorräder (und Autos in den Jahren 1905 und 1916)
waren nur sporadisch im Programm zu finden. Rüstungsaufträge hielten das Unternehmen ab 1916 über Wasser,
aber schon in den 20ern waren Motorräder wieder ein
Thema. Raleigh baute eigene Motoren, kaufte aber auch
solche von Sturmey Archer ein. Zu diesem Unternehmen
bestanden sowieso geschäftliche Verbindungen in Sachen
Fahrradkomponenten. Jedes Jahr wurden fünf Typen vorgestellt. Bis 1928 umfasste das Programm auch einen V-
Zweizylinder mit Raleighs eigenem 798 cm³ Twin, danach
gab es nur noch Einzylinder.

Die Verkaufsbezeichnungen waren ausgesprochen
dröge und erfreuten wohl eher die Herzen der Buchhalter.
Ein Motorrad mit der Bezeichnung »Model MT-30« beispielsweise klingt nicht besonders aufregend, um so mehr,
als daraus auch sofort das Baujahr erkenntlich war. Die
Herstellung lief bis 1933. Zu diesem Zeitpunkt standen fünf
Typen im Angebot, von einem Einzylinder mit 298 cm³ für
33 Pfund bis hin zu einem 496 cm³ Einzylinder für 44 Pfund.
Größtes Modell war ein 598 cm³ großer Einzylinder für nur
42 Pfund. Zu diesem Zeitpunkt fiel die Entscheidung, zu
Gunsten eines Lieferwagens und eines Dreirads die Motor-

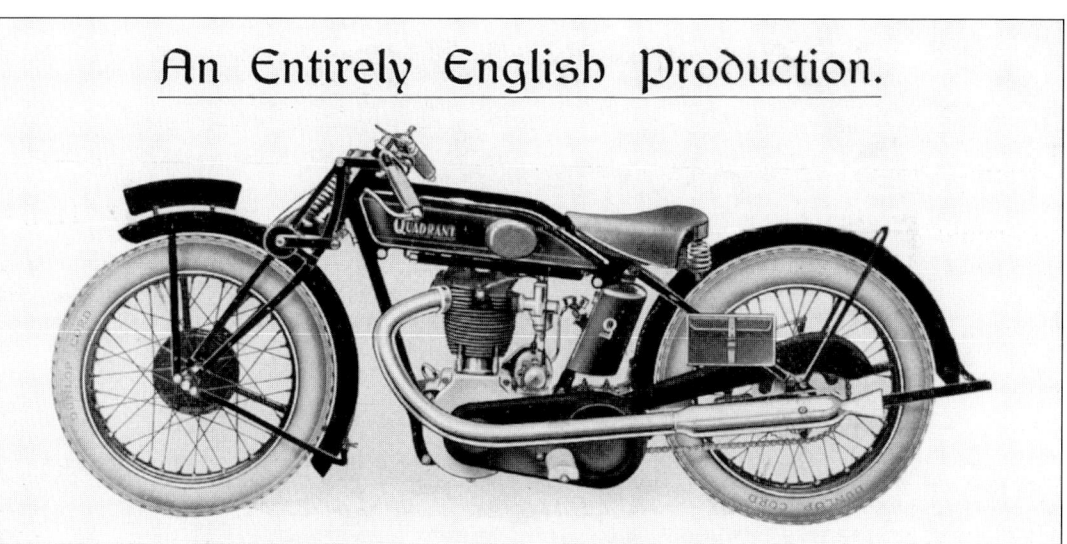

radproduktion einzustellen. Als die Super Seven, konstruiert von Tom Williams, 1933 in Produktion ging, war klar, dass für 1934 keine weitere Motorräder montiert werden konnten. Der Bau dieses Dreirads lief bis 1936, um dann urplötzlich gestoppt zu werden. Doch Tom Williams war von seiner Konstruktion so überzeugt, dass er von Raleigh die Herstellungsrechte kaufte und in Tamworth eine eigene Firma namens Reliant aufzog.

So ging Raleigh dem Zweiten Weltkrieg als Fahrradhersteller entgegen und blieb diesem Geschäftszweig bis zum Roller-Boom Ende der 50er treu. Damals wurde ein fahrradähnliches Mofa, das RM1, vorgestellt. Getrieben wurde es von einem 49 cm³ Sturmey Archer. Weitere Modelle folgten, bis die Serie mit dem RM12 endete. In den 60ern folgten neue Konstruktionen, Ende 1960 mit neuen Partnern. Raleigh unterzeichnete einen Vertrag mit dem französischen Hersteller Motobécane und produzierte anschließend eine eigene Ausführung der Mobylette in Lizenz. Gleichzeitig wurde der Bianchi Roller Orsetto als Raleigh Roma in Großbritannien verkauft. 1967 stellte die Marke auch die RM7 Wisp vor, ein damals modernes Klapp-Bike, das auf einem Fahrrad mit kleinen Rädern basierte. Raleigh stellte die Produktion von Motorfahrzeugen 1969 ein.

Ray

W.H. Raven & Co Ltd
223 Castel Boulevard, Nottingham
(später in Leicester)

Ravens Ray-Motorräder waren kleine Einzylinder mit eigenen oder von Villiers gebauten Motoren von 172 oder 198 cm³ Hubraum. Vier Typen wurden produziert, sie kosteten zwischen 35 und 39 Pfund. Die Firma zog 1924 nach Leicester um und tauchte nach 1927 in keinem Verzeichnis mehr auf.

Raynal

Raynal Manufacturing Co Ltd
41-43 Fleet Street, Birmingham 3
Woodbarn Road, Handsworth, Birmingham 21

Schon vor dem Ersten Weltkrieg hatte Raynal eine kleine Zahl von Motorrädern mit Motoren von Precision und Villiers hergestellt. Daran knüpfte man in den 20ern an, wobei nun Villiers 269 cm³-Motoren verwendet wurden. In einer neuen Fabrik begann 1935/1936 der Bau eines Autocycle, das G. H. Jones für Villiers erdacht hatte. Dabei handelte es sich im Prinzip lediglich ein Fahrrad mit 98 cm³-Villiers-Motor. Raynals Version nannte sich »Auto« und erschien 1937. Der Motor war original Villiers, beim Rest hatte man gespart. Eine De Luxe-Version der Auto kam 1939, stand aber nur für eine Variante mit gefederter Gabel. Die Fertigung lief nur noch 1940, wurde erst 1947 wieder aufgenommen, um dann 1953 endgültig auszulaufen.

Regina

S. Barnett
Pelhal Street, Derby

Die patrotische Regina (Königin) erschien in drei Ausführungen, alle mit Einzylindermotoren von entweder 292 oder 349 cm³ Hubraum. Ab 1914 erhältlich, war für 26 Pfund die billigste Regina mit Direktantrieb über Riemen ausgestattet. Danach folgte eine Zweigangvariante mit kombiniertem Ketten-/Riemenantrieb für 33 Pfund. Die Spitze bildete ein 349 cm³ Einzylinder mit Dreiganggetriebe und Riemenantrieb für 55 Pfund. Diese drei Modelle wurden nur 1915 und 1916 gebaut; die Herstellung wurde nie wieder aufgenommen.

Revere

W.H. Whitehouse & Co Ltd
Friars Road, Coventry

Whitehouse baute in Friars Road Fahrräder, einem Gebiet das heute von der zentralen Umgehungsstraße in Coventry dominiert wird. Motorräder gab es in den Jahren vor dem Ersten Weltkrieg bis 1916. Zuletzt wurden zwei Typen aufgelistet, beide mit 269 cm³ Einzylinder-Motoren. Der eine hatte Direktantrieb und kostete im ersten Modelljahr 28 Pfund, der zweite hatte Zweiganggetriebe und kostete 35 Pfund. Nach dem Krieg gab es unter diesem Namen keine Eintragungen.

Rex; Rex-Acme

Siehe Acme

Reynolds' Special Scott; AER

Albert E. Reynolds
9 Berry Street, Liverpool

Viele Motorradhändler stellten Zubehör und Teile für die vor ihnen verkauften Motorräder her, einige setzten daraus sogar eigene Motorräder zusammen. Zu diesen gehörte auch Albert Reynolds, ein Scott-Händler in Liverpool. Nach einer direkten Anfrage von ihm baute Scott Motorräder mit der gewünschten Spezifikationen. Bekannt als Reynolds' Special Scott galten sie als Luxus-Motorräder. Zwei Modelle gab es für 1933, die Typen Special und De Luxe. Beide hatten einen 596 cm³ Zweizylinder-Zweitaktmotor mit 5,95 PS Leistung, in Solo- oder Gespannausführung. Die Special kostetete 105 Pfund (als Gespann 130) und die De Luxe 115 Pfund (als Gespann 140).

Reynolds bot 1934 die gleichen Modelle an, dazu kam aber auch eines mit 249 cm³ großem Villiers-Motor mit 2,5 PS Leistung zu 44 Pfund. Leider stand der hohe Preis dieser Motorräder ihrem Erfolg im Wege. Reynolds ver suchte sich aber drei Jahre später noch einmal als Hersteller, diesmal unter dem Label AER (nach seinen Initialen). Jetzt entstanden diese Motorräder in einem Raum oberhalb seiner Geschäftsräume, 1938 war die Produktion dort in vollem Gange. Auch 1939 wurden dort Motorräder gebaut, aber dann vereitelte der Krieg alle weiteren Pläne von Reynolds.

Rickman

**Rickman Brothers (Engineering) Ltd
Queensway, Stem Lane, New Milton, Hampshire**

Derek und Don Rickman waren erfolgreiche Trial- und Crossfahrer, die eine eigene Motorradherstellung etablierten. Angefangen hat das Unternehmen, als die Brüder ver-

Die erfolgreichen Motocrossbrüder Don und Derek Rickman fingen 1959 an, selber Motorräder zu bauen. Bei den anfangs Metisse genannten Motorrädern handelte es sich zunächst um Crossmaschinen. Später folgten erfolgreiche Straßenmodelle, meist mit Motoren von Triumph oder japanischen Herstellern. Dieses Exemplar aus den 70ern entstammte einer Sonderserie mit Royal Enfield-Motor.
Jim Davies

suchten, bessere Crossmaschinen zu bauen. Ihre Metisse (Mischling) von 1959 war sofort ein Erfolg und kombinierte den BSA-Rahmen mit einem Triumph-Motor. Ein eigener Rahmen folgte, und 1963 konnten die Brüder das vollständige Fahrwerk (ohne Motor, aber meistens für eine Matchless 500 bestimmt) anbieten.

Komplette Motorräder konnten dank einer Zusammenarbeit mit Bultaco in Spanien ab 1964 in Serie gebaut werden. Als aber diese Partnerschaft zerbrach, mussten die Brüder neue Unterlieferanten in ganz Europa suchen. Viele kurzfristige Lösungen führten zu nichts, bald darauf stiegen die Brüder auf Herstellung von Verkleidungen und Koffern um.

Rockson

**J.S. Rock & Sons
Beecher Road, Cradley Heath, West Midlands**

J. S. Rock & Sons war ein Stahl- und Eisenbetrieb mitten im Kohlenrevier von England. Rockson Motorräder erschienen 1920 und sind dem jüngeren der Rock-Brüder zu verdanken, der von Motorrädern begeistert war. Drei Varianten entstanden, alle mit Villiers-Antrieb. Modell »A« hatte Direktantrieb und kostete 56 Pfund, Modell »B« hatte Zwei-

Rickman: Nach den erfolgreichen Umbauten mit japanischen Vierzylinder-Motoren in den 70ern, konzentrierten sich Don und Derek Rickman ab 1980 mehr und mehr auf die Herstellung von Tourenzubehör. Diese Rickman CRE Endurance trägt aber unter der Kunststoffschale noch das berühmte Chassis, komplett mit Lockheed Rennbremsen. Der Karosserie fehlte aber jene Eleganz der früheren Designs.

ganggetriebe und kostete 65 Pfund. Das Spitzenmodell »C« mit Kickstarter und Zweiganggetriebe war für 73 Pfund zu haben. Vergleichsweise stark war der Export nach Indien; die Herstellung lief bis 1923. Insgesamt konnten über 400 Motorräder ausgeliefert werden.

Rolfe

Rolfe Manufacturing Co Ltd
Bridge Street, Smethwick, West Midlandsa

1911 begonnen, gehörten Rolfe-Motorräder nie zu den Bestsellern: Die Produktion kam nie auf Touren. Nur die Motoren, Ein- und V-Zweizylinder, kaufte man ein, alle anderen Teile fertigte die Firma selbst. Einzig ungewöhnliches Merkmal war die auf das Vorderrad wirkende Bandbremse. Ein Rolfe Cyclecar war in Planung, doch die gesamte Produktion wurde 1914 eingestellt und nie wieder aufgenommen.

Das Rockson-Motorrad wurde 1920 von der J. S. Rock & Sons, einem Stahlbauer vorgestellt. Drei Typen, die für ihre Väter mehr Hobby als Geschäft waren, standen zur Auswahl. Allesamt hatten Villiers-Motoren. Hier posiert Arthur Rock vor der Werkshalle mit einer 1921er Rockson.
Jim Boulton

J. Roper
Curzon Street, Wolvehampton

Der Fahrrad- und Komponentenhersteller J. Roper baute einige wenige Motorräder in Wolverhampton. Über diese Motorräder ist wenig bekannt, aber die 1901 angelaufene Produktion scheint etwa 1905 ausgelaufen zu sein.

J.K. Starley & Co Ltd/The Rover Cycle Co/The Rover Motor Co Ltd
Meteor Works, West Orchard, Coventry

John Kemp Starley war der Neffe von James Starley, dem großen Mann der Fahrradindustrie. Zusammen mit William Sutton gründete Starley 1897 die Meteor Works in Coventry. Schon 1884 hatte Starley Pläne für ein Fahrrad mit fast gleich großen Rädern vorgestellt. Er nannte seine Konstruktionen Rover, und diese wurde so erfolgreich, dass er 1896 seine Firma in Rover Cycle Company umbenannte.

Versuche mit einem Motorrad wurden 1899 eingeleitet; die ersten Rover-Motorräder wurden 1902 eingeführt. Die Produktion lief bis etwa 1915, als die Meteor Works für die Herstellung von Maudslay-Lkws und den Bau von Chassis für Sunbeam-Autos in Anspruch genommen wurden.

Die Motorräder hatten Rovers eigenen 499 cm³ Einzylindermotor, der drei verschiedene Typen antrieb: Einen mit Freilauf für 55 Pfund (bis 1914 gebaut), einen mit Direktantrieb für 48 Pfund, gebaut ab 1912, und einen Spitzentyp mit Dreiganggetriebe, der im letzten Produktionsjahr 1916 66 Pfund kostete.

Nach dem Ersten Weltkrieg konzentrierte sich Rover auf die Herstellung leichter Autos. Nach Eröffnung der neuen Fabrik in Birmingham 1921 rückten die Zweiräder noch mehr in den Hintergrund, und die Modellpalette von 1924 war die letzte.

Enfield Cycle Co Ltd
Hunt End Works, Redditch, Worcestershire
Enfield Precision Engineers Ltd
Upper Westwood, Bradford-on-Avon, Wiltshire
Enfield (Bavanar Products Ltd)
Unit 3, Therapia Trading Estate, Therapia Lane, Croydon

Wie viele andere entsprang auch diese Marke einer Fahrradproduktion. George Townsend & Co fing 1855 in Redditch an, Nadeln herzustellen; 1885 kamen Fahrradteile dazu. Unter dem Namen Townsend sind ab 1888 komplette Fahrräder gebaut worden, im November 1890 wurde eine GmbH gegründet. Zwölf Monate später suchte man potente Investoren, und einer davon war ein gewisser Albert Eadie. Etwa 1892/1893 endete die Nadelherstellung, die Familie Townsend verließ die Firma und Albert Eadie übernahm die Kontrolle.

Eadie engagierte den früheren stellvertetenden Geschäftsführer von Dan Rudge & Co als Produktionsleiter, R. W. Smith. Die Vermarktung erfolgte immer noch unter dem Namen Townsend & Co, aber die Herstellung von Fahrradkomponenten nannte sich Enfield Manufacturing Co Ltd. Das erste Fahrrad mit dem Namen Enfield entstand im Oktober 1892.

Bald war die Fabrik in Hunt End zu klein, und der Bau einer größeren Anlage an der Ecke Lodge Road/Union Street in Redditch begann 1896. Auch die Geschäftsstruktur änderte sich, kenntlich am Namenwechsel zu The New Eadie Manufacturing Co Ltd (25. Juni 1896). Die Herstellung von kompletten Fahrrädern erfolgte bei der am 1. Juli 1896 gegründeten New Enfield Cycle Co Ltd. The New Eadie Manufacturing Company baute komplette Fahrräder, die an Agenten und kleinere Hersteller verkauft wurden, die diese dann mit ihren eigenen Emblemen versahen. Die Herstellung von Komponenten lief weiter. Die neue Fabrik konnte rasch in Betrieb genommen werden, die alte Anlage wurde von der New Enfield Cycle Company

Eine Luftaufnahme der Fabrik von Royal Enfield schmückte die Titelseite des Prospekts von 1929 und zeigte die Anlage in Redditch.
Jim Boulton

Vier Jahre nach dem Produktionsstart stellte Royal Enfield dieses Modell mit einem 6 PS starken V-Zweizylinder vor, hier mit einem Kennzeichen aus Southampton. Die übergroßen Trittbretter sollten bis in die 30er markentypisch sein.
Jim Boulton

Rechte Seite: Ein Teil der 1929er Modellreihe von Royal Enfield. Diese Lieferdreiräder wiesen angeblich die Flexibilität eines Motorrads auf und waren so stabil wie »eine Waffe gebaut« – wie die Werbung meinte.
Jim Boulton

Enfield: Royal Enfield baute seit 1901 Motorräder. Die 350er Einzylinder Bullett avancierte zum bekanntesten Modell der Nachkriegszeit. Als die Herstellung 1967 endete, wanderten Maschinen und Produktionsvorrichtungen nach Indien, wo die indische Ausführung der 350 Bullett weitergebaut wurde. Die Blinker weisen darauf hin, dass es sich bei diesem Motorrad um eines aus indischer Produktion handelt, wie auch das einfach gehaltene Emblem mit dem goldenen »Enfield«-Schriftzug auf dem Tank belegt. Schon 1950 leistete der Langhuber (70 x 90 mm) stramme 18 PS und bildete vor allem für Trialumbauten eine populäre Ausgangsbasis. Ab Werk entstanden auch spezielle Wettbewerbsversionen.

übernommen. Kurz danach, am 8. Januar 1897, wurde diese Firma in Enfield Manufacturing Co Ltd umbenannt.

Die New Enfield Cycle Co produzierte verschiedene Fahrräder, Damenmodelle, Roadster sowie Lieferfahrräder und ergänzte die Modellpalette im Jahre 1900 um Motorräder. Die ersten Maschinen hatten Motoren von Minerva, nachdem seit 1898 mehrere Drei- und Vierräder mit de Dion-Bouton-Motoren gebaut worden waren. Diese ersten Motorräder waren nichts anderes als Fahrräder, deren Motor vor dem Lenkkopf saß und von dort das Hinterrad mittels eines langen, geflochtenen Lederriemens trieb.

ROYAL ENFIELD
MADE LIKE A GUN

TRADE DELIVERY OUTFITS

Fitted with coach-built box carrier, the 9.76 h.p. Royal Enfield Motor Cycle is the ideal outfit for small tradesman or large store. The specifications of these motor cycles are similar to Model 182, but have a different type of frame and tank.

MODEL 185

9.76 h.p. Delivery Outfit

Coach-built box carrier with hinged lid, painted green to match the motor cycle. As supplied to bakers, butchers, billposters, boot repairers, drapers, fishmongers, grocers, and others.

Inside dimensions of the Box Carrier : Length, 4 ft. 5 in Depth, 1 ft. 8 in. Width, 1 ft. 7 in. Capacity, approximately 13 cubic feet.

OVERALL LENGTH of Outfit, 7 ft. 2 in. ; **WIDTH**, 5 ft. 3 in.

MODEL 165
9.76 h.p.
Dairyman's Outfit

We have sold large quantities of this type of outfit to dairymen, farmers, and greengrocers. It has a wide and exceptionally strong chassis. Milk float attached is capable of carrying three milk churns, besides cans, tools, spares, etc. Inside dimensions of body : Length, 4 ft. 6 in. Width, 2 ft. 7 in. Depth, 1 ft. 6 in.

OVERALL LENGTH of Outfit, 7 ft. 2 in. ; **WIDTH**, 6 ft.

MODEL 175

is a similar outfit, but on the standard chassis, the length and width being the same as the box carrier of Model 185. This is designed to carry two milk churns instead of three, and is invaluable to the man with a smaller business.

MODEL 155
9.76 h.p.
G.P.O. Type Outfit

As supplied to the G.P.O. Authorities. Capable of carrying loads up to 4 cwt. The large box has a lid in front and double doors at the rear. This model has, of course, the wide chassis mentioned above.

Dimensions of Box : Length, 4 ft. 9 in. Depth, 3 ft. 3 in. Width, 2 ft. 9½ in. Capacity approximately 31 cubic feet.

Overall measurements as Model 165.

Prices :

MODEL 185 Delivery Combination complete as above	...	...	£77	10	0
MODEL 165 Dairyman's Combination, complete as above	...	...	£79	10	0
MODEL 175 Dairyman's Combination (not illustrated)...	...	...	£77	10	0
MODEL 155 G.P.O. type Combination, complete as above	...	...	£85	0	0

Insurance rates for Trade Delivery Vehicles vary according to actual trade and district in which used. Gradual payment prices for these Outfits, therefore, can be supplied on receipt of this information.

We issue a separate list for Trade Delivery Outfits and shall be pleased to send a copy, post free, on request.

Royal Enfield Interceptor: Aus der 500er Meteor von 1950 abgeleitet, hatte Enfield Mitte der 60er der Ur-Konstruktion 736 cm³ entlockt. Die Verkaufszahlen des hubraumstärksten Motorrads im Programm waren nie besonders groß und die Verarbeitung schlecht. Entsprechend mager geriet auch der kommerzielle Erfolg. In der Verkaufsliste stand die Interceptor bis 1970, doch auch später scheinen – neben den oben erwähnten Rickman-Modellen – noch einige andere entstanden zu sein. Dieses Exemplar jedenfalls trägt einen Vorderbau – Gabel und Vorderrad – aus der Norton-Produktion.

Albert Eadie war damit aber nicht zufrieden, er gründete 1904 die Enfield Autocar Co für die Herstellung von Autos. Das allerdings überstieg die Kapazitäten der beiden Fabriken, so dass 1906/1907 das erste Werk in Hunt End in eine komplexe Industrieanlage mit eigener Wasser- und Elektrizitätversorgung verwandelt wurde. Der ganze Maschinenpark war elektrisch getrieben.

Anfang 1907 unterbreitete die BSA Group ein Kaufangebot für die Eadie Manufacturing, wollte aber keine Anteile an Enfield Autocar oder Enfield Cycle (New war inzwischen vom Firmennamen verschwunden) erwerben. Das Angebot wurde dennoch akzeptiert, im Juni 1907 kam das Ende für die Eadie Manufacturing. BSA übernahm die Fabrik in Lodge Road, und Albert Eadie landete im BSA-Vorstand. Innerhalb von zwei Jahren war er Vorsitzender.

Nennenswerte Produktionszahlen wurden erst 1910 erreicht; dann verwendete die Marke V-Motoren, die auf Motosacoche-Triebwerken aus der Schweiz basierten. Auch der Rest der Motorräder ähnelte sehr den entsprechenden Typen von Motosacoche. Für 1915 gab es vier

kettengetriebene Modelle: einen 225 cm³ großen Einzylinder mit Zweiganggetriebe für 39 Pfund, einen Zweizylinder mit 424 cm³ und Zweiganggetriebe in zwei Versionen zu 52 Pfund und ein Gespann mit 771 cm³ JAP V-Zweizylinder mit Zweiganggetriebe (84 Pfund).

Die Motorradproduktion lief bis in den Ersten Weltkrieg hinein; die Zivilproduktion wurde 1919 wieder aufgenommen. Mitte der 20er verwendete Enfield nur die eigenen Motoren, aber, bis diese serienreif waren, solche von Vickers und Wolseley. 1929 umfasste das Angebot acht Modelle, darunter die 201, einen 225 cm³ Einzylinder-Zweitakter mit Zweiganggetriebe, entweder mit offenem Rahmen oder als Standard für 28 oder 30 Pfund. Die Typen 202 Standard und 203 Sports hatten den gleichen Motor wie die 201, jedoch mit Dreiganggetriebe (32 Pfund). Bei den größeren 501 Standard, 502 De Luxe und 505 Two-Port handelte es sich um 488 cm³ große Einzylinder mit Dreiganggetriebe. Das Topmodell hieß 182; dahinter verbarg sich ein 976 cm³ großer V-Zweizylinder mit Dreiganggetriebe für 62 Pfund.

Die Cycar wurde 1931 eingeführt. Das Zweitakt-Motorrad mit voll gekapseltem Rahmen und 148 cm³-Motor kam auf nur 22 Pfund. Außerdem tauchten erstmals echt sportliche Typen im Programm auf, die sogenannten Bullet. Zuerst 1933 erhältlich, gab es sie mit Motoren mit 248, 346 und 488 cm³ Hubraum (42, 46 bzw. 53 Pfund). Der Nachfolger der 182 mit 976er Motor hieß »K« und verfügte über einen seitengesteuerten 1140 cm³-Motor. Mit Dreiganggetriebe ausgestattet, kostete sie 72 Pfund. Gegen 5 Pfund Aufpreis war das Motorrad mit untereinander austauschbaren Rädern und verchromtem Tank mit silbernen Flanken erhältlich.

Es passiert immer wieder, wenn eine Traditionsmarke verschwindet: Der Name wird aufgegriffen und wahllos auf verschiedene Produkte verteilt. Es steht schon Enfield auf dem Tank und die Gabel kommt offensichtlich aus Redditch, doch sonst hat dieser kleine Zweitakter nichts mit Royal Enfield zu tun. Zum Glück sah man sie nie wieder.

Im Zweiten Weltkrieg baute Enfield etwa 55 000 Kradmeldermaschinen und klappbare Minibikes für Fallschirmjäger (The Flying Flea). Diese waren von der von Excelsior gebauten Corgi abgeleitet, aber den DKW sehr ähnlich. Als der Krieg zu Ende war, kaufte Enfield viele dieser Motorräder zurück, lackierte sie schwarz und verkaufte sie auf dem zivilen Markt. Bis 1948 erschienen keine neue Typen, zwei Stück sollten zur Saison 1949 erscheinen. Einer war eine neue 346 cm³ Bullet, die es als Straßen-, Trial- und Crossmaschine gab. Das zweite Modell war ein 496 cm³ großer Parallel-Zweizylinder.

Bis 1952 waren acht Modelle entwickelt worden, von der 143 cm³ großen Ensign bis hin zur 692 cm³ großen Meteor-Zweizylinder. Dazu gab es auch die Bullet-Einzylinder mit 346 und 499 cm³ Hubraum wie auch eine 496 cm³ Zweizylinder-Maschine. 1956 kam die unkonventionelle Crusader mit 248 cm³ großem Blockmotor. Dieser Leichtgewichtler mit gekapselter Kette, tief herunter gezogenen Schutzblechen und Doppelsitzbank war mit 200 Pfund im Vergleich zur Konkurrenz nicht gerade billig.

Die Crusader gab es ab 1958 mit der Airflow-Verkleidung. Sie wog fast 9 Kilo, verbesserte aber die Aerodynamik und den Wetterschutz erheblich – und das bei bis zu 20 Prozent weniger Verbrauch. Die Kunden hatten sich an die Optik gewöhnt wie auch an die Tatsache, dass sie beim schlechten Wetter keinen Taucheranzug mehr anziehen mussten. Dieses Wunderpaket verkaufte sich für 257 Pfund; im Jahr darauf war die Verkleidung auch für die übrigen Modelle erhältlich.

Als die 60er heranrollten, hatte Enfield für jeden Geschmack etwas zu bieten – vom 148 cm³ großen Einzylinder-Zweitakter Prince bis hin zu den großen Zweizylindern. Für Aufsehen sorgte die 736 cm³ große Interceptor, 1963 eingeführt und für den einheimischen Markt bis 1965

gebaut. Die Exportmodelle entstanden in einer zweiten Fabrik in Bradford-on-Avon. Leider stand es zu dieser Zeit um die Marke gar nicht mehr so gut; Fehlentscheidungen führten zum unvermeidlichen Ende, das damit begann, dass im März 1967 Norton-Villiers die Motorradproduktion übernahm. Die Ersatzteilversorgung, die davon nicht betroffen war, ging im April 1967 an Velocette.

Die für den Export bestimmten 750 Interceptor liefen weiter in Bradford-on-Avon vom Band, und dort wurde im Oktober 1968 die Serie II Interceptor vorgestellt. Es handelte sich um eine aufgefrischte 736er Twin, die leichter und einfacher sein sollte, zugleich aber leistungsstärker war, wie der Prospekt versprach. Im Juni 1970 rollte die letzte vom Band. Einige Jahre zuvor waren Maschinen, Gußformen und Werkzeuge für die 350er Bullet nach Indien geschickt worden. In der Tiruvot-Tiyur-Fabrik unweit von Madras läuft bis heute die Enfield India vom Band, die deutsche Kunden in verbesserter Form beim Schweizer Veredler Fritz Egli erstehen können.

Ruby; Royal Ruby

Ruby Cycle Co Ltd/Royal Ruby Cycle Co Ltd
Cannel Street, Ancoats, Manchester
Ab 1919: Moss Lane, Altrincham, Cheshire
Horrockses Ltd
Bradshawgate, Bolton, Lancashire

Die Marke Ruby und spätere Royal Ruby hat eine nicht gerade gradlinige Vergangenheit. Sie begann mit dem Fahrradhersteller Ruby Cycle Co in Manchester. 1909 kam ein Motorrad ins Programm, das später Royal Ruby hieß. Der Erfolg dieses Typs führte zu einer Namensänderung der

Firma, die sich fortan »Royal Ruby Cycle Co« nannte. Unter dieser Bezeichnung wurden danach alle Motorräder und Fahrräder vermarktet.

Kriegsbedingt endete 1916 die Motorradherstellung, zuletzt hatten sieben Typen im Programm gestanden, alle mit verschiedenen JAP-Motoren versehen: Drei Einzylinder mit 269, 292 und 482 cm³ Hubraum und vier Zweizylinder mit 496, 654, 771 und 964 cm³ Hubraum entstanden. Alle hatten kombinierten Ketten- und Riemenantrieb. Ab 1919 produzierte man in Cheshire weiter, man tat dies bis etwa 1927. Namen und Herstellungsrechte wurden in dem Jahr dann an die Horrockses Ltd in Bolton verkauft, die die Produktion nach Bradshawgate verlegt. Als die JAP-Lieferungen immer spärlicher wurden, bezogen die neuen Besitzer ab 1928 ihre Triebwerke von Villiers.

Ein Auf und Ab kennzeichnete auch die Modellpalette, deren Zahl sich von Jahr zu Jahr änderte. In der Regel in einer der Kategorien Standard, Sports und Super Sports angesiedelt, wurde 1931 nur ein Typ angeboten, während es 1932 deren zwei waren (Cub und Standard), dieweil 1933 nicht weniger als fünf Sports-Varianten zu haben waren. Diese hatten Villiers-Motoren mit 248 oder 348 cm³ Hubraum und kosteten zwischen 30 und 40 Pfund. Leider waren diese Typen die letzten Vertreter von Royal Ruby Motorrädern.

Rudge; Rudge-Whitworth

Rudge-Whitworth Ltd
34 Spon Street, Coventry 1
Ab 1938: Dawley Works, Hayes, Middlesex

Der begeisterte Fahrradfahrer Dan Rudge führte das Gasthaus Tiger's Head Inn in Wolverhampton, hatte dann aber wohl keine Lust mehr, weiter hinter dem Tresen zu stehen und machte sein Hobby zum Beruf: Er baute eigene Fahrräder. 1870 verkaufte er seine ersten Fahrräder und führte dieses Geschäft bis zu seinem Tod 1880 weiter. Das Unternehmen war so erfolgreich, dass seine Witwe weitermachte und es dann an George Woodcock weitergab. Dieser verlegte 1888 die Produktion nach Coventry, das Zentrum der damaligen Uhrenindustrie. Die bisherige Rudge Cycle Co firmierte 1896 unter dem Namen Rudge-Whitworth Ltd.

Die Motorradherstellung begann 1910. Wie auch die Fahrräder wurden sie unter der Bezeichnung Rudge verkauft, für den Antrieb sorgten die hauseigenen Ein- und Zweizylinder-Motoren. Bis 1915 gab es im Programm nur Einzylinder, mit entweder 499 cm³ oder 749 cm³ Hubraum, der letztere mit gigantischen 132 Millimetern Hub. 1914 kosteten sie 58 bzw. 63 Pfund. Im Jahr darauf kamen zwei Zweizylinder dazu, die Multwin und die Twin, jeweils mit Rudges eigenem 998 cm³ Motor, Vierganggetriebe und kombiniertem Ketten- und Riemenantrieb versehen. Sie kosteten je 75 Pfund.

Rudge-Whitworth versuchte sich 1912/1913 auch als Autohersteller, konzentrierte sich dann aber bis 1916 auf Motorräder. Danach folgten Rüstungsaufträge, eine zivile

Fertigung lief 1919 wieder an. Die Motorräder hießen nun mit vollem Namen Rudge-Whitworth. Bei allen Typen handelte es sich um Einzylinder mit eigenen oder JAP-Motoren. Drei Basismodelle befanden sich im Angebot: Standard, Special und Sports, jeweils mit einem 499 cm³-Motor für 64, 74 und 76 Pfund. Sie alle konnten gegen 4 Pfund Aufpreis mit einer 4 Volt-Beleuchtung ausgeliefert werden.

Die Erfolge der 500er Rudge-Whitworth beim Ulster Grand Prix 1928 führten zur Serien-Ulster der Saisons 1929 und 1930. Im letzten Jahr kam eine Rundbahnmaschine mit der gleichen Motorisierung dazu. Speedway hatte seit seiner Einführung 1928 rasch an Popularität gewonnen und die Marke konnte mit seinen Dirt Track-Racern richtig Geld verdienen. Einem weiteren Rennerfolg, diesmal bei der Isle of Man TT 1930 folgten zwei TT Replica-Modelle mit einem neuen Rudge-Whitworth 349 cm³ Motor. 1931 begann Rudge auch, Motoren und Getriebe für andere Hersteller zu bauen und vermarktete diese unter dem Namen Rudge Python.

Trotz vieler Rennerfolge und großer Produktvielfalt geriet Rudge-Whitworth 1934 in finanzielle Schwierigkeiten. Die Marke wurde von EMI (Hayes ehemaliger Grammophonfirma in Middlesex) übernommen und am 6. April 1934 eingegliedert. Der Motorradbau begann wieder, wenn auch mit weniger Typen. Im ersten Jahr wurden nur vier Modelle vorgestellt. Alle – Standard, Sports, Special und Ulster – besaßen hauseigene Motoren, die ersten beiden mit 249, die anderen mit 499 cm³ Hubraum. Die Preise rangierten zwischen 52 und 73 Pfund.

Beinahe zwangsläufig ergaben sich viele Schwierigkeiten, verursacht durch die Entfernung zwischen neuer Leitung und Fabrik: Die Probleme, eine Fabrik mit zu wenig Kapazität am andere Ende des Landes zu leiten, ließen EMI 1938 die Rudge-Produktion nach Hayes verlegen. Dort lief sie bis Kriegsbeginn weiter, bis der Raum für die Herstellung von Funk- und Radaranlagen benötigt wurde. Damit war das Ende von Rudge besiegelt. Die Herstellungsrechte wurden noch 1940 an Sturmey Archer und die Norman Motor Cycles verkauft, die sie wiederum 1943 an Raleigh weiterreichten.

Rudge Wedge

Rudge, Wedge & Co
Mander Street, Wolverhampton

Dan Rudges ältester Sohn Harry blieb nach dem Tod seines Vaters in Wolverhampton und arbeitete für Humber. 1891 ging er eine Partnerschaft mit einem örtlichen Geschäftsmann, einem Mr. C. Wedge ein, und die beiden zogen eine Fahrradfertigung in der Pelham Street (wo später die Clyno Fabrik liegen sollte) auf. 1902 zog die Firma in die Mander Street um, und dort entstanden auch Motorräder. Lieferbar mit zwei Motoralternativen (1,75 PS oder 2,5 PS), kosteten sie 40 und 42 Pfund. Wahrscheinlich entstanden keine großen Stückzahlen, und die Partner konzentrierten sich vor allem auf den Fahrradbau.

Rudge verzeichnete im Renn- und Gelän-
desport schon früh Erfolge. Hier zu sehen
ist Cyril Pullin, später selbst ein erfolgreicher Motorradhersteller. Bei der TT auf der
Isle of Man 1914 gewann er mit dieser
Maschine die Senior TT.
Jim Boulton

Oben: Ein sehr erfolgreiches Wettbewerbsmodell war die Rudge Multi. Die Modellbezeichnung leitete sich von den stufenlosen
Übersetzungsmöglichkeiten her, die von
3,5 zu 1 bis 7 zu 1 reichten. Mit dem großen Hebel konnte der Fahrer den Antriebsriemen über zwei Antriebsrollen mit wech-
selndem Umfang verschieben.
Jim Boulton

Rechts: Rudge Whitworth wurde am
6. April 1934 von der Grammophon-Gesell-
schaft EMI übernommen. Der Motorradbau
lief zwar weiter, doch bald schon ergaben
sich Probleme, da Rudge personell unter-
besetzt und die Konzernmutter so weit entfernt war. Deshalb verlegte man 1938 die
Produktion an den EMI-Stammsitz Hayes.
Diese 499er Special wurde 1938 gebaut
und 1972 bei einer Rallye fotografiert.
Jim Boulton

Die R. W. Scout von 1920 war das kurzlebige Produkt des Motorradherstellers R. Weatherell. Die Scout hatte einen 318 cm³ großen Dalm-Zweitaktmotor, überlebte aber nur bis ins nächste Jahr. Auf dieser Fahraufnahme sitzt kein geringerer als Mr. Weatherell himself im Sattel.
Jim Boulton

RW Scout

R. Weatherell
Motorcycle Works, South Green, Billericay, Essex

Ein kurzlebiges Unterfangen eines ebenso kurzlebigen Motorradherstellers: Die RW Scout hatte einen 318 cm³ Dalm-Zweitaktmotor und wurde 1920 vorgestellt, um 1921 schon wieder zu verschwinden.

Saxel

Saxelbys Ltd
Sax Works, Much Park Street, Coventry 1

Saxelbys Ltd stellte in Coventry Zubehör für Motorräder und Fahrräder her. Der Name war geschickt gewählt: Er lautete Saxessories (Accessories=Zubehör). 1923 fing die Firma an, Motorräder aus zugekauften Komponenten zu montieren; die Motoren lieferten Barr & Stroud, Burney & Blackburne, JAP und Villiers. Zuerst nannten sich auch die Motorräder Saxessories, 1925 aber wurde der Name auf Saxel verkürzt. Nicht weniger als 24 Einzylindermodelle sind für die Produktionsjahre 1926 und 1927 gelistet, was darauf hindeutet, dass der Hersteller Motorräder mehr oder weniger auf Bestellung baute und der Katalog lediglich die möglichen Alternativen aufzeigte. Die billigste Saxel hatte einen 150 cm³ Motor und kostete 26 Pfund. Die teuerste hatte einen 500 cm³ Barr & Stroud und kostete 64 Pfund. Nach 1927 lassen sich keine Hinweise auf Saxel-Motorräder mehr finden, aber Zubehör von Saxelbys gab es nach wie vor.

Scott

Scott Engineering Co
Mornington Works, Bradford, Yorkshire
Scott Engineering Co Ltd/Scott Motorcycle Co Ltd
Saltaire Road, Shipley, Yorkshire
Scott Motorcycle Co Ltd/Scott-Aerco Jig & Tools Ltd
ab 1950: 2 St Mary's Row, Birmingham 4
Scott-Aerco Jig & Tools Ltd
ab 1965: Carver Street, Birmingham 1
ab 1969: 558 Bromford Lane, Birmingham 8

Die Marke Scott verdankt ihren Namen dem Firmengründer Alfred Angus Scott, einem Techniker in einer Färberei in Saltaire. Er baute 1902 zu Hause sein erstes Motorrad, entwickelte es weiter und nahm auch an Bergrennen und Zuverlässigkeitsfahrten teil. Mit seinem revolutionären Zweitaktmotorrad gelang ihm beim Daventry Hill Climb, einem Bergrennen, 1908 ein überragender Sieg. Dieser Erfolg führte zum Aufbau einer eigenen Serienfertigung. Zusammen mit seinem Vetter Frank Phillipp und einem Fahrerkollegen, Eric Myers, gründete er in Bradford die Scott Engineering Company. Dort verfeinerte Scott seine Konstruktion, unter anderem durch Vollkettenantrieb, eine gekapselte Vorderradgabel, Fußschaltung und Kickstart-Einrichtung.

Die Werkstätte in Bradford waren schon 1912 zu klein und man zog nach Shipley um. In jenem Jahr konnte Scott die Senior TT auf der Isle of Man gewinnen, ein Erfolg, den er dann 1913 wiederholte. Das gab der Marke viel Auftrieb. Das Vorkriegsangebot bestand eigentlich nur aus einem einzigen Typ, einem 322 cm³ großen

Zweizylinder-Zweitakter mit Kettenantrieb und zwei Gängen. 1911 für 57 Pfund angeboten, kostete die Scott 1916 schon 71 Pfund.

Im Ersten Weltkrieg entwickelte Alfred Scott eine kardangetriebene Gespannmaschine als Waffenplattform. Zum Beginn der zivilen Motorrad-Nachkriegsproduktion 1919 verkaufte er seine Anteile und konzentrierte sich auf die Herstellung der Scott Sociable, eines Gespanns, bei dem der Fahrer im Beiwagen saß. Dieses Unternehmen währte nicht lange, überlebte aber immerhin den Tod des Erbauers 1923 um zwei Jahre.

Unter neuer Geschäftsführung entstanden neue Modelle. 1922 erschien die erste Squirrel, der eine lange Produktionsgeschichte beschieden sein sollte. Die erste war eine Sportversion mit 486 cm³ Hubraum und tiefem Lenker. Mitte der 20er gab es zwischen 10 und 20 Typen, allesamt mit hauseigenen Zweizylinder-Zweitaktmotoren mit Hubräumen von 486, 498 oder 596 cm³ ausgestattet. Jedes Modell trug eine Variante des Namens Squirrel (Eichhörnchen): Super Squirrel, Flying Squirrel, Touring Flying Squirrel, De Luxe Flying Squirrel oder Replica Flying Squirrel. Ab 1929 entwickelte Scott auch einige Einzylinder. Die Preise bewegten sich zwischen 60 und 100 Pfund.

Nach finanziellen Schwierigkeiten wurde 1931 ein Konkursverwalter eingesetzt, der aber vernünftigerweise die Geschäfte weiterlaufen ließ: Schließlich schaffte es die Marke, sich über Wasser zu halten, so dass die Arbeiten an einem wassergekühlten Dreizylinder fortgeführt werden konnten. Um ihn fertig zu entwickeln, dazu allerdings fehlte doch das Kapital. Das blieb auch so. 1935 bestand das Angebot aus nur einem einzigen Modell. Diese Flying Squirrel war mit entweder 497 oder 598 cm³ erhältlich. Obwohl immer wieder andere und leistungsstärkere Modelle angekündigt wurden, erschöpfte sich die Vorkriegsproduktion in diesem einen Typ.

Im Zweiten Weltkrieg wurde keine einzige Scott gebaut, die Firma fertigte Rüstungsgüter – »feinmechanische Komponenten für die Streitkräfte«, so die offizielle Umschreibung. Was immer auch darunter zu verstehen gewesen sein mag: 1946 jedenfalls lief die Motorradproduktion wieder an. Der Preis, 194 Pfund, plus 52 Pfund Umsatzsteuer und 5 Pfund extra für einen Tacho, war nicht gerade niedrig, nicht für eine Vorkriegskonstruktion. Die Firma Scott jedenfalls lief nicht so ruhig rund wie ihr Motor, und 1950 meldete Scott freiwillig Konkurs an.

Die Herstellungsrechte gingen an Matthew Holder, einen Maschinen- und Gussformenbauer in Birmingham. Die nunmehrige Scott Motorcycle Company sollte aber erst sechs Jahre später, im Juni 1956, mit einer Neukonstruktion aufwarten können. Diese Flying Squrriel wurde nur auf Bestellung gebaut. Einige Maschinen standen als Muster in den beiden offiziellen Vertriebszentren. Zumindest dem Namen nach war Scott noch am Leben, und nach wie vor gab es eine Flying Squirrel. Obwohl später noch weitere Varianten entwickelt wurden, gingen keine in Produktion. 1965 wurde die Herstellung nach Birmingham verlegt, 1969 erfolgte ein weiterer Umzug innerhalb der Stadtgrenzen. Hier erloschen die Geschäfte. 1978 war Scott Vergangenheit, obwohl noch bis in die 80er Ersatzteile produziert wurden.

Neben Straßenmodellen stellte Scott auch Spezialmotorräder her. Eines der bekanntesten war diese Sprint Special, die 1931 eingeführt wurde. Erhältlich mit 498 cm³ (85 Pfund) oder 650 cm³ (95 Pfund) Hubraum, wurde jedes Exemplar nur auf Bestellung in der Rennabteilung gebaut.
Jim Boulton

Seal Sociable

Haynes & Bradshaw/Seal Motors Ltd
348 Stretford Road, Hulme, Manchester

Seal ist ein Name, der sowohl in der Zweirad- wie auch in der Automobilgeschichte zu finden ist. Gebaut wurde eines jener Dreiräder, die man Sociable nannte, ein Gespann, bei dem der Fahrer im Beiwagen saß. Ausgetüftelt von Haynes & Bradshaw in Hulme, Manchester, erschien die erste Seal 1912. Angetrieben von einem 770 cm³ JAP-Zweizylinder, verkaufte sie sich für 78 Pfund. Ab 1914 kam ein leistungsstärkerer 964 cm³ JAP-Motor zum Einsatz. Mit dem stärkeren Motor gab es ein Dreiganggetriebe und ein Lenkrad anstelle der bisherigen Ruderpinne. Alles zusammen erhöhte den Preis auf 84 Pfund.

Als Seal 1920 die Herstellung wieder aufnahm, tat sie das zwar unter neuem Namen (Seal Motors Ltd), aber mit weitgehend unverändertem Produkt. In den 20ern entstanden vom Sociable drei-, aber auch viersitzige Ausführungen, letztere wurden Family genannt. Dazu kam der Lieferwagen Progress, bei dem der Fahrer anders platziert war, um mehr Laderaum zu schaffen. Seal hielt sich bis 1930 in den Verkaufskatalogen; 1931 war das letzte Produktionsjahr.

Sharratt

J. Sharratt & Sons
Carters Green, West Bromwich

Gilbert und Gordon Sharrat teilten das Interesse ihres Vaters John an Motorrädern, und als sie 1919 aus dem Krieg zurückkehrten, bauten sie selber welche. 1923 war aus dem Hobby ein Geschäft geworden, das im Fahrradbetrieb des Vaters in West Bromwich angesiedelt war. Die Sharratt waren Leichtgewichtler mit Motoren von Aza oder JAP.

Noch 1928 standen vier Modelle zur Auswahl, V, F, FS und FSS. Sie hatten entweder einen 172 cm³ Villiers- (in der V) oder einen 346 cm³ JAP-Motor, zu Preisen von 35 bis 57 Pfund. 1931 gab es nur noch die FS und FSS, aber schon Ende 1930 war der Motorradbau eingestellt worden, da die Firma ins Autogeschäft umstieg.

Silk

Silk Engineering (Derby) Ltd
Boar's Head Mill, Darley Abbey, Derby

Nach vielen Jahren intensiver Entwicklungsarbeit konnte der Scott-Enthusiast George Silk eine eigene Firma aufbauen. In den späten 60ern gründete Silk in Partnerschaft mit Maurice Patey die Firma Silk Engineering für die Restaurierung und Herstellung von Ersatzteilen für Scott Motorräder. Der Betrieb zog 1972 in die Boar's Head Mill ein, eine alte Wassermühle unweit von Derby. Zusammen mit Unterlieferanten stellten sie anschließend einige Silk Scott her. Die komplett neue Silk 700 S ging 1975 in Serie, litt aber unter technischen Mängeln und vielen Lieferproblemen.

Silk Engineering wechselte Ende 1976 den Besitzer und bekam dadurch eine bessere Kapitalausstattung. Die

Gilbert und Gordon Sharratt machten 1919 nach ihrer Rückkehr aus dem Krieg ihr Motorrad-Hobby zum Geschäft. Hier ein Leichtgewichtler von 1923 mit einem von JAP hergestellten 149 cm³ AZA-Motor.
Jim Boulton

Mit passend öligen Händen posieren Gordon und Gilbert Sharratt in einem Model-FSS-Gespann von 1930. Der Motor war ein 346 cm³ großer JAP, das ganze Gespann verkaufte sich für 67 Pfund. Bereits 1931 war die Marke nicht mehr aktiv.
Jim Boulton

Fertigungsprobleme ließen sich so aber nicht lösen. Dafür allerdings schoss der Preis kräftig in die Höhe, er stieg von 1355 Pfund Anfang 1979 auf fast 2500 Pfund. Noch im gleichen Jahr kam das Ende, noch ein Beispiel dafür, dass technischer Brillanz nicht unbedingt zu finanziellem Erfolg führen muss.

Singer

Singer & Co Ltd/Singer & Co (1909) Ltd/Singer & Co Ltd Canterbury Street, Coventry 1

George Singer begann 1874 mit der Fahrradherstellung. Er zog 1891 in eine eigens dafür gebaute Fabrik in der Canterbury Street ein und fing dort auch an, mit Motorrädern und motorisierten Dreirädern zu experimentieren. Dazu erwarb er 1899 die Rechte an einem Antrieb, den die Herren Perks & Birch in Coventry sich hatten patentieren

lassen. Es handelte sich um ein Rad, komplett mit Motor, Antrieb und Tank, das anstelle des Hinterrades in einem Fahrrad (oder Vorderrad bei einem Dreirad) eingebaut werden konnte. Ab 1900 baute und vermarktete Singer diese Anlage und erzielte damit beachtliche Erfolge. Als Motor diente Singers eigenes 2 PS-Aggregat.

Das erste richtige Singer-Motorrad erschien 1904, und in den nächsten elf Jahren stellte die Marke verschiedene Maschinen mit Zwei- und Viertaktmotoren her. Der erfolgreichste Typ war wohl der mit dem eigenen 500 cm³ Einzylinder-Viertaktmotor. Seit 1905 hatte Singer mit Autos experimentiert und als die Motorradabteilung kriegsbedingt

1915 dicht gemacht wurde, sollten Zweiräder für Singer nie wieder ein Thema werden. Singer als Autohersteller ging später mit Sunbeam und Humber in der Rootes-Gruppe auf und wurde so Teil von Chrysler Europe.

Singer erwarb 1899 die Rechte am Perks & Birch Motor-Rad, einer Konstruktion, zu der ein Rad samt eingebautem Motor plus Tank und anderen nötigen Kleinteilen gehörte. Dieser Hilfsmotor war zur Anbringung an ein Fahrrad gedacht. Dieser Bausatz konnte auch bei Dreirädern am Vorderrad installiert werden. Dieser Typ entstand ab 1900 bei Singer und wurde gelegentlich auch mit dem hauseigenen 2-PS-Motor verkauft.
Museum of British Road Transport, Coventry

Sirrah; Verus

Alfred T. Wiseman Ltd
Glover Street, Birmingham 9

Wiseman baute Motoren und in der ersten Hälfte der 20er auch Konfektions-Motorräder namens Sirrah und Verus. Die Sirrah hatte den Wiseman-eigenen 292 cm³ großen Einzylindermotor, die, je nach Ausführung, 23 oder 40 Pfund kostete. Die Verus war teurer und wurde mit Burney & Blackburne- oder JAP-350 cm³- Einzylindermotor geliefert. Kein Modell war 1927 oder später noch in irgendwelchen Listen zu finden.

SOS; OMC

SOS Motor Cycles Ltd
Hallow, near Worcester
SOS Motor Cycles (1932) Ltd
S.O.S. Works, Camp Hill, Birmingham 12

Obwohl der Name SOS eher an einen Hilferuf erinnert, standen die Initialen für Super Onslow Special. Klingt ja auch viel vornehmer.

Leonard Vale-Onslow war der Mann dahinter und versuchte sich in der ländlichen Idylle von Hallow, einem kleinen Dorf außerhalb Worcester, als Motorradproduzent. Im ersten Jahr, 1928, erschienen wohl nur zwei Typen. Die Model C hatte einen 247 cm³ Villiers-Einzylindermotor und kostete 43 Pfund, die Model E mit einem 343 cm³ großen Villiers bekam der Kunde für 45 Pfund. Im Jahr darauf war die Palette auf fünf Maschinen angewachsen, davon zwei mit Villiers- (M und Super-K) und drei mit JAP-Triebwerken (GS1 bis GS3). Die GS3 war der Spitzentyp, hatte einen Hubraum mit 490 cm³ und kostete 58 Pfund.

Die Nachfrage sprengte bald den beschaulichen Dorf-Rahmen. 1932 formierte sich die Firma neu und zog nach Birmingham um. Das scheint alle Kräfte in Anspruch genommen zu haben, jedenfalls sind in jenem Jahr keine Modelle angekündigt worden. 1933 wurden drei Varianten gebaut. Später, noch im gleichen Jahr, wurde SOS durch den Motorradhändler Tommy Meeten in Redhill (Surrey) übernommen, und dieser drückte der nächstjährigen Produktion seinen Stempel auf. Alle Typen erhielten jetzt Namen: Speed A, Club B, Magnetic C, Club D, Superb E, Magnetic F und Superb G. Die Motoren stammten von

Alfred Wiseman baute Motoren; von 1922 bis 1926 kombinierte er für seine Sirrah- und Verus-Motorräder Teile aus eigener Produktion mit denen anderer Hersteller. Die in zwei Versionen hergestellte Sirrah hatte Wisemans eigenen 292 cm³ Einzylindermotor. 1927 gab es sie nicht mehr im Programm. *(VMCC)*

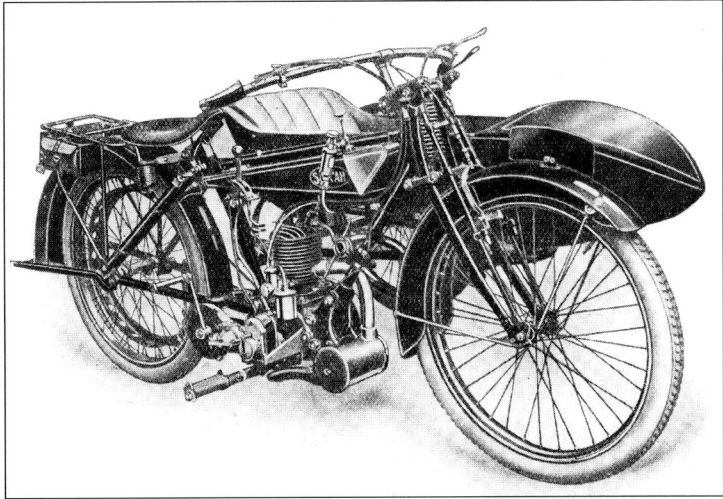

Diese »So-Obviously-Superior« (ganz offensichtlich Superior) Super Onslow Special, kurz SOS, soll angeblich die letzte gewesen sein, die das Werk in Hallow vor dem Umzug nach Birmingham verließ. Dieses Foto von 1970 zeigte die SOS mit dem Original-Triebwerk, einem wassergekühlten 343 cm³ großen Villiers-Aggregat. Der Neupreis betrug 42 Pfund. *Andrew Martell/Jim Boulton*

Villiers, die Hubräume reichten von 172 bis 346 cm³. Die Preise bewegten sich zwischen 39 und 51 Pfund. SOS Motorräder blieben bis 1939 im Bau.

Eine kleine Randerscheinung in der SOS-Geschichte sind die OMC-Typen. Entwickelt von C.G. Vale-Onslow, dem Bruder von Leonard, wurden diese 1930 im SOS-Werk in Hallow gefertigt. Es handelte sich um Leichtmotorräder mit 172 cm³ großen Villiers-Motoren für 35 Pfund. Nur wenige scheinen entstanden zu sein, und deren Existenz ist auch nur in jenem Jahr verbürgt.

Sparkbrook

Sparkbrook Manufacturing Co Ltd
Paynes Lane, Coventry I

Diese Firma in Coventry zählte zu den ältesten Fahrradherstellern in der Stadt. Gegründet 1883, kam es 25 Jahre später zum Bau der ersten Motorräder. 1915 bestand die

Modellpalette aus zwei Typen, beide mit einem 269 cm³ Zweitakt-Einzylinder und kombiniertem Ketten/Riemenantrieb. Mit Direktantrieb kostete das Motorrad 31 Pfund, mit Zweiganggetriebe 37 Pfund. Die Produktion endete 1916. Die Marke wagte zwischen 1921 und 1923 mit dem Modell Spark (247 cm³ Villiers-Motor) ein Comeback, dem aber nur eine kurze Dauer beschieden war.

Sprite

Hipkin & Evans
Eel Street, Oldbury

Ein erfolgreicher Cross- und Trialfahrer, der sich mit Motorradherstellung beschäftigte, war Frank Hipkin. Wie üblich, baute er zunächst für sich selbst Motorräder, erhielt aber dann immer Anfragen von Konkurrenten. Zusammen mit seinem Geschäftspartner Fred Evans startete er 1964 eine Serienproduktion. Das Motorrad nannte sich Sprite und

verfügte über einen Villiers-Antrieb. Es konnte komplett oder als Bausatz gekauft werden. Letzteres war für Käufer besonders attraktiv, da somit die Umsatzsteuer gespart werden konnte. Außerdem bildeten die Kits auch für Exportzwecke die beste Lösung. Als 1968 Lieferschwierigkeiten bei den Villiers-Motoren auftraten, suchten die Partner Ersatz im Ausland, unter anderem bei Sachs. Als kurzfristig eine große Exportbestellung storniert wurde, fand der Motorradbau schlagartig ein Ende, doch die Firma selbst überlebte und suchte sich neue Geschäftsbereiche.

Der Trial- und Motocrossfahrer Frank Hipkin baute ab 1964 zusammen mit seinem Geschäftspartner in Oldbury Motorräder. Die Maschine hieß Sprite und verwendete Villiers-Motoren, bis diese ab 1968 nicht mehr lieferbar waren. Danach, wie bei dieser 175er von 1971, kamen Sachs-Aggregate zum Einsatz. Die Herstellung lief 1974 aus.
Jim Davies

Star-Griffon

Star Cycle Co Ltd
Pountney Street, Wolverhampton

Edward Lisle, Schmied aus Wolverhampton, baute in seinem Haus in der Franchise Street Ende der 1860er ein Veloziped und bestritt damit erfolgreich Radrennen. Konkurrenten bestellten seine Fahrräder, und 1869 war Lisle Fahrradhersteller. Mit diesem Unternehmen scheiterte er aber bald. Sein Sohn Edward montierte im Keller ebenfalls ein Fahrrad und etablierte zusammen mit Mr. Sharratt 1876 eine Fahrradproduktion. Als Lisle später zum alleinigen Inhaber aufstieg, taufte er die Firma um; die Star Cycles Co wurde am 16. Dezember 1896 eingetragen und

baute ab 1898 Autos, konzentrierte diese Produktion aber bald unter einem anderen Firmennamen, Star Motor Co. 1899 stellte man motorisierte Dreiräder vor.

Bedingt durch den Rückgang im Fahrradgeschäft, brachte Star 1903 Star- und Star-Griffon-Motorräder auf den Markt; Maschinen von Griffon aus Frankreich dienten als Basis für dieses 42 Pfund teure Motorrad. Die Einführung eines Billigautos, des Starling, führte 1905 zur Einstellung der Motorradproduktion, die aber sechs Jahre später wieder anlief. Es handelte sich um zwei Modelle mit 4,5 und 6 PS Leistung. Das stärkere war ein Zweizylinder mit Dreiganggetriebe und kostete stolze 68 Pfund. Beide Modelle waren nur dieses Baujahr erhältlich. Die Motorradproduktion endete 1915; Star wurde 1929 von Guy Motors übernommen. Nach einem Konkurs im März 1932 verschwand die Marke endgültig.

The Star Motor Tricycle

Star, die bekannte Marke aus Wolverhampton, baute ab 1899 Dreiräder und beschäftigte sich ab 1903 auch kurz mit Motorrädern, die auf eigenen Fahrrädern basierten. Allerdings spielten Motorräder bei Star keine große Rolle, von einer konsequenten Serienproduktion (die 1915 ganz eingestellt wurde) konnte keine Rede sein.
Jim Boulton

Preise ab 50 Pfund. Neue Modelle wurden für 1935, 1936 und 1937 vorgestellt und viele Käufer fanden die Werbebehauptung »Stevens Motorräder sind die exzellentesten Sportmaschinen der Welt« als durchaus korrekt.

Stevens & Bowden führten auch allgemeine technische Konstruktionsarbeiten aus. Die Herstellung von Motorrädern und Dreirädern nahm nur einen verhältnismäßig kleinen Teil ein. Da die anderen Geschäftszweige mit dem nahenden Krieg immer mehr Kapazität banden, wurde der Motorradbau 1938 eingestellt.

Sun

The Sun Cycle & Fittings Co Ltd
Phoenix Works, Aston Brook Street, Birmingham 6
Raleigh Industries Ltd
177 Lenton Boulevard, Nottingham

Suns Einstieg ins Motorradgeschäft vollzog sich nach dem üblichen Muster. 1885 von der Familie Parkes für die Herstellung von Fahrrädern und Fahrradkomponenten gegründet, baute die Firma 1912 ihr erstes Motorrad. Wie alle Vorkriegsmodelle basierte dieses auf einem 269 cm³ großen Einzylinder-Zweitakter. Die Produktion wurde 1916 zu Gunsten von Rüstungsaufträgen aufgegeben. Die letzten Modelle waren für 28 Pfund mit Direktantrieb über Riemen erhältlich oder für 34 Pfund mit Zweiganggetriebe und Kettenantrieb.

Für die Nachkriegstypen lieferten Aza, Burney & Blackburne, JAP und Villiers die Motoren. Drei Maschinen mit 350 cm³ Hubraum und zwei mit 500 cm³ standen im Angebot, die Preise lagen zwischen 36 und 56 Pfund.

Die Modellpalette wurde 1931 radikal umgestellt und beschränkte sich nunmehr vorwiegend auf kleinere Motoren von 98 bis 350 cm³. Die Motorräder selber waren billiger, von 25 bis 49 Pfund. Damit lag man goldrichtig, etwas, was viele Motorradhersteller in jener Zeit nicht schafften. Ab 1933 wurde die Modellpalette weiter reduziert, da die 350er verschwand. Übrig blieben vier Typen mit Villiers 98, 147, 148 und 196 cm³-Motoren zu Preisen zwischen 16 und 25 Pfund.

Zwischen 1935 und 1940 ruhte die Sun-Produktion, aber die Firma stellte weiter Komponenten her. Der Rückkehr erfolgte in Form eines Mofas mit 98 cm³ Villiers-Motor,

Stevens & Bowden Ltd
Retreat Street, Wolverhampton

Nach dem Verkauf der Marke AJS an AMC 1931 hatten die Brüder Stevens immer noch Interesse an Motorfahrzeugen. Sie besaßen noch die Werksanlage in der Retreat Street und einen Teil des Maschinenparks, der Vorrichtungen und Formen. Als erstes bauten die Brüder unter ihrem eigenen Namen einen Dreirad-Lieferwagen mit zwei Rädern hinten. Die Konstruktion beruhte auf der Technik des Motorrades; der Motor war der überquadratische 588 cm³ Einzylinder eigener Herstellung. Die Ladekapazität war groß, der Preis mit 79 Pfund angemessen.

Richtige Stevens Motorräder erschienen im März 1934. Sie hatten 250, 350 oder 500 cm³ Stevens-Motoren, Vierganggetriebe und wahlweise Hand- oder Fußschaltung.

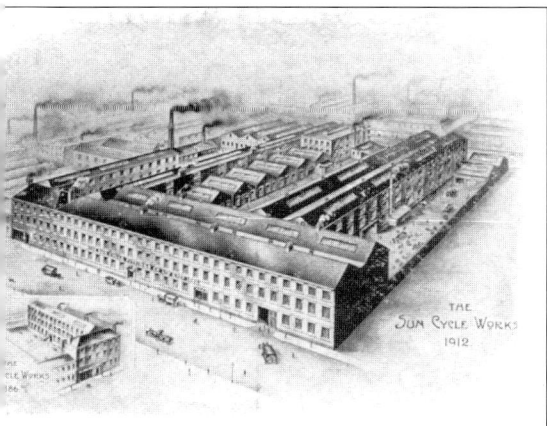

THE SUN CYCLE WORKS 1912

Dieser Vergleich zwischen dem Sun-Werk von 1886 und dem von 1912 belegt, wie schnell das Unternehmen in dieser Zeit gewachsen war. Bis 1912 konzentrierte sich die Produktion fast ausschließlich auf Fahrräder und Fahrradteile, erst dann wurde das erste Motorrad auf die Räder gestellt.
Jim Boulton

1885 · SUN · 1929

SUN MOTOR CYCLES

1½-h.p. SUN-VILLIERS
Model De Luxe.
Very Strong Carrier for occasional passenger.

Die Sun-Villiers Model De Luxe von 1929 hatte einen 147 cm³ Villiers-Zweitaktmotor und Zweiganggetriebe. Zur Ausstattung gehörte ein kompletter Werkzeugsatz samt Tecalemit-Fettspritze. *Jim Boulton*

aber auch das rollte wegen des Krieges gleich wieder ins Abseits. 1946 ging das Mofa endlich in Produktion und erhielt 1948 Gesellschaft in Gestalt eines konventionellen Motorrades. Das Mofa (Autocycle) verschwand 1951 aus dem Programm, in diesem Jahrzehnt legte Sun Wert darauf, das Motorradprogramm ständig zu verfeinern und zu erweitern. Dazu gehört auch, dass Sun sehr schnell auf Trends reagierte. So erschien 1957 der Geni-Roller. Im Unterschied zu vielen anderen britischen Rollern scheint es sich um eine Eigenkonstruktion gehandelt zu haben, erstellt ohne jede ausländische Hilfe. Den Antrieb steuerte ein 99 cm³-Villiers-Motor bei; Drahtspeichenräder und die fehlende Bodenplatte, sonst bei solchen Konstruktionen zu finden, waren weitere typische Merkmale dieser Konstruktion. Einigermaßen erfolgreich, überlebte die Geni das Ende der übrigen Motorradproduktion um zwei Jahre bis 1961. In diesem Jahr trat Fred Parkes, nachdem er 50 Jahre lang die Geschicke von Sun bestimmt hatte, in den Ruhestand. Raleigh erwarb die Rechte am Bau der Sun-Fahrräder,

doch die Motorräder der Marke verließen zusammen mit Mr. Parkes die Bühne.

Sunbeam

John Marston Ltd/Sunbeam Cycles Ltd
»Sunbeamland«, Paul Street, Wolverhampton
Associated Motor Cycles Ltd
44-45 Plumstead Road, Woolwich, London SE 18
Sunbeam Motorcycle Division of BSA Motorcycles Ltd
48 Armoury Road, Small Heath, Birmingham 11

John Marston aus Wolverhampton war Fabrikant von Zinntellern und Porzellan – und hatte kurze Beine. Erst nachdem 1886 einer seiner Angestellten ihm ein Fahrrad gebaut hatte – wohl damit er in Zukunft schneller voran kommen konnte –, begann er über die Vorteile eines Zweirads nachzudenken und baute einen eigenen Prototyp. Das fertige Produkt, in Schwarz und Gold lackiert, erinnerte seine Frau an einen Sonnenstrahl: »Sunbeam« wurde zum Produktnamen. Die Serienherstellung lief ab 1887.

Wie viele andere auch erweiterte Marston die Produktpalette um Motorräder. Das Sunbeam-Motorrad erschien 1912, eine 2,5 PS-Maschine mit 350 cm³ Hubraum, Zwei-

Sunbeam begann 1912 mit dem Motorradbau. Die Maschinen des zweiten Produktionsjahres trugen schwarzen Lack mit goldenen Zierstreifen. Der elegante Herr im Sattel heißt Brauch Beckley, war Sunbeam-Händler und offensichtlich recht stolz auf sein Vorkriegs-Gespann. *Graham Beckley/Jim Boulton*

ganggetriebe und grünem Benzintank mit silbernen Flanken. Wie die Fahrräder erhielt auch das Motorrad Marstons patentiertes System, bei dem Kette und Primärtrieb in Öl liefen, das Little Oil Bath (1892 eingeführt). Als »The Gentleman's Motor Bicycle« vermarktet, verkaufte sie sich für 63 Pfund.

1913 sah nicht nur den Wechsel in der Lackierung (jetzt schwarz mit goldenen Zierstreifen), sondern auch die Premiere eines Zweizylinders, der im Lauf seiner Produktionsgeschichte von Abingdon- (AKD), JAP- oder M.A.G.-Motoren aus der Schweiz angetrieben wurde. Qualität und Verarbeitung gehörten zum Besten, was die Branche zu bieten hatte, entsprechend hoch waren aber auch die Preise: 1915 kostete eine 550 cm³ Sunbeam-Einzylinder mit Dreiganggetriebe 73 Pfund und ein 992 cm³ Zweizylinder 94 Pfund!

Sunbeam beteiligte sich sehr früh an Rennveranstaltungen und kam rasch zu schönen Erfolgen. Unter den Fahrern fanden sich Größen wie Howard R. Davies, der spätere Erbauer der HRD-Motorräder. Die zivile Produktion endete 1916, zu den jetzt gebauten Rüstungsgütern gehörten aber auch, wie bei James und Norton, Motorräder für die britische und russische Armee.

Noch im Kriegsjahr 1918 ereilte die Familie drei Schicksalschläge innerhalb kürzester Zeit. John Marstons drittältester Sohn Roland starb im Februar, gefolgt im März von seinem Vater, dem Firmengründer John. Fast unmittelbar danach starb auch dessen Witwe. Der älteste Sohn, Charles Marston, übernahm nun den Vorstandsvorsitz. Wegen seines Engagements bei Villiers verkaufte er seine Anteile an die Explosive Trades Ltd, die später in Nobel Industries und 1928 in ICI umgewandelt wurde.

Diese strukturellen Änderungen wirkten sich aber auf das eigentliche Produkt, die Sunbeam-Motorräder, nicht aus, wenigstens nicht sofort. Noch 1919 wurden zwei neue Typen eingeführt, ein 3,5 PS-Einzylinder und ein 8 PS-Zweizylinder, für 99 bzw. 120 Pfund. Sunbeam ging auch wieder bei Rennen an den Start und siegte 1920 und 1922 bei der Senior TT auf der Isle of Man.

Von Mitte der 20er bis in die frühen 30er baute Sunbeam eine Reihe von prächtigen Einzylindern mit Hubräumen von 246 zu 600 cm³, die zwischen 72 und 110 Pfund kosteten. Unter ICI-Leitung wurden neue Modelle angekündigt. Die Lion von 1931 war die erste, eine 492 cm³ große Einzylindermaschine für 65 Pfund. Zugleich war diese auch die erste Sunbeam mit einem Namen. Mehrere Lion-Typen erschienen 1932, gefolgt von der Little 90, einer 246 cm³-Maschine für 56 Pfund.

Kleine Hersteller innerhalb einer großen Gesellschaft sind oft Spielball unkluger, wenig durchdachter Entscheidungen. So auch Sunbeam: 1937 trat ICI seine Anteile an AMC ab, schon im Besitz von Matchless und AJS. Die Produktion wurde in die große Fabrik in Woolwich verlegt und lief dort bis Kriegsausbruch weiter. AMC verkaufte dann 1943 Sunbeam an BSA. Die nunmehrige Sunbeam Motorcycle Division innerhalb der BSA Motorcycles Ltd stellte zwei bemerkenswerte Motorräder her, die S7 und die S8. Beide hatten einen längsliegenden 500 cm³ Zweizylindermotor mit obenliegender Nockenwelle und Kardanantrieb. Die S7 kostete 264 Pfund und war sehr komfortabel. Die S8 dagegen war etwas sportlicher (»für den Fahrer, der für Mehrleistung auf Komfort verzichten kann«), leichter und kostete nur 240 Pfund.

In jedem Fall handelte es sich um robuste, leistungsstarke Konstruktionen, die auf hohe Lebensdauer ausgelegt waren: mit kettengetriebener, obenliegender Nockenwelle, Vierganggetriebe und Kardan. Obwohl dieses »Immaculate Motorcycle« das Sunbeam-Emblem am Tank trugen, hatte BSA selbstverständlich seine Finger mit im Spiel. Dass der BSA-Einfluss nicht noch augenfälliger war, lag wohl an den Schwierigkeiten, die man in Birmingham mit der Stammmarke hatte. Das traurige Ende vom Lied war schließlich die Entscheidung, Sunbeam auf dem Altar des Konzerninteresses zu opfern. 1957 war Schluss, auch

Weltweit waren Sunbeam-Motorräder erfolgreich. Hier posiert Werksfahrer Arthur »Digger« Simcock nach seinem Sieg beim Australischen Sechs-Stunden-Rennen 1929.
IMI Marston/Jim Boulton

Sunbeam engagierte sich nach 1934 kaum mehr im Straßenrennsport, nahm aber mit einer Werksmannschaft weiter an Geländewettbewerben teil. Dazu gehörte auch Frank Williams, hier mit einer modifizierten Maschine mit hochgelegtem Auspuff.
(IMI Marston/Jim Boulton

Eine der ersten unter der Regie von AMC gebauten Sunbeam war die 598 cm³ große B 28 von 1939, die auf diesem Bild aus dem Jahr 1969 zu sehen ist. Allerdings befindet sie sich nicht mehr im Originalzustand.
Andrew Marfell/Jim Boulton

Rechte Seite: Ab 1943 war Sunbeam Teil von BSA. Diese zweizylindrige 500er S8 von 1955 der »Sunbeam Motor Cycle Division of BSA Motor Cycles Limited« kostete 240 Pfund und richtete sich vor allem an Fahrer, die »für eine offensichtliche Steigerung in der Leistung leichte Komforteinbußen in Kauf nehmen«. Zwei Jahre später beschloss BSA, die Marke Sunbeam vom Markt zu nehmen.
Jim Boulton

wenn Ende 1959 BSA noch zwei Roller mit Sunbeam-Label vorstellte. Getrieben von einem 172 cm³ großen (Bantam-) Zweitaktmotor oder einem 249 cm³ großen (C15-) Viertaktmotor wurden die BSA-Klone bis 1964 gebaut, aber dann war endgültig und unwiderruflich Feierabend.

Swallow Coachbuilding Co (1935) Ltd
Walsall Aerodrome, Aldridge Road, Walsall

Swallow Coachbuilding wurde 1922 von William Lyons und William Walmsley in Blackpool als Beiwagenhersteller gegründet. Die Firma baute nach und nach auch Karosserien für Autos, mutierte schließlich zum Autohersteller und zog 1928 nach Coventry um. 1934 nahmen die Autos den Löwenanteil der Produktion in Anspruch und die Firma wurde geteilt: Die S.S. Cars Ltd (Abkürzung für Swallow Sidecars) baute die Autos, und die Swallow Coachbuilding Co (1935) stellte weiter Seitenwagen und Karosserien her.

Als die Produktion nach dem Zweiten Weltkrieg wieder aufgenommen wurde, fällte Lyons zwei wichtige Entschei-

dungen. Diese basierten auf der Erkenntnis, dass ein Auto mit dem Kürzel SS nur bedingt Erfolg haben dürfte. Aus der S.S. Cars Ltd wurde demzufolge die Jaguar Cars Ltd. Eine zweite Entscheidung fiel Jaguar-Chef Lyons schwerer: Er trennte sich von der Beiwagen-Produktion und gab diese an Helliwells Ltd ab, einen Hersteller von Motorteilen, der 1899 in Dudley als Fender-Fabrikant gegründet worden war. Die Fabriken lagen in Wales.

Seine Neuerwerbung dachte Helliwell unter anderem mit der Produktion eines Rollers auszulasten. Dieser Swallow Gadabout erschien 1946, weit vor der Roller-Welle der 50er und wurde zuerst im walisischen Zweigwerk Treforest gebaut. Diese konventionelle Roller-Konstruktion mit 122er Villiers-Motor mit Dreiganggetriebe, Fußschaltung und einer Spitze von etwas über 50 km/h kostete nur 99 Pfund. Die Serienproduktion erfolgte bald darauf in der Nähe eines Flugplatzes, wo auch ein Fließband installiert wurde. Dort entstand zuerst eine 115 Pfund teure Lieferversion mit Beiwagen, der 1951 eine modifizierte Gadabout folgte. Der Major, so hieß der Roller, verfügte über einen leistungsstärkeren 197 cm³ großen Villiers-Motor und kostete 126 Pfund. Doch trotz aller Werbeanstrengungen (»The Daily Round…The Common Task…Is Made Easier With

The Famous Swallow Gadabout«) konnte der Siegeszug der viel schöneren Lambretta- und Vespa-Roller aus Italien nicht aufgehalten werden. Die Produktion musste Ende 1951 eingestellt werden.

weiter und konnte seine Firma an ein anderes Unternehmen verkaufen. Die Indian Commerce & Industries Ltd (die pikanterweise auch zum Tandon-Imperium gehörte) blieb bis 1959 aktiv.

Swift

The Swift Cycle co
15 Cheylesmore & Quinton Works, Coventry I

Der Markenname Swift tauchte zuerst 1865 auf, als die Coventry Sewing Machine Co auf Initiative von Joseph Turner die Fahrradproduktion aufnahm. Es könnte sich dabei durchaus um Großbritanniens ältesten Fabrikanten handeln, da die ersten Maschinen ein Jahr vor Humber erschienen. Ein motorisiertes Swift Dreirad kam 1898, ihm folgte ein Jahr später ein Kleinwagen, die Voiturette. Auch das erste Motorrad entstand 1898. Bei dieser Modellpalette blieb es bis zum Ausbruch des Ersten Weltkriegs.

1902 war die Produktion in einem solchen Ausmaß gewachsen, dass sie aufgeteilt wurde: Die Swift Cycle Company war zuständig für Fahrräder, Motorräder und Dreiräder, die Swift Motor Company baute Autos (wobei die Swift Cycle Co später auch ein Leichtgewichtsauto, ein Cyclecar, herstellte). Motorräder spielten bei Swift immer nur ein Nebenrolle, und lange noch vor dem Ersten Weltkrieg waren sie aus dem Programm verschwunden.

Tandon

Tandon Motors Ltd/Indian Commerce & Industries Ltd
29 Ludgate Hill, London EC 4
Tandon Motors Ltd
Colne Way, By-Pass Road, Watford, Hertfordshire

Die Nachkriegs-Nachfrage nach praktisch jeder Form des motorisierten Transports rief unzählige Firmen auf den Plan. Eine davon war Tandon, gegründet von dem in Indien geborenen Devadutt Tandon, der zuvor eine Kette von Fotogeschäften aufgezogen hatte, die bis heute seinen Namen tragen.

Die Tandon Special war eine ziemlich konventionelle Konstruktion. Angetrieben von einem 122 cm^3 großen Villiers-Konfektionsmotor und mit simplem Rundrohrrahmen aufgebaut, war sie unter anderem auch für den Export nach Indien gedacht. Dort sollte man die zerlegte Maschine gleichsam aus der Transportkiste ohne spezielle Werkzeuge oder Kenntnisse zusammenschrauben können. Die Herstellung erfolgte in der Bushley Hall Road in Watford, der Verkauf aber lief schleppend. Testfahrer und Zeitschriften attestierten der Special eine miserable Verarbeitung und eine mangelhafte Leistung.

Im Export lief auch nichts, aber Tandon, unverdrossen, verlegte seine Produktion an einen anderen Ort und entwickelte modernere Motorräder, die teilweise bis 1955 auch erschienen. Dann führten finanzielle Probleme fast zum Bankrott. Tandon kriegte noch einmal die Kurve, kämpfte

Teagle

W.T. Teagle (Machinery) Ltd
Blackwater, Truro, Cornwall

In den frühern 50ern bestand die einfachste Möglichkeit, mobil zu werden, darin, sich einfach einen Hilfsmotor an sein Fahrrad zu schrauben. Einer dieser Motoren war der Teagle, hergestellt von einer Maschinenbaufirma in der Nähe von Truro in Cornwall. Vorgestellt 1952, stand Teagle für einen 50 cm^3 Zweitaktmotor, dessen Kurbelgehäuse und Benzintank direkt oberhalb des Hinterrades platziert waren. Die Produktion lief 1954 an und dauerte bis 1956, einem Zeitpunkt, als die Kunden genug von dieser Art von Flautenschieber hatten und scharenweise zu den neuen, attraktiven Mofas griffen.

Der Teagle-Einbaumotor wurde in Cornwall gebaut und 1952 vorgestellt. Der 50 cm^3 große Zweitaktmotor bildete zusammen mit dem Tank eine Einheit und mußte oberhalb des Hinterrades eingebaut werden, wie auf dem Foto zu sehen ist. Eine Rolle trieb den Reifen an. Die Produktion lief 1954 an und 1956 aus.

Three Spires

Coventry Bicycles Ltd
Osborne Road Works, Osborne Road, Coventry

Coventry Bicycles Ltd stieß ziemlich spät zur Fahrradherstellung in der aktiven Szene von Coventry. Gegründet 1921, machte das Unternehmen anfangs nur durch häufige Umzüge von sich reden, bevor die endgültige Adresse in Osborne Road gefunden wurde. Der Markenname leitete

Die große Werksanlage von Triumph in Coventry, hier im Katalog von 1922 abgebildet.
Jim Boulton

sich von einer in Coventry bekannten Sehenswürdigkeit her, den weithin sichtbaren drei Kirchentürmern im Stadtzentrum.

Three Spires Motorräder erschienen 1932. Es waren Kleinkrafträder mit 147 cm³ großen Villiers-Motoren. Zwei Varianten standen zur Auswahl: Three Spires Standard für 18 Pfund und Three Spires mit Beleuchtung und Beinschildern für 21 Pfund. Der Verkauf lief, aus welchem Gründen auch immer, schleppend – kein Wunder also, dass die Coventry Bicycles bald schon wieder die Finger vom Motorradgeschäft ließ.

Toreador

Toreador Engineering Co
Ribble Bank Mills, Preston, Lancashire
Bow Lane, Preston, Lancashire

Eine weitere obskure Marke war Toreador. Dahinter stand die Toreador Engineering Co aus Preston, die nur in den Jahren 1927 und 1928 Motorräder anbot. Die ersten Toreador hatten 349 cm³ große Burney & Blackurne-Einzylindermotoren. Es gab sie als Standard oder Sport für 57 oder 66 Pfund. Für 1928 wurde die Modellpalette revidiert und umfasste fünf Typen, die alle mit JAP-Aggregaten von 344 bis 498 cm³ Hubraum motorisiert waren. Die Preise bewegten sich zwischen 58 und 97 Pfund, was wohl den meisten Brieftaschen passte. Leider merkten die Kunden das gar nicht, und nach 1928 ist die Marke nicht mehr in Erscheinung getreten.

Triumph

Triumph Cycle Co/Triumph Cycle Co Ltd
Gloria Works, Earl's Court, Much Park Street/Priory Street, Coventry
Triumph Engineering Co Ltd
Meriden Works, Allesley, Coventry
Triumph Motorcycles (Meriden) Ltd
Meriden Works, Allesley, Coventry
Triumph Motorcycles Ltd
Jacknell Road, Dodwells Gridge, Industrial Estate, Hinckley, Leicestershire

Diese Marke, die heute ein Bannerträger der britischen Industrie ist, geht auf zwei Deutsche zurück. Siegfried Bettmann kam 1884 im zarten Alter von 21 Jahren nach Großbritannien. In London wurde er Vertreter für viele verschiedene Unternehmen und fing 1885 an, Fahrräder zu exportieren. Diese wurden in Birmingham hergestellt und unter der Bezeichnung Triumph vermarktet. Da er die Sache ganz in Eigenregie durchführen wollte, gründete er 1887 zusammen mit seinem Geschäftspartner und Landsmann, dem Konstrukteur Mauritz Schulte, eine eigene Fabrik namens Gloria Works. Den Hinterhof in einer Nebenstraße der Much Park Street teilte man sich mit einer Textilfabrik. Für die Fahrradproduktion gründete man eine eigene Gesellschaft, und diese trug den von Bettmann für die Fahrräder verwendeten Namen: The Triumph Cycle Co.

Die Geschäfte liefen gut, besonders nach einer massiven Finanzspritze seitens des Geschäftsmanns und Industriellen Harvey DuCros. Im Mai 1896 investierten die Partner in den Erwerb einer siebenstöckigen Seidenmühle in der Priory Street von Coventry, unweit der Kathedrale. Einen weiteren Ausbau ermöglichte der Kauf des Sägewerkes der Herren Booth und Earle. Sie wurde abgerissen, was genügend Raum gab, um die Fabrikanlage zu verdoppeln. Später wurden noch mehr angrenzende Grundstücke aufgekauft, so dass sich das Werk bald auch über den größten Teil der Dale Street erstreckte.

1897 wurde Triumph zu einer Aktiengesellschaft und hieß nun The New Triumph Cycle Co; Mauritz Schulte wurde zum Chefkonstrukteur ernannt. Er hatte 1895 ein Hildebrand & Wolfmüller-Motorrad (das erste Serienmotorrad der Welt) importiert und experimentierte 1898 mit eigenen Konstruktionen. Schulte war kein Mann unüberlegter Handlungen und suchte lange nach einem passenden Motor. Erst 1901 fand er diesen in Gestalt eines 2 PS-Motors, der von der kürzlich gegründeten Fabrik Minerva in Anvers in Belgien gebaut worden war. Dieser Triebsatz wurde anstelle des vorderen Rahmenrohres in ein verstärktes Triumph-Fahrrad eingebaut. Das erste Triumph-Motorrad, 1902 mit Direktantrieb über Riemen versehen, hatte also einen belgischen Motor. Doch das war erst der Anfang und Schulte experimentierte auch mit Motoren des deutschen Herstellers Fafnir und von JAP, bevor er beschloss, einen eigenen zu bauen.

Eine tolle Aufnahme einer Triumph vor dem Ersten Weltkrieg. Der pfeiferauchende Besitzer hat offensichtlich so viel Vertrauen zu seinem Motorrad, dass er bereit ist, in Hausschuhen loszufahren!
R. M. Forder/Jim Boulton

Unten: Triumph konnte während des gesamten Ersten Weltkriegs Motorräder bauen und produzierte nicht weniger als 30 000 Maschinen für die britische Armee. Hier drei Mitglieder der Signal Troop, 3rd South Midland Mounted Brigade, mit ihren Triumph.
Jim Boulton

Die Versuche sprachen für einen zentral eingebauten 3 PS-Motor, und genau um solche handelte es sich bei den ersten, von Triumph gebauten Motoren, die 1905 erschienen. Dennoch war Schulte immer noch nicht recht zufrieden, besonders nicht mit Ventilen und Kolbenringen. Teile mit höherer Qualität mussten her, das dauerte, und so konnte Schulte erst 1907 einen Motor mit 550 cm³ Hubraum und 3,5 PS offerieren, mit dem auch er zufrieden war. Bei der allerersten TT auf der Isle of Man ging man damit an den Start, Triumph platzierte sich an zweiter und dritter Stelle in der Einzylinderklasse. Im Jahr darauf stand die Marke ganz oben auf dem Siegestreppchen.

Die Motorradproduktion erfolgte seit 1907 in Priory Street. Dort entstanden einige Neuentwicklungen, unter anderem Vergaser und Magnetzündung. Sie, zusammen mit einem Dreiganggetriebe, gingen dann in Serie.

Triumph baute 1914 drei Typen von Motorrädern, mit 225 cm³ (2,25 PS), 499 cm³ (3,5 PS) und 550 cm³ (4 PS). Als Getriebe dienten Direktantrieb oder Zwei- oder Dreiganggetrieben, entweder mit Kraftübertragung über Vollriemen oder in Kombination aus Kette und Riemen. Grau lackiert, kosteten die Maschinen zwischen 42 Pfund (225 cm³) und 63 Pfund für die 550 cm³-Ausführung mit Dreiganggetriebe. Die Produktion lief im ersten Weltkrieg weiter, da Triumph nicht weniger als 30 000 Einheiten der 550er an die Streitkräfte lieferte. Gut ein Jahr nach dem Waffenstillstand, 1920, stellte Schulte die erste Triumph mit Vollkettenantrieb vor. Es sollte seine letzte Konstruktion werden, da er sich dann zurückzog.

Für die frühen Nachkriegsmodelle ist das Baujahr 1922 typisch. Immer noch mit den Vorkriegsmotoren ausgestattet, standen vier Typen zur Auswahl: Type R mit 499 cm³ und 3,5 PS für 120 Pfund, Type SD mit 550 cm³ und 4 PS für 115 Pfund, Type H mit 550 cm³ und 4 PS für 105 Pfund und schließlich Type LW mit 225 cm³ und 2,5 PS für 65 Pfund. Im gleichen Jahr beteiligte sich Triumph auch wieder an Rennen.

In den frühen 20ern dachte man auch intensiv über eine Autoproduktion nach. Triumph übernahm 1921 die wak-

Britische Motorräder

Das billigste Triumph-Modell 1922 war diese 65 Pfund teure Type LW mit 225 cm³ Einzylinder-Zweitaktmotor. Der Rahmen war schwarz lackiert, alle blanken Teile beschichtet und der Tank grün mit roten Zierstreifen.
Jim Boulton

Die von John Bloor in Hinckley gebauten Triumph sind moderne Konstruktionen. Diese T 595 Daytona von 1997 hat einen 955 cm³ großen Dreizylindermotor, der unter Mithilfe von Lotus Engineering konstruiert wurde.
Jim Davies

kelnde Dawson Car Company. Dort, ebenfalls in der Priory Street angesiedelt, entstand 1923 das erste, von Triumph gebaute Auto. Damit verfügte Triumph über einen zweiten, zukunftsträchtigen Geschäftsbereich, was letztendlich zum Verhängnis werden sollte. In den 20ern konnte man das allerdings nicht ahnen; Triumph entwickelte und verfeinerte die Programmpalette ständig weiter. In diesem Jahrzehnt verloren die Maschinen auch ihre Fahrradoptik und präsentierten sich als schlanke, eigenständige Konstruktionen. Auch die Farbe änderte sich. Auf das uniforme, triste Grau folgte jetzt Grün, später Schwarz, mit blauen Seitenteilen. Neue Motoren entstanden ebenfalls, wie die Model P von 1925 zeigt. Diese hatte 494 cm³ Hubraum und kostete günstige 42 Pfund.

Wie die meisten Motorradhersteller stand auch Triumph Ende der 20er und die ganzen 30er hindurch unter

dem Druck, Kosten zu sparen. Die teuerste Triumph von 1926 war die 499 cm³ R für 68 Pfund, 1932 war es die CD mit 493 cm³ für 48 Pfund. In diesem Jahr stellte Triumph ein Sparmodell vor, die Gloria mit 98 cm³ Villiers-Motor, die später auch mit 147 cm³ Motor erhältlich war. Das Unternehmen verfügte nun über drei Geschäftsfelder – Fahrräder, Motorräder und Autos –, und das war zu viel. Die Fahrradproduktion wurde zuerst eingestellt, später an Raleigh verkauft und unter neuer Regie bis 1954 fortgeführt. Dann waren die Motorräder dran; dieser Geschäftszweig wurde Mitte 1936 für 28 000 Pfund von John Young »Jack« Sangster aufgekauft, dem Sohn des Vorstandvorsitzenden von Ariel, Charles Sangster. (Die Autodivision ging an Standard, 1939.)

Die neue Triumph Engineering Co Ltd konnte den Ariel-Chefkonstrukteur Edward Turner als Geschäftsführer und

Triumph Trophy: Vor allem in den 50ern waren Geländemodelle ein wichtiger Bestandteil der Produktpalette, Triumph gehörte zu den Herstellern mit eigener Werksmannschaft. Die 500 Trophy (benannt nach dem Preispokal der Internationalen Sechstagefahrt) war direkt ab Werk mit 21 Zoll-Vorderrad, hochgelegtem Auspuff, kleinem Tank und Starrahmen lieferbar.

Triumph 500 Daytona, 1966: Triumph konnte sich in der amerikanischen Rennszene gut behaupten. Das AMA-Reglement erlaubte maximal eine Hubraum von 750 cm^3 für seitengesteuerte Motoren, aber nur 500 cm^3 für obengesteuerte. Das Tuningpotenzial der kleinen Triumph-Twins war beachtlich, wie Triumph 1966 beim Sieg auf dem berühmten Rennkurs unter Beweis stellte. Die 1967er Daytona hatte Doppelvergaser, geänderte Brennräume, eine tiefere Sitzbank und einen teilweise verstärkten Rahmen. Das Modell blieb bis zur Auflösung 1972 im Programm.

Chefkonstrukteur gewinnen. Bei Triumph arbeiteten übrigens schon ein ehemaliger Konstrukteur von Ariel, Val Page (der davor bei JAP gearbeitet hatte), ebenso wie auch Albert Camwell, einer der begabtesten Produktionsleiter in der Industrie. Mit Turner zusammen verfügte Triumph nun über eine höchst schlagkräftige Führungscrew. Eines der ersten Produkte des neuen Trios waren die Einzylinder-Typen der Tiger-Baureihe von 1936: die 250er Tiger 70 (46 Pfund), die 350er Tiger 80 (56 Pfund) und die 500er Tiger 90 (66 Pfund). Typisch für diese Modelle waren der verchromte Tank sowie die verchromten Felgen. Dazu gesellte sich die Zweizylinder-500er Speed Twin. Deren Motorkonstruktion befeuerte im Prinzip auch noch die Triumph-Motorräder der 70er Jahre.

Der Ausbruch des Zweiten Weltkriegs war ein harter Schlag für die neue Firma; der Bombenangriff auf Coventry am 14. November 1940 zerstörte das ganze Stadtzentrum, darunter auch die Triumph-Werke. Vorübergehend wurde die Produktion beziehungsweise das, was noch davon

übrig war, nach The Cape in Warwick verlegt, wo später Donald Healey seine Sportwagen baute. Da das Unternehmen wichtig für die Rüstungsanstrengungen war, unterstützte die Regierung den Bau einer neuen Fabrik in Meriden, acht Kilometer südwestlich von Coventry. Die neue Fabrik ging im Juli 1942 in Betrieb.

Nach dem Krieg konzentrierte sich Edward Turner auf den Bau von Zweizylindern. Zur großen Freude der Regierung, die dringend auf Devisen angewiesen war, bescherte das dem Unternehmen tolle US-Exportzahlen. Auch die Rennteilnahme wurde wieder aufgenommen, und Triumph konnte vor allem in Daytona große Erfolge verbuchen. Jack Sangster war inzwischen sehr reich geworden. Um eine eventuelle Erbschaftssteuer zu mindern, verkaufte er am 15. März 1951 Triumph für 2,5 Millionen Pfund an BSA. Keine schlechte Rendite, wenn man den Kaufpreis von 28 000 Pfund, der rund 15 Jahre zuvor bezahlt worden war, bedenkt. Auch unter neuer Leitung liefen die Geschäfte glänzend. In der Palette für 1952, die am 1. Novem-

Triumph TR7 (T140): Als Dennis Poore 1972 mitteilte, die Herstellung von Triumph nach Birmingham in das alte BSA-Werk verlegen zu wollen, begann der größte und längste Arbeitskonflikt in der Geschichte Großbritanniens. Zehn Jahre lang, bis 1983, führte ein Arbeiterkollektiv die Produktion in Meriden, Coventry, weiter, und vernachlässigte auch die Modellpflege nicht ganz. Diese Tiger 750 erschien zwar in einigen Varianten und Sondermodellen, war aber technisch immer identisch mit dem einzigen, bei Triumph gebauten Basismodell. Die amerikanische Ausführung hatte, wie hier gezeigt, den kleinen 9-Liter-Tank und einen hohen Lenker.

ber 1951 vorgestellt wurde, gab es einige alte Bekannte, darunter die Speed Twin, die 1939 eingeführte Tiger 100, die 650 Thunderbird und die 500 Trophy.

Die Werksgeschichte ist lang und zu verwickelt, um hier im Detail dargestellt zu werden, aber zwei Modelle müssen unbedingt präsentiert werden: Bonneville und Trident. Die Bonneville wurde nach einem Salzsee in der Wüste von Utah, USA benannt, wo Triumph 1956 einen leider nicht anerkannten Geschwindigkeits-Weltrekord aufstellte. Die gleichnamige Maschine wurde 1958 in London vorgestellt; sie verfügte über einen 650 cm³ großen Zweizylinder-Motor. Die Trident, oder T 150/T 160, war 1968 präsentiert und ab 1969 produziert worden. Sie hatte einen 750 cm³ Dreizylinder-Motor, der sich seit 1964 in Entwicklung befunden hatte. In scharfem Kontrast zu diesen Erfolgstypen stand der Versuch, sich dem schon abklingenden Roller-Boom anzuschließen. Der Tina hatte einen 100 cm³ großen Zweitaktmotor und Automatikgetriebe, litt aber, so lange er auch gebaut wurde, unter Problemen mit der Kraftübertragung, die erst mit dem Nachfolger T 10 ausgebügelt waren. Der T 10 wurde von 1965 bis 1969 gebaut.

Von den frühen 70ern an machte der Name Triumph mehr Schlagzeilen auf den Geschäfts- und Politikseiten der Presse als auf den Sportseiten. Die damalige BSA Group verkaufte Triumph an Norton-Villiers, und daraus formte sich am 17. Juli 1973 Norton-Villiers-Triumph Limited. Das neue Unternehmen war keine zwei Monate alt, als der Vorsitzende Dennis Poore ankündigte, die Fabrik in Meriden stilllegen zu wollen und die Produktion in das ehemalige BSA-Werk in Small Heath zu verlegen. Die Belegschaft in Meriden wollte davon allerdings nichts wissen. Daraus entstand einer der längsten und härtesten Arbeitskonflikte in der Geschichte Großbritanniens, der die gesamte britische Motorradindustrie in die Knie zwang und letztendlich vernichtete.

Zehn Jahre lang wurstelte ein Arbeiterkollektiv bei Triumph weiter und verschlang dabei Unsummen von staatlichen und privaten Fördergeldern. Dennoch musste am 26. August 1983 der Bankrott erklärt werden. Der Geschäftsmann und Bauunternehmer John Bloor erwarb die Rechte und übernahm den Ersatzteil-Handel. Dafür gründete er 1984 eine eigene Gesellschaft, kam dabei auf den Geschmack und begann 1988 mit dem Bau einer neuen Fabrik im Industriegebiet von Hinckley. Die Vorserie wurde 1990 gebaut. In Hinckly entstanden zunächst ausschließlich Drei- und Vierzylindermodelle. Der Serienanlauf verzögerte sich immer wieder, erstes Topmodell war die Trophy 1200, die im Februar 1991 erschien. Das Baukastensystem mit Drei- und Vierzylindern von 750 bis 1200 cm³ erlaubte den Bau zahlreicher Typen und Varianten, von Tourern wie die Trophy-Modelle über Enduro-Modelle wie die Tiger (die zum Modelljahr 2000 mit Einspritzanlage lieferbar war) bis hin zu außergewöhnlichen Streetfightern von der Stange wie die Speed Triple oder T 595. Die Sportfahrerfraktion wurde mit einer neuen 600er bedient, und die stetig wachsende Schar der Retro-Freunde erfreuten sich an Maschinen wie dem Thunderbird oder dem Adventurer. Was niemand für möglich gehalten hatte, schaffte John Bloor: Mit Triumph meldete sich die britische Motorradindustrie nachdrücklich zurück; die Bigbikes werden zunehmend als echte Alternative zu den Nobel-Maschinen von BMW akzeptiert. Und das hat es in der über 100-jährigen Motorradgeschichte noch nie gegeben...

Trobike

Trojan Ltd
Richmond Road, Croydon, Surrey

Trojan wurde 1913 von Leslie Hounsfield gegründet, ausschließlich für die Produktion eines ganz besonderen Autos. Der Erste Weltkrieg verzögerte das Vorhaben, erst

Rechts: Der große Bruder des Turner By-Van hieß Tri-Van und wurde 1949 gezeigt. Technisch identisch, war der Container hinter dem Fahrer größer.
Ian Allan Library

Unten: Im April 1946 in Brüssel vorgestellt, hatte der Turner By-Van einen großen Container dort, wo ansonsten Motor und Tank zu finden waren. Als Antriebsquelle diente ein 147 cm³ großer Turner-Tiger-Zweitaktmotor, der oberhalb des Vorderrades angebracht war. Der Tank saß am Lenker. Der By-Van kostete 120 Pfund, wurde aber kaum verkauft.
Stan Simmons/Jim Boulton

1922 ging in Kingston-upon-Thames das Werk in Betrieb. Schon 1928 wurde die Herstellung nach Croydon verlegt. Trojan-Autos wurden bis 1935 gebaut. Zu diesem Zeitpunkt war die Marke schon Teil von Leyland Motors, dem Hersteller von Nutzfahrzeugen in Lancashire.

Die einzige Verbindung der Trobikes zu den Trojan-Autos bestand darin, dass sie im gleichen Werk in Croydon hergestellt wurden und, wie der vierrädrige Vorgänger, ebenfalls etwas außergewöhnlich geraten war. Als Minibike eingestuft, hatte das Trobike 5-Zoll-Räder, einen offenen Rohrrahmen und einen 94 cm³ großen Zweitaktmotor. Trobikes wurden entweder komplett oder als Kit verkauft und waren ursprünglich für den Gebrauch auf Flughäfen oder in großen Industrieanlagen vorgesehen, wo lange Wege zurückzulegen sind. Auf der Straße wirkten sie mit ihrer Spitze von 50 km/h etwas verloren. Gebaut von Ende

der 50er bis in die frühen 60er, hatte Trobike noch eine weitere Gemeinsamkeit mit dem Trojan-Auto: Tellerräder. Neben der Trobike baute Trojan auch Lambretta-Roller zusammen und montierte ab 1961 den Trojan 200, eine britische Ausführung des Heinkel-Kabinenrollers.

Trump

Liphook Motor Engineering Works
Weybridge, Surrey
Trump Motors Ltd
Foxlake Works, Byfleet, Surrey
Trump Motors Ltd
36 John Bright Street, Birmingham 1

Trump-Motorräder waren die Erfindung von Angus Maitland und seines ebenfalls rennbegeisterten Vetters Frank McNab. Ihre Maschinen waren hauptsächlich für Rennen konzipiert. In der Regel handelte es sich um 250er und 500er Einzylinder, es gab aber auch 1000 cm³ V-Zweizylinder, die in leichten Fahrgestellen saßen. Trump-Motorräder verzeichneten viele Erfolge im Straßenrennsport. Angus Maitland verließ die Firma 1911 und machte sich selbstständig. In der zweiten Hälfte des Ersten Weltkriegs wurde die Produktion eingestellt und später in Birmingham wieder aufgenommen, wo sie aber 1923 aufhörte.

Turner »By-Van«

Light Delivery Vehicles Ltd
Lever Street, Wolverhampton

Seit dem 19. Jahrhundert beschäftigt sich die Familie Turner in Wolverhampton mit technischen Konstruktionsarbeiten; als Fahrzeughersteller trat man seit etwa 1902 auf.

Vauxhall Motors entwickelte 1922 Großbritanniens erstes Vierzylinder-Motorrad mit Kardanantrieb. Wegen des hohen Preises, den eine solche hochkarätige Konstruktion erfordert hätte, ging das Projekt nie in Serie. Dieses liebevoll restaurierte Exemplar illustrierte einen Traum, der nie verwirklicht wurde. *(Vauxhall Motors Ltd/Jim Boulton)*

Nach dem Zweiten Weltkrieg stellte die Firma einen Traktor her und unterhielt anschließend eine bunt gemischte Produktpalette von zwei- und dreirädrigen Lieferfahrzeugen. Dafür wurde eine eigene Tochtergesellschaft, Light Delivery Vehicles Ltd, ins Leben gerufen.

Das zweirädrige By-Van bestand aus einem großen Stahlblechcontainer, der dort saß, wo sich normalerweise Motor und Benzintank befinden. Zugänglich war dieser Laderaum über eine große Luke, deren Oberseite dem Fahrersitz Halt gab. Als Antrieb diente Turners Tiger, ein 147 cm△ großer Zweitaktmotor, der oberhalb des Vorderrad eingebaut war. Der Tank befand sich auf dem Lenker. Die By-Van war in vier Farben erhältlich und kostete 120 Pfund. Der größere Bruder hieß Tri-Van und war mit der gleichen Technik ausgestattet. Der Frachtcontainer an der Hinterachse war hier selbstverständlich viel größer. Der Tri-Van kostete 150 Pfund.

Als die By-Van und Tri-Van in Brüssel im April 1946 vorgestellt wurden, wusste kein Mensch so richtig, was man damit anfangen sollte, und beide Typen waren bald vergessen.

Tyler

Tyler Apparatus Co Ltd
11 Charing Cross Road, London WC

Die Tyler gab nicht mehr als ein kurzes Zwischenspiel in der Motorradgeschichte. Nur 1915 und 1916 gebaut, entstanden zwei Ausführungen, jeweils mit einem 269 cm³ großen Einzylindermotor. Die eine hatte Direktantrieb über Riemen und kostete 27 Pfund, die andere Zweiganggetriebe und kombinierten Ketten/Riemenantrieb und kostete 33 Pfund.

Vauxhall

Vauxhall Motors Ltd
Kimpton Road, Luton, Bedfordshire

Das Wissen darüber, dass Vauxhall überhaupt ein Motorrad gebaut hat, verdanken wir den Bemühungen eines gewissen Robert Thomas, dem in den frühen 50ern Teile eines Vauxhall-Rades in die Hände fielen und die folgenden 20 Jahren damit verbrachte, daraus ein komplettes Motorrad zu machen.

Die Geschichte fing 1922 an, im gleichen Jahr, als Vauxhall den ersten eigenen Kleinwagen baute. Diese zwei Tatsachen wirkten sicher zusammen, da das Motorrad das erste britische Motorrad mit vier Zylindern und Kardanantrieb war. Wenn das Thomas-Exemplar auch nur annähernd so aussieht, wie es das Original tat, lässt sich mit Sicherheit behaupten, dass die Vauxhall ein exzellentes Motorrad hätte werden können. Wahrscheinlich stand aber gerade diese Brillanz, diese hohe Qualität, einem Erfolg im Wege, denn die Kosten müssen exorbitant hoch gewesen sein. Nur zwei Exemplare sind wohl fertiggestellt worden, zusätzlich einige Rahmen und Motoren. Das ganze Material wurde dann wohl zu Schleuderpreisen an Werksangehörige verkauft.

Veloce Ltd
Fleet Street, Summer Row, Birmingham 3
Victoria Road, Aston, Birmingham 6
York Road, Hall Green, Birmingham 28

Velocette ist zumindest in einer Hinsicht rekordverdächtig: Die Marke war über 67 Jahre lang in Familienbesitz. 1904 von John Goodman gegründet, unterhielt die Veloce Ltd eine Fabrik im Nordwesten von Birmingham. Die frühen Modelle wurden zunächst unter dem Markenname VMC verkauft (Veloce Motor Cycles), später unter dem Namen Veloce. Die Motoren waren von Anfang an die hauseigenen.

Als die Produktionszahlen stiegen, stand ein Umzug in den Stadtteil Aston an. Ab etwa 1912 hießen alle Modelle Velocette. Eines der ersten war ein 221 cm³ großer Zweitakter mit Zwangsschmierung, Zweiganggetriebe und Vollkettenantrieb.

Die Produktion lief bis 1916, danach wurden die Hallen für Rüstungsaufträge in Anspruch genommen. Veloce baute mehrere Typen mit Zweitaktmotoren, entwickelte aber auch ein ehrgeiziges Rennprogramm mit mehreren Zweitakt-Sportmaschinen, die über 110 km/h liefen. Auch auf der Isle of Man wurde man auf die Marke aufmerksam, besonders nachdem Percy Goodman 1924/25 die Model K mit obenliegender Nockenwelle entwickelt hatte.

Vorgestellt bei der Olympia Show von 1924, sorgte die K mit diesem Motor für sehr viel Aufsehen. Außer dem neuen Motor hatte sie auch eine moderne Fußschaltung, die Harold Willis entwickelt hatte. Damit konnte der Fahrer schalten, ohne die Hände vom Lenker zu nehmen. Das gleiche System sollte bald für jedes Motorrad in Serie gehen. Die ersten Exemplare gelangten im Juni 1925 in den Handel. Ihr Erfolg war so groß, dass noch im gleichen Jahr Veloce eine größere Fabrik beziehen musste, um der Nachfrage gerecht werden zu können. Die neue Anlage lag in der York Road, dort, wo kurz zuvor noch Humphries & Dawes produziert hatten, die Hersteller des OK Motorrads, die ihrerseits umgezogen waren.

In den 20ern bot Veloce als erster Hersteller der Welt Rennreplikas zum Verkauf an – eine Maßnahme, die nach den Erfolgen mit der K-TT bei der Junior TT auf der Isle of Man 1926 durchaus Sinn machte. Eine straßentaugliche KTT kam 1928.

Jedes Jahr standen fünf oder sechs Typen im Programm, entweder mit 249 oder 348 cm³ Hubraum, aber in jedem Fall mit hauseigenen Motoren. Die Preise waren relativ günstig, 1926 kostete die AC nur 38 Pfund, die KSS kam auf 75 Pfund. Als die oben erwähnte KTT erschien, kostete sie als Spitzenmodell 80 Pfund. Etwas preisgünstiger kam die im Juni 1933 eingeführte MOV für 46 Pfund. Diese hochdrehende 250er gelangte schnell zu Popularität, vor allem wegen ihres Tuningpotentials. Ihr folgte ein Typ mit besonders langer Produktionsgeschichte, die MAC, die über einen aus der MOV entwickelten Motor mit 348 cm³ verfügte. Sie kostete 49 Pfund.

1935 wurde eine revidierte KTT vorgestellt: Mit überarbeitetem Motor in einem neuen Schleifenrahmen blieb sie

Als Veloce 1919 die Motorradherstellung wieder aufnahm, konzentrierte man sich zunächst auf Zweitaktmaschinen, unterhielt aber auch ein ambitioniertes Rennprogramm. Einige der Werksmaschinen schafften weit über 110 km/h. Hier Werksfahrer R. Jones, der bei der 250er Lightweight TT von 1922 Dritter wurde.
Jim Boulton

bis 1937 in Produktion, um dann, grundlegend modifiziert, im Mai 1938 wieder in Produktion zu gehen.

Veloce kündigte für 1940 eine neue Modellpalette an, aber große Stückzahlen konnten nicht gebaut werden, da das Werk mit Rüstungsaufträgen ausgelastet war. Bei Wiederaufnahme der zivilen Produktion 1946 liefen zuerst die Vorkriegsmodelle vom Band. Ein Abweichen von der bisher geprägten Tradition zeigte die LE (Little Engine) von 1948, die erste Nachkriegs-Neukonstruktion des Unternehmens. Diese bestach vor allem durch ihre fortschrittlichen Details. Motor – ein wassergekühlter Zweizylinder-Viertakt-Boxer mit 149 cm³ – und Getriebe bildeten eine kompakte Einheit. Ein per Hand zu aktivierender Anlasser, ein angeflanschtes Getriebe sowie ein Kardanantrieb komplettierten die Technik. Dieses anspruchsvolle Technikpaket versteckte sich unter einer Stahlblechkarosserie. Sehr bald wurde der Motor auf 192 cm³ vergrößert. Die LE war bei der Polizei sehr beliebt.

Die LE erhielt in den 50ern und 60ern Gesellschaft in Gestalt von konventionellen Einzylindern nach Art des Hauses. Die 1934 konstruierte MAC hatte man modifiziert und mit einem Alu-Zylinderkopf samt gekapseltem Ventiltrieb versehen. Veloce hatte 1956 nicht weniger als acht Typen im Programm: die leise LE, MAC, MSS, zwei Crossmodelle mit 350 oder 500 cm³ Hubraum, eine Straßenausführung der 500 Cross, Endurance genannt, plus zwei neue, die Sportvarianten Viper mit 349 cm³ und die Venom mit 499 cm³. 1957 wurde die Modellpalette um die Valiant, eine luftgekühlte LE-Variante, aufgestockt. 1959 erschien die Valiant Vee-Line mit einer neuen GFK-Verkleidung, die »dieses Motorrad an die Spitze der Motorradentwicklung setzt und außerdem dem Fahrer exzellenten Wetterschutz bietet«, wie die Werbung versprach.

Oben: Die Veloce Ltd zog 1925 in die von Humphries & Dawes (OK-Motorräder) verlassenen Werkstätten ein. Hier sieht man die Velocette-Montage in den neuen Werkshallen. Noch immer dominierte die Handarbeit. *VMCC*

Unten: Velocette: Die meisten britischen Hersteller beschränkten sich nach 1945 nurmehr darauf, aufgewärmte Vorkriegsentwürfe wieder aufzulegen. Diese kurzsichtige Modellpolitik hatte ihre Ursache in den britischen Regierungsbestimmungen, die den Export mit allen Mitteln förderte – bis dahin, dass Material nur dann zugeteilt wurde, wenn die Exportquote ein bestimmte Höhe erreichte. Auch Velocette ließ eine Vorkriegskonstruktion wieder aufleben. Der Einzylindermotor mit den kurzen Stoßstangen wurde ab 1954 nur geringfügig verändert, und die letzten Velocette-Exemplare von 1970 trugen noch immer die markentypischen Merkmale der Vorkriegszeit. Die 1954 eingeführten Änderungen brachten unter anderem einen quadratisch ausgelegten Motor, dessen Zylinder und Kopf aus Alu bestanden. Das Verhältnis von Bohrung und Hub beim Halbliter-Motor betrug 86 x 86 mm.

Auch Veloce mochte den Roller-Boom nicht ignorieren und wagte 1961, wenn auch verspätet, den Einstieg. Der Viceroy hatte die Technik der LE, verfügte aber über einen Zweizylinder-Zweitaktmotor mit 247 cm³ Hubraum. Der etwas klobigen und schweren Karosserie fehlte die Eleganz der italienischen Konkurrenten, und trotz solider Verarbeitung und hoher Leistung lief der Verkauf eher schleppend. Ein weiterer Grund für das Scheitern lag am schlechten Timing. BMC hatte schon 1959 den Austin Seven/ Morris Mini vorgestellt, jenen drei Meter langen Kleinwagen mit querstehendem Frontmotor und Frontantrieb, der in England den Markt mächtig aufmischte und zahlreichen Rollerkonstruktionen und Kabinenmobilen den Todesstoß versetzte. Der Viceroy wurde deshalb nur bis 1964 gebaut.

Trotz solcher Fehlschläge baute Veloce sein Programm aus. 1965 umfasste die Palette 17 Typen. Doch die Zeit, und zum Teil auch die Tradition, arbeiteten gegen Velocette. Große Bestseller hatte die Marke sowieso nie im Programm gehabt, und nachdem die japanische Motorradoffensive rollte, waren die Velocette noch weniger gefragt. 1970 war das letzte volle Produktionsjahr dieser Marke, die 1971 freiwillig den Geschäftsbetrieb einstellte.

Verus

Siehe Sirrah

Victoria

Victoria Motor & Cycle Co Ltd
Victoria Works, Dennistoun, Glasgow

Diese Marke hat keinerlei Verbindung zu der deutschen Marke Victoria, sondern war eine der wenigen schottischen Motorradmarken und war im Glasgow der 20er aktiv. Im erfolgreichsten Jahr, 1926, bot die Victoria Motor & Cycle in

Dennistoun nicht weniger als 11 Typen an, acht davon mit Villiers-Motoren, den Rest mit JAP-Triebwerken. Die Villiers-Motoren mit 150, 172 und 247 cm³ Hubraum wurden für Billigmaschinen zwischen 25 und 36 Pfund verwendet. JAP-Aggregate mit 293 und 600 cm³ Hubraum fanden sich in Modellen, die zwischen 40 und 60 Pfund kosteten. Das teuerste Motorrad war auch als Gespann zu 75 Pfund erhältlich. Für 1927, das letzten Produktionsjahr, wurde das Programm auf sechs Villiers-Maschinen und drei JAP reduziert.

Villiers

Villiers Cycle Components Co
Upper Villiers Street/Marston Road, Wolverhampton

Dieser Name taucht in diesem Buch sehr oft auf: Villiers war der absolut größte und wichtigste Motorenlieferant in Großbritannien.

Die Firma wurde 1898 von Charles Marston gegründet. Er war der Sohn von John Marston, dem Gründer der Marke Sunbeam. Anfangs stand die Herstellung von Pedalen und anderen Komponenten für Sunbeam-Fahrräder auf dem Plan. Villiers baute 1911 den ersten eigenen Motor, doch der Viertakter war zu fortschrittlich und fand wenig Anklang bei den Motorradproduzenten. Zwei Jahre später baute Villiers den ersten eigenen Zweitaktmotor (mit 269 cm³), und dieser war mehr nach dem Geschmack der Industrie.

Während des Ersten Weltkriegs produzierte Villiers Munition, kehrte danach aber zur Motorenproduktion zurück. Villiers konzentrierte sich auf drei Baugrößen – 150, 250 und 350 cm³ –, etwa um 1930 kam ein 172 cm³-Motor dazu. Diese Motoren erfüllten vielfältige Einsatzzwecke, sie taugten als Generatoren ebenso wie für Rasenmäher. Verschiedene Aggregate wurden auch während und nach dem Zweiten Weltkrieg produziert; 1956 stellte Villiers den zweimillionten Motor her. Es waren die letzten positiven Schlagzeilen, noch im selben Jahr fusionierte Villiers mit JAP.

Die neue Firma ging 1965 an die Manganese Bronze Holdings; im September 1966 erfolgte die Übernahme durch AMC, und damit kontrollierte die Investment-Gruppe praktisch die gesamte britische Motorradindustrie. Im Juli 1968 teilte die Firma mit, nicht länger unabhängige Motorradhersteller beliefern zu wollen. Innerhalb eines Jahres waren die Motorrad-Motoren von Villiers nur noch Geschichte, Villiers baute danach nur noch Industriemotoren.

Vincent-HRD; Vincent

Vincent HRD Co Ltd/Vincent Engineers (Stevenage) Ltd
The Great North Road, Stevenage, Hertfordshire

Als 1928 der Bau von Howard R. Davies HRD-Motorrädern eingestellt wurde, sicherte sich ein australischer HRD-

Mit Villiers-Zweitaktern lässt sich jeder Gegner besiegen – so zumindest die Werbung von 1924.
Jim Boulton

Villiers durfte sich 1956 über die Produktion des zweimillionsten Motors freuen. Hier überreicht der Geschäftsführer Geoffrey Jones eben diesen Motor an Mister C.F. Caunter vom Science Museum in London. Im gleichen Jahr fusionierte Villiers mit JAP.
Jim Boulton

Etwa um 1950 verschwand das »HRD«
aus der Vincent-Markenbezeichnung. Der
Firmenname lautete nun Vincent
Engineering (Stevenage) Ltd. Diese 998
cm³ große V-Twin Black Shadow lief über
200 km/h.
Jim Boulton

Enthusiast die Rechte daran. Der
Jungunternehmer hieß Phil Vincent.
Er verlegte die Produktion nach
Hertfordshire und machte sich daran,
den Ruf von HRD als dem Hersteller
des weltschnellsten Serienmotorrads
zu retten. Die ersten Vincent-HRD erschienen 1929. Das Programm umfasste fünf Einzylinder-Typen und
reichte von einem mit 346 cm³ grossen JAP-Motor für 73 Pfund bis zu einem mit 596 cm³ grossen JAP-Motor für 75 Pfund.

Im Herbst des Jahres 1931 stieß ein weiterer Phil zu der
Firma. Sein Nachname lautete Irving, er hatte sich als
Konstrukteur einen Namen gemacht. Für 1932 gab es mehrere Motoralternativen, von Villiers, JAP und Rudge. Im Jahr
darauf erschien Phil Irvings neue, vollgefederte Rahmenkonstruktion. Obwohl Vincent 1934 eine kleine 250er mit
Villiers- Zweitaktmotor baute, war die Marke vor allem wegen ihrer großen Viertakter bekannt, später mit den eigenen
Motoren.

Die Vincent blamierten sich bei der TT von 1934, da die
zugekauften JAP-Motoren kläglich versagten. Das gab den
Anstoss zur Entwicklung eines eigenen Motors. Bestärkt
wurde dieser Entschluss durch die weiter wachsenden
Probleme bei Rudge, dem zweiten Motorlieferanten, der
letztendlich 1935 von EMI übernommen wurde. Innerhalb
von nur wenigen Monaten wurden 1935 Konstruktion und
Fahrversuche absolviert; für 1936 sind alle fünf Typenreihen
mit eigenen Triebwerken ausgestattet worden. Von allen
Vorkriegsmodellen aber bescherte die 1937 eingeführte
Rapide Vincent die größte Popularität. Sie hatte den neuen
998 cm³ V-Zweizylinder-Motor, eine enorme Leistung und
eine hohe Spitzengeschwindigkeit.

Ende 1939 traten Rüstungsaufträge an die Stelle der zivilen Produktion. Dennoch widmeten sich die beiden Phil
auch während des Krieges ihren Motorrädern. Vor allem
konzentrierten sie sich darauf, das Gewicht zu reduzieren.
Letztendlich verfielen sie darauf, den Motor als tragendes
Element zu nutzen und die meisten Teile in Aluminium zu
gießen. Der Serienstart allerdings war nicht frei von An-
fangsschwierigkeiten, die ersten neuen Vincent gelangten
im September 1946 in den Handel. Dass sich das Warten
gelohnt hatte, daran zweifelte danach niemand mehr. Das
fertige Motorrad wog nur 170 Kilo und entwickelte 55 PS
bei 5700/min. Daraus resultierte eine Spitze von mehr als
190 km/h!

Dank ihrer ausgezeichneten Leistung und der guten
Verarbeitung konnte die neue Vincent die Lücke füllen, die
Luxusmotorrad Brough Superior hinterlassen hatte. Etwa
um 1950 verzichtete man auf die Zusatzbezeichnung HRD

im Markennamen, die Firma nannte sich jetzt Vincent Engineers (Stevenage) Ltd. 1953 orientierte sich Vincent radikal
um: Statt Bigbikes entstand nun ein Hilfsmotor mit noch
nicht einmal 50 cm³ Hubraum. Den Kennern und Lieb-
habern des »schnellsten Serienmotorrades der Welt« sollte
aber noch mehr zugemutet werden, als im November 1954
die Pläne für 1955 durchsickerten: In Zusammenarbeit mit
NSU wollte Vincent neue NSU-Vincent Lightweights bauen.
Zum Einsatz kommen sollten die Motoren der 98 und
123 cm³ NSU-Fox, der 49 cm³-Zweitakter aus der Quickly
sowie der Firefly-Hilfsmotor. Und als ob das nicht genug
wäre, hatte Vincent die großen Viertakter mit voll gekapselten Verkleidungen verunstaltet: »Knights of the Road für
das 20. Jahrhundert«, Ritter der Straße, wie die Werbung
kündete!

Die Vincent-Motorräder erhielten auch entsprechende
Namen, aus der Shadow wurde die Black Prince, aus der
Rapide die Black Knight und aus der Comet, dem einzigen
Einzylinder im Programm, die Victor.

Glücklicherweise konnte der Lieferant der Vollverklei-
dungen den hohen Ansprüche von Phil Vincent nicht erfüllen, so dass nur wenige vollverschalte Vincent erschienen.
Zu diesem Zeitpunkt lief in der Firma der beiden Phil längst
nicht mehr alles nach Plan, nichts glückte mehr: Die letzten
Vincent wurden im Dezember 1956 gebaut; die Firma suchte neue Einsatzgebiete für seine Motoren. Die letzten losen
Verbindungen zur Motorradszene wurden 1958 gekappt,
als die Produktion des Hilfsmotors Firefly auslief: unrühmli-
ches Ende einer großen Marke.

The South British Trading Co Ltd
13-15 Wilson Street, Finsbury, London EC 2
Brown Brothers Ltd
22-34 Great Eastern Street, London EC 2

Vindec erschien etwa 1905, stand zuerst für eine Radna-
benübersetzung mit zwei Gangstufen. Obwohl auch Motor-

räder diesen Namen trugen, scheint eine engere Verbindung mit dieser Konstruktion eher fraglich. Vindec-Motorräder entstanden in den 20ern, zuerst gebaut von der pompös klingenden South British Trading Company und, ab Mitte der 20er, von den Brüdern Brown. Diese waren bedeutende Hersteller von Motorteilen und hatten auch früher unter eigenem Namen Motorräder gebaut. Vindec-Maschinen gab es bis 1930, mit JAP-Motoren von 170, 292 und 300 cm³ Hubraum. Die Preise für diese Einzylinder lagen zwischen 28 und 49 Pfund.

W&G

W&G Cycle Works
108 Windmill Road, Brentford, Middlesex

Baute auch eigene Motoren, aber die Herstellung des einzig eigenen Modells lief 1928 aus. Die kommerziell völlig unbedeutende W&G Standard hatte einen 490 cm³ großen Zweizylindermotor und kostete 64 Pfund.

Walco

W.A. Lloyd's Cycle Fittings Co Ltd
Clyde Works, 7 Freeman Street, Birmingham 5

Der Name Walco steht für die W.A. Lloyd Company, lange Jahre eine bekannte Adresse für Fahrradteile und Zubehör. Ab 1903 hat man auch Motorräder gebaut und experimentierte 1904 kurz mit Autos. Größere Bedeutung erlangten diese motorisierten Fahrzeuge aber nie.

Wallis

Queens Mead Road, Bromley, Kent
Wallis ist eine obskure Marke, die anscheinend nur 1927 produziert hat. Sie hatten Burney & Blackburne-Einzylinder mit 348 cm³ Hubraum und JAP-Motoren mit 346, 348 und 490 cm³ Hubraum. Die billigste Version mit Blackburne-Aggregat kostete 65 Pfund, und die teuerste war eine mit 490 cm³ JAP-Motor für 110 Pfund.

Wearwell; Wolf; Wulfruna

Wearwell Motor Carriage Co Ltd/Wearwell Cycle Co Ltd
Poutney & Great Brickkiln Streets, Wolverhampton
Wulfruna Engineering Co Ltd
Great Brickkiln Street, Wolverhampton
Wearwell Cycle Co (1928) Ltd
New Griffin Works, Colliery Road, Wolverhampton

Wearwell ist eine der ältesten Fahrradmarken aus Wolverhampton. Gegründet wurde sie 1868 von Henry Clarke, der mit der Produktion ungefederter Fahrräder ohne Tretpedale anfing. Später baute Clarke zusammen mit einem seiner

Wearwell stellte 1901 sein erstes Motorrad vor. Auf dem eigenen Fahrrad basierend, hatte der 2,5 PS starke Stevens-Motor eine nach vorne geneigte Einbaulage. Dieser Typ von 1903 hatte den 3,5 PS Stevens-Motor; in jenem Jahr erhielten die Maschinen den Namen Wolf. Diese DA 44 wurde in unrestauriertem Zustand von einem Mr. Miller Anfang der 50er in einer Scheune gefunden.
Jim Boulton

Söhne das Cogent-Fahrrad. Als Henry Clarke 1890 starb, taten sich seine vier Söhne zusammen und gründeten in den alten Werkstätten ihres Vaters die Wearwell Cycle Company. 1896 zog die Firma um und stellte 1901 das erste Motorrad vor.

Auf einem Wearwell-Fahrrad basierend, hatte die Maschine einen 2,5 PS starken Stevens-Motor, den man am vorderen Rahmenrohr befestigt hatte. Der Antrieb erfolgte über einen geflochtenen Lederriemen; die Maschine kostete 44 Pfund. Ein größerer, 3,25 PS starker Stevens-Motor kam 1903 zum Einsatz, im gleichen Jahr, als Wearwell seinen Motorrädern den Markennamen Wolf verlieh. Das Basismodell wurde über die folgenden 15 Jahren weiterentwickelt. Die Wolf-Motorräder des Jahrgangs 1915 hatten einen 269 cm³ großen Motor und kosteten 23 Pfund mit Direktantrieb oder 29 Pfund mit Zweiganggetriebe und kombiniertem Ketten-/Riemenantrieb. Wearwell baute auch unter dem Markennamen Wulfruna Motorräder.

Zwischen 1916 und 1918 ruhte die Produktion, um direkt nach dem Ersten Weltkrieg wieder aufgenommen zu werden. Mitte der 20er bestand die beeindruckende Modellpalette aus nicht weniger als 17 Typen, allesamt an ihrer Buchstabenbezeichnung zu unterscheiden. Die Einzylinder-Motoren stammten von Blackburne, JAP oder Villiers, die Hubräume reichten von 150 bis 550 cm³. Die Preise rangierten zwischen 28 und 61 Pfund.

Zwischen 1928 und 1931 wurden wohl keine Wolf-Motorräder gebaut, was auf große Veränderungen hindeutet: Die Familie Clarke verkaufte 1927 das Unternehmen. Der neue Besitzer der nunmehrigen Wearwell Cycle Co (1928) Ltd verlegte die Produktion in die New Griffin Works in Wolverhampton und nahm dort 1931 die Motorradherstellung auf. Die neuen Typen für 1932 trugen Namen wie Cub, Minor, Utility, Vixen und Silver Wolf. Letztere hatte einen 196 cm³ Villiers-Motor, Lichtmaschine sowie

Wulfruna 3½-h.p. Motor Cycle.

Combined with Chain-driven 2-speed Gear.

Cash Price

Single speed
Belt drive,

43 Guineas

Cash Price

with 2-speed

53 Guineas

If anyone requires a powerful well-equipped and speedy machine for solo work, and ordinary Side Car work, this cannot be excelled.

The Gear Case Cover is now made to enclose the chain entirely on all 2-speed Models.

Das Wulfruna-Angebot von 1914 umfasste auch diesen 499 cm³ großen Einzylinder mit 3,5 PS, erhältlich entweder mit Direktantrieb oder Zweiganggetriebe. Der Tank war grüngold emailliert und der Rahmen schwarz. Zierstreifen waren optional erhältlich.
Jim Boulton

Wie attraktiv Wolf-Motorräder wirklich waren, sollte diese Titelseite des 1932er Katalogs zeigen.
Jim Boulton

Schwungradzündung und kostete nur 29 Pfund. Zu solchen Preisen lief der Verkauf hervorragend bis zum Ausbruch des Zweiten. Als der Frieden kam, gab es nur noch Wearwell-Fahrräder und somit sind die Wolf-Motorräder des Jahres 1939 die letzten, die gebaut worden sind.

Whitwood Monocar

Siehe OEC

Williamson

Williamson Motor Cycle Co Ltd
Cromwell Works, Cromwell Street, Coventry 6

Wiliamson mochte Motorräder mit drei Rädern. Der Hersteller begann 1912 mit dem Gespannbau und baute im darauf folgenden Jahr auch ein Dreirad. Dieses Williamson Cycle blieb bis 1916 in Produktion. Das, wie die Motorräder auch, hatte Motoren von Douglas. Zwischen 1912 und 1916 gab es nur ein Gespannmotorrad im Programm. Es wurde von einem wassergekühlten Zweizylinder-Douglas-Motor mit 964 cm³ Hubraum und 8 PS über Dreiganggetriebe und Kette getrieben. Von 1912 bis 1914 kostete es 98 Pfund, der Preis stieg 1915 auf 102 Pfund und auf 107 Pfund 1916. In jenem Jahr endete die Herstellung aus. In den 20ern trat Williamson kurzfristig noch einmal damit in Erscheinung.

Wooler

Wooler Engineering Co Ltd
Old Oak Common Lane, Willesden Junction, London NW 10
Wembley, Middlesex

Wooler Engineering präsentierte 1911 das erste Motorrad. Mit einem horizontal eingebauten Zweitaktmotor und gegenläufig wirkenden Kolben, der ein Kurbelgehäuse überflüssig machte, war diese Konstruktion eher ungewöhnlich. Anders als bei den anderen auch die Tatsache, dass hier Vorder- und Hinterrad gefedert waren. Der Antrieb erfolgte über einen Einzylindermotor mit 345 cm³ Hubraum, der die Kraft per Riemen an das Hinterrad weiterleitete. 1914 kostete das Motorrad 47 Pfund; die Herstellung lief bis 1916.

Als die Produktion 1920 wieder aufgenommen wurde, verwendete Wooler Zweizylinder-Viertakt-Boxer. 1925 wurde ein Typ mit 500 cm³ Hubraum vorgestellt. Dieser war wohl das letzte Wooler-Motorrad vor dem Zweiten Weltkrieg. Typisches Merkmal dieser Vorkriegs-Konstruktion

war der Benzintank, der rund um den Lenkkopf griff und in einer Spitze endete. Dieses Merkmal zeigten auch die Nachkriegsmodelle, obwohl diese selbstverständlich noch fortschrittlicher waren.

Die Motoren dieser nach 1945 erschienenen Maschinen, aber auch die Getriebe, waren nicht weniger sensationell. Dabei handelte es sich um einen Vierzylinder-Boxer mit 500 cm³. Die zwei Zylinder auf jeder Seite lagen übereinander und die Kraftübertragung zum Hinterrad erfolgte über zwei Kardanwellen, eine auf jeder Seite des Motorrads. Das Getriebe hatte vier Gänge, wahlweise auch ein Automatikgetriebe. Die Fertigstellung des Prototyps dauerte zwei Jahre, bis die endgültigen technischen Spezifikationen standen, verstrichen weitere fünf Jahre. Alles deutete auf einen großen Wurf hin, der ein echter Erfolg zu werden versprach, aber daraus wurde nichts. Weitere vier Jahre vergingen, bevor ein zweiter Prototyp gezeigt wurde, und auch wenn der baldige Produktionsbegin unmittelbar bevorstehen zu schien, passierte wieder nichts. Dabei blieb es: Seit 1956 ist die Wooler in der Versenkung verschwunden.

Stan und Reg Wright betrieben einen Krämerladen in Kidderminster. In den 20ern montierten die beiden Motoradenthusiasten mehrere Rennmaschinen aus verschiedenen Teilen. Hier posiert Hillary Greatwich von Lickhill Manor mit einem Wright-Gespann. Einer der Wright-Brüder sitzt im Seitenwagen.
Jim Boulton

Wright

Wright Brothers
Blackwell Street, Kidderminster, Worcestershire

Stan und Reg Wright besaßen eine Gemischtwarenhandlung in Kidderminster, die ihr Großvater 1862 gegründet hatte. Beide waren begeisterte Motorradfahrer und bauten mehrere Wettbewerbsmaschinen, die sie in den 20ern und frühen 30ern bei Bergrennen und Sprintrennen einsetzten. Aufgebaut aus verschiedensten Komponenten, belegten diese Wright-Motorräder, wie einfach früher der Grundstein

Eine der ersten Wooler von 1911 bei einer Rallye späteren Datums. Die Konstruktion war ungewöhnlich und verfügte über einen horizontal liegenden, 354 cm³ großen Einzylinder-Zweitakter. Der Kolben wirkte in beide Richtungen, ein Kurbelgehäuse gab es nicht. Die Maschine war außerdem voll gefedert.
Jim Boulton

für eine Karriere als Motorradproduzent gelegt werden konnte. Damit aber auch Erfolg zu haben, das war weitaus schwieriger – wie die Brüder Wright ebenfalls erfahren mussten…

Yale

T. Baxter
36 Great Eastern Street, London EC 2

Die Great Eastern Street in London war die Adresse vieler Auto- und Motorradimporteure. Hinter den großen Zweizylindern von T. Baxter dürften sich wohl Maschinen der Consolidated Manufacturing Company in Toledo, Ohio, USA, verborgen haben. Sie hatten überquadratische V-Zweizylinder-Motoren mit 982 cm^3 Hubraum, Zweiganggetriebe, Kettenantrieb und Kickstarteinrichtung. Verkauft für 75 Pfund, tauchten sie ab 1916 in den Lieferlisten nicht mehr auf.

Zenith

Zenith Motor Engineering Co
101a Stroud Green Road, Finsbury Park, London N 4
Zenith Motors Ltd
Weybridge, Surrey/Hampton Court, Surrey/Kennington Cross, London SE 11
Writers Ltd
Kennington Cross, London SE 11

Die kurzlebige Zephyr (1922-23) ist die letzte britische Motorrad-Marke, die in diesem Buch erwähnt wird. Zenith rangiert nur eine Zeile darüber, hielt sich aber deutlich länger als die Zephyr. Die ersten Zenith entstanden 1904 in einer kleinen Fabrik in Finsbury Park im Norden von London. Dahinter stand der Chefkonstrukteur F.W. »Freddy« Barnes, ein kreativer Kopf, der besonders im Rahmenbau und bei Getriebesystemen sinnvolle Verbesserungen einführte.

Aufsehen erregte Zenith mit dem Bi-Car, einem Motorrad mit 3 PS starkem Fafnir-Motor, das den Komfort und das Fahrverhalten eines Autos versprach. Glanzstück der Konstruktion war der voll gefederte Rahmen, der alle Unebenheiten damaliger Straßen glattbügeln sollte. Viel wichtiger als dieser Typ war das 1909 eingeführte Gradua-Getriebesystem: Per Hebel konnte der Antriebsriemen über

zwei konische Antriebswellen umgelegt werden. Gleichzeitig bewegte sich das Hinterrad vorwärts oder rückwärts, und hielt so die Spannung konstant. Im Endeffekt war die Übersetzung stufenlos variabel, von 5,5:1 zu 3:1. Im normalen Straßenverkehr bot das System keine Vorteile anderen Antriebssystemen gegenüber, aber bei Bergrennen konnte der Fahrer die jeweils optimalste Übersetzung wählen. Der Vorteil war so groß, dass das Zenith-Gradua-System ab 1911 bei Bergrennen nicht mehr erlaubt war.

Der geschäftliche Erfolg führte zum Umzug in größere Räume, zunächst nach Weybridge in Surrey und dann nach Hampton Court. Das Modellangebot war beachtlich. Alle Typen verfügten über JAP-Einzylinder, (488 und 493 cm^3 große) und Zweizylinder mit 496, 654, 976 und 986 cm^3 Hubraum. Der Gradua-Antrieb war Serie, die Preise rangierten zwischen 55 und 85 Pfund.

Nach dem Ersten Weltkrieg baute Zenith konventionellere Motorräder aus zugekauften Komponenten; ihr Rückgrat bildete immer noch der von Barnes gezeichnete Rahmen. Für Vortrieb sorgten jetzt Motoren von Bradshaw, Fafnir, JAP, Precision und Villiers, von 150 bis 1100 cm^3 Hubraum. Das billigste Modell war die »Zenith 3«, ein 346 cm^3 großer Einzylinder für 48 Pfund. Spitzentyp war die »8-45«, ein 980 cm^3 Zweizylinder für 149 Pfund. Zum Modelljahr 1929 wurden griffigere Verkaufsbezeichnungen eingeführt. Aus der Zenith-3 wurde zum Beispiel die »Zenithree«; die andere hatten Modellbezeichnungen, die mit den Worten Club begannen. Ab 1932 waren alle Modelle als Standard oder De Luxe erhältlich; der Preisunterschied betrug im Durchschnitt 14 Pfund. Die umfangreichste Typenreihe hatte Zenith 1934 zu bieten; nicht weniger als 17 Modelle einschließlich der De Luxe-Varianten gehörten dazu. In jenem Jahr kam auch die »NP« dazu. Sie hatte einen 1096 cm^3 großen JAP-Zweizylinder und kostete 72 Pfund. Später hieß dieses Modell dann CP.

In den 30ern kämpfte Zenith mit erheblichen finanziellen Schwierigkeiten. 1931 wurde die Firma von Writers Limited übernommen, einem großer Motorradhändler in Kennington Cross in London. Eine Weile noch produzierte man in Hampton Court weiter, wurde dann aber die Writers-Anlage nach Kennington verlegt. Nach der Pause während des Zweiten Weltkriegs lief die Produktion 1945 wieder an. Geeignete Motoren waren allerdings nur schwer zu finden. Die wenigen Nachkriegs-Zenith hatten 750 cm^3 große JAP-V-Zweizylinder, die aus der Vorkriegszeit noch am Lager lagen. Als diese aufgebraucht waren, wurde die Produktion eingestellt. Und das war 1950 der Fall.

Die übrigen britischen Motorradhersteller

Hier folgt eine Aufstellung der Hersteller ohne ausführlicheren Eintrag im Hauptteil des Buches. Sie wurden aus mehreren Quellen zusammengetragen, einschließlich diverser Industriepublikationen. Aus Platzgründen wurden einige Eintragungen verkürzt, und nicht alle Adressen konnten mit Sicherheit bestätigt werden. Viele Kleinserienhersteller zogen ständig um, doch, ebenfalls aus Platzgründen, ist hier nur eine Anschrift aufgeführt. Die Produktionsgeschichte spart die Zeit des Ersten und Zweiten Weltkriegs (1914-1918/19 und 1940-1945/46) aus. Wo die Herstellung aus anderen Gründen zeitlich unterbrochen wurde, wird das Zeichen ~ an Stelle eines Bindestrichs (–) benutzt. Einigen Marken folgt eine Kodierung, die zeigt, welcher Typ von Motorrädern gebaut wurde. Fehlt diese Bezeichnung, beschränkte sich die Modellpalette auf konventionelle Motorräder. Die Abkürzungen und ihre Erklärungen: co – Einbaumotor, kit – Fahrzeug als Bausatz verkauft, sc – Roller, sp – Rundbahnmaschine, tr – Trialmaschine.

Marke	Hersteller	Jahr
Abbotsford (sc)	–	1919-1920
ABC (2)	A.B.C. Cycle Co, Aston, Birmingham	1922-1924
AEL	A.E. Lynes & Co Ltd, Coventry	1919-1924
Aeolus (1)	E.H. Owen, London W14	1903
Aeolus (2)	Bowns Ltd, Birmingham B19	1914-1916
Airolite (co)	Small Engines Co, Birmingham 10	1922-1923
Ajax	Ajax Motor Manufacturers Ltd, Birmingham B24	1923-1924
AJR	A.J. Robertson, 65 Queen St. Edinburgh	1925-1926
AKD	Abingdon Works Ltd, Birmingham B25	1927-1933
Akkens	Thomas & Gilbert, Smethwick	1919-1922
Alecto	Cashmore Bros., Balham, London SW12	1919-1924
Alert	Smith & Molesworth, Freeth St., Coventry	1903-1906
ALP	Alperton Motor Co Ltd, Alperton, London NW10	1912-1917
Alta Suzuki (tr)		1969-1970
AMC	Associated Motorcycles Ltd, Plumstead Rd, London SE18	1931-1966
Anglian	Anglian Motor Co, Newgate St	1903-1912
Arab	Arab Cycles, Bellbarn Rd, Birmingham	1923-1924
Arden	Arden Motor Co Ltd, Balsall Common, Coventry	1919-1920
Armis	Armis Cycle Mfg Co Ltd, Heneage St., Birmingham	1920-1923
Armstrong (1)	Armstrong Cycle Works, Paddington, London	1902-1905
Armstrong (2)	–	1913-1914
Arno	Arno Motor Co, Gosford St, Coventry	1906-1914
Arrow	Kirk & Marifield, Bradford St, Birmingham	1913-1917
Ascot	The Ascot Motor Co. Pentonville Rd, London N	1905-1906
Ashford	Ashford, Kent	1905
ASL	Associated Spring Ltd, Corporation St, Stafford	1907-1914
Aston	Aston Motor & Eng Co Ltd, Witton Lane, Birmingham	1923-1924
Atlas (1)	Atlas Engineering Co, Coventry	1913-1914
Atlas (2)	The Aston Motor & Eng Co Ltd, Witton Lane, Birmingham	1923-1925
Aurora (2)	Aurora Motors, Douglas, Isle of Man	1919-1921
Austen; Austin	Austen Cycle Co, Lewisham, London	1903-1906
Autoglider (sc)	Autoglider Ltd/Townsend & Co, Gt Charles St, B'ham	1919-1922
Autoped (sc)	WTT Engineering Co Ltd, 6 Dalling Rd, Hammersmith	1920
Autosco (sc)	Brown & Layfield, Sydenham, London SE	1920-1921
Avon	Avon Motor Cycle Co, South End, Croydon, London	1919-1920
Ayres-Hayman	Viaduct Motor Co, Broadheath, Manchester	1920
Banshee	Banshee Mfg Co Ltd, Bromsgrove, Worcestershire	1921-1924
Bantamoto	Cyc-Auto Works Co, 381 Uxbridge Rd, London	1951
Barnes	G.A. Barnes, Lewisham, London SE	1904
Baron	Baron Cycle Co, Summer Row, Birmingham	1920-21
Barter	Humpage, Jacques & Pedersen, Luckwell Lane, Bristol	1902-1904
Bayliss-Thomas	Excelsior Motor Co Ltd, Kings Road, Tyseley	1922-1929
Beardmore-Precision	F.E. Baker Ltd, Kings Norton, Birmingham	1919-1924
Beaufort	Argson Engineering Co Ltd, South Twickenham	1923-1926
Beaumont	Beaumont Motors (Leeds) Ltd, Cleopatra Works, Harehills	1919-1923
Beeston	New Beeston Cycle Co Ltd, Parkside, Coventry	1898-1901
Berwick	Berwick Motor Co Ltd, Tweedmouth, Northumbria	1929-1930
Bikotor (co)	–	1951
Binks	Charles Binks Ltd, Nottingham	1903-1906
Birch	J.N. Birch, Nuneaton, Warwickshire	1902-1910
Blackford	–	1902-1904
Blumfield	Blumfield Ltd, Lower Essex St, Birmingham	1906-1914
Booth	Booth Motor Co, Putney, London SW	1901-1903
Bord	Bord Motor Co, Finsbury Pavement, London	1902-1906
Bounds-JAP	J. Bounds, Kilburn High Rd, London	1909-1915
Bowden	Bowden Patents Syndicate Ltd, Baldwin Gardens, London	1902-1905

British Radial	British Radial Engine Co, Kings Rd, Chelsea, London	1921-1923
British Standard	British Standard Motors, 145 Lichfield Rd, Birmingham	1919-1923
Brown Bicar	J.F. Brown, 40 Oxford St, Reading	1907-1910
Buck	Buckman Eng (Parent) Co, Sherwood, Birmingham	1900
Bulldog	H.H. Timbrell, 59 Slaney Rd, Birmingham	1920
Burford	Consolidated Alliance Ltd, 1 Abermarle St, London W	1914-1915
Burney	Burney, Baldwin & Co Ltd, Oxford St, Reading	1923-1925
Butler (tr)	Chris Butler, Dalston, London E8	1963-1966
Calvert	Stoke Newington Motor Co, St. Newington Rd, London	1899-1904
Camber	Bright & Hayles, Church Rd, Camberwell, London	1920-1921
Carlton	Carlton Cycles Ltd, Clarence Rd, Worksop	1920-1940
Castell	Castell & Sons, Malden Road, Kentish Town	1903
Caswell	Caswell Ltd, 27 Great Eastern St, London	1904-1905
Cayenne	Hayes-Pankhurst Mfg Co Ltd, St Leonards on Sea, Sussex	1912-1913
CC	Charles Chamberlain, Bispham, Blackpool	1921-1924
Centaur	Centaur Cycle Co Ltd, West Orchard, Coventry	1901-1915
Century	–	1902-1905
Chase	F.W.&A.A. Chase, 9 Station Rd, Anerly, London	1902-1910
Clarendon	Clarendon Motor Car & Cycle Co, 77 Moor St, Coventry	1901-1910
Cleveland	Cleveland Motor Cycle Co, Douglas St, Middlesborough	1911-1914
Clément (co)	C.R. Garrard Mfg Co, Ryland St, London	1898-1910
CMC	Cluelt Manufacturing Co, Tarporely, Cheshire	1900
CMM	Coventry Motor Mart, London Rd, Coventry	1920
Colonial	H.P. Carter, 10-11 Bond Gate, Nottingham	1911-1913
Comery	Comery Motors, 275 Vernon Road, Nottingham	1923
Comet	Comet Motor Works, New Cross, London	1902-1906
Commander	General Steels & Iron Co, Springfield Rd, Hayes, London	1952-1953
Condor	Condor Motor Co, 182-184 Broad St, Coventry	1907-1914
Consul	Johnson, Burton & Theobald Ltd, 4-6 Castle St, Norwich	1922-1924
Corah	Corah Motor Mfg Co, Redditch Rd, Kings Norton	1905-1914
Corona	Corona Cycle Co, Maidenhead, Berkshire	1901-1904
Corona Junior	Meteor Mfg Co Ltd, 98 Tollington Park, London	1919-1923
Coulson B	Coulson Eng Co, Albion St, Kings Cross, London	1919-1922
Coventry B&D	Coventry Bicycles Ltd, Wellington St, Coventry	1923-1925
Coventry-Challenge	Challenge Cycle Co Ltd, 210 Foleshill Rd, Coventry	1903-1910
Coventry-Mascot	Coventry Mascot Cycle Co, Camden St, Coventry 2	1922-1923
Crest	Crest Motor Co, Leamington Spa, Warkshire	1923-1924
Croft Cameron	Croft Cameron, St Michaels Rd, Coventry	1923-1926
Crownfield	J. Perkins, 299 High Rd, Leyton, London	1903-1904
Crypto	Crypto Works Co Ltd, 29 Clerkenwell Rd, London	1902-1910
Cyc-Auto	Cyc-Auto Ltd, Bashley Rd, Park Royal, London	1934-1956
Cykelaid (co)	Sheppee Motor Co Ltd, 40 Thomas St, York	1919-1926
Dalesman (tr)	–	1968-1974
Dalton	Dalton Motor Co Ltd, John Dalton St, Manchester	1920-1922
Dane	Dane Works, 131a Uxbridge Rd, London	1919-1920
Dart (1)	F. Baker, Kingston-on-Thames, Surrey	1901-1906
Dart (2)	Dart Engineering Co, Stoney Stanton Rd, Coventry	1923-1924
Davison	A.C. Davison, Viaduct Works, Coventry	1902-1908
DAW	Dalton & Wade, 146 Spon St, Coventry 1	1902-1905
Day-Leeds	Job Day & Sons Ltd, Ellerby Lane, Leeds	1912-1914
Dayton (1)	Charles Day Mfg Co Ltd, 221 High St, Shoreditch, London	1913-1920
De Luxe (2)	De Luxe Motors, 174 Corporation St, Birmingham	1920-1924
Defy-All	Defy-All Cycle & Mtr Cycle Co, Chapel St, Stalybridge	1921-1922
Dennell	Herbert Dennell Motor Cycles, Leeds	1903-1908
Derby	Ed. De Poorter Co Ltd, 9-10 Great Tower St, London	1902-1910
Despatch Rider	Dreng Ltd, Fern Rd, Erdington, Birmingham	1915-1917
Diamond (2) (tr)	–	1965-1969
Dreadnought	W.A. Lloyd's Cycles Ltd, Freeman St, Birmingham	1915-1924
Dreadnought (The)	Harold Karslake, Brough Works, Nottingham	1902-1903
Dunkley (1)	Dunkley's Ltd, Bromsgrove St, Birmingham	1913-1920
Dunstall	Paul Dunstall, Eltham, London	1964-1969
Dursley-Pedersen	–	1905
Dux	Dux Motor Mfg Co, Coventry	1904-1906
Duzmo	JPortable Tool & Eng Co Ltd, Cedar Rd, Enfield Highway	1919-1923
Dyson-Motorette (co)	–	1920-1921
Eadie	Albert Eadie, Redditch, Worcestershire	1898-1903
Eagle-Tandem	Altrincham	1903-1905
EBO	E. Boulter, Leicester	1910-1915
Economic	Economic Motors, Wells St, London W1	1921-1923
Edmonton	–	1903-1910
Elf-King	Bond & Cooper, Crown Works, Birmingham	1907-1909
Elfson	Wilson & Elford, Manor Rd, Aston, Birmingham	1923-1924

ELI	E.L.I. Motor Mfg Co, Station Rd, Montpelier, Bristol	1911-1912
Elison	Wilson & Elison, Manor Rd, Aston, Birmingham	1923-1924
Elmdon	Joseph Bourne & Sons, Bath St, Birmingham 4	1915
Elstar	Alf Ellis	–
Elswick	Elswick Cycles & Mfg Co, Barton-on-Humber	1903-1920
Endrick	Endrick Engineering Co, Olton, Birmingham	1913-1915
Endurance	C.B. Harrison (1909) Ltd, Sheepcote St, Birmingham 15	1909-1924
Energette	J.L. Norton, Birmingham	1901-1906
ETA	G.E. Halliday, Mixenden, Halifax, Yorkshire	1921
Evart-Hall	Evart Hall Ltd, 38 Long Acre, London WC	1903-1905
Fairfield	Alfred Foster Motor Cycles, Warrington, Cheshire	1914-1915
Farnell	–	1901-1905
FB	Fowler & Bingham Ltd, Coventry Rd, Hay Mills, B'ham	1913-1916
FEE	J. Barter/Light Motors Ltd, Orchard St, Bristol	1905-1908
Firefly (2)	–	Späte 60er
FLM	Frank Leach Mfg Co, Manor Works, Headingley, Leeds	1951-1953
Frost	Romney Frost, Lichfield St, Wolverhampton	Anf. 20er
G&W	Guy & Wheeler, 49 South John St, Liverpool	1902-1906
Gaby	Gaby Lightweight Motor Cycles, 37 Corpor. St, B'ham	1914-1915
Gamage	A.W. Gamage Ltd, Holborn, London	1913-1923
Gaunt (tr)	Peter Gaunt	1969-1970
GB	F. Glassen & Co/G.B. Motor, 16 Water Lane, London EC	1905-1907
Gerrard	–	1914-1915
Glendale	–	1920-1921
Globe	Clarke, Cluley & Co, Globe Works, Coventry	1901-1910
Gloria	–	1924-1925
Gough	–	1920-1922
Grandex	Grandex Cycle Co, Gray's Inn Rd, London WC	1906-1917
Graves	J.G. Graves Ltd, Sheffield	1914-1915
Green	Green Motor Cycle Co, 50 Jermyn St, London W1	1920-1923
Greyhound	Greyhound Motors, Ashford, Kent	1905-1907
GRI	Macrae & Dick, Inverness	1921-1922
Grigg	Grigg Motor & Eng Co Ltd, Richmond, Surrey	1920-1924
Grose-Spur	George Grose/Carlton Co, Ludgate Circus, London EC4	1938-1940
GYS (co)	Bournemouth	1949-1955
H&R; R&H	Hailstone & Ravenhall, 132 Clay Lane, Coventry	1922-1925
Hack	Hack Engineering Co Ltd, 44 Victoria Rd, Hendon, London	1920-1923
Haden-Precision	A.H. Haden, Princip St, Birmingham	1920-1924
Hampton	Hampton Engineering Co, Lifford Mills, Kings Norton	1912-1914
Harewood	Harewood Motor Cycles, Long Lane, Bexley Heath	1920
Harper (sc)	Harper Aircraft Co Ltd, Exeter Airport, Exeter	1954
Hawker	H G Hawker Engineering Co, Kingston-on-Thames, Surrey	1921-1923
Haxel-JAP	–	1911-1913
Hazel	Cripps Cycle & Motor Co, Woodford Rd, London E	1906-1911
Hazlewood	Hazlewoods Ltd, West Orchard, Coventry	1905-1923
HEC (1)	–	1922-1923
HEC (2)	Hepburn Engineering Co Ltd, Kings Cross, London	1938-1940
Hercules	H. Butler, Derby	1902-1910
HJ	Howard & Johnson, 179 Hockley St. Birmingham 18	1920-1921
HJH	H.J. Hulsman (Industries), Canal Rd, Neath, Glamorgan	1954-1956
HMC	Hendon Motor Cycle Co, The Broadway, West Hendon	1913
Hobart	Hobart Cycle Co Ltd, Hobart Works, Coventry	1913~1924
Hockley	Hockley Motor Mfg Co, 126 Barr St, Hockley, Birmingham	1914-1916
Holden	The Motor Traction Co, 27 Walnut Tree Walk, London SE	1898-1903
Holroyd	J.S. Holroyd, East St, Farnham, Surrey	1922
Hoskison	Hoskison Motors Ltd, 20 Digbeth, Birmingham 5	1919-1922
Howard	Howard & Co, Coalville, Leicestershire	1905-1907
HT	Hagg Tandem Mtr Cycle Co, Park St, nr St Albans, Herts	1920-1922
Hulbert-Bramley	Hulbert-Bramley Motor Co, 19 Grand Parade, Putney SW	1903-1906
Imperial	Imperial Motor Co, 228 Brixton Hill, London SW	1901-1910
Iris	Iris Motor Co, 58 Holland St, Brixton, London	1902-1906
Ivel	Dan Albone, Ivel Works, Biggleswad, Bedfordshire	1902-1905
Jackson-Rotrax (sp)	–	1949
JNU	J. Nickson, 230 Station Rd, Bamber Bridge	1920-1922
Jones	G.H. Jones	1936
Joybike (sc)	H.V. Powell (cycles), 98 Birchfield Rd, Birmingham	1959-1960
Juno	Juno Cycle Co, 248 Bishopsgate, London EC2	1913-1915
Jupp	Jupp Motor Co, 86 Leadenhall St, London EC3	1921-1922
Kempton	A.B.C. Motors (1920) Ltd, Walton-on-Thames, Surrey	1921-1922

Kestrel		1903-1905
Kieft	Kieft Cars Ltd, Derry St, Wolverhampton	1955-1957
Kingsway	Kingsway Motor Cycle Co, Much Park St, Coventry 1	1921-1923
Kumfurt	Kumfurt M-Cycle & Accessories, Cookham Rise, Berkshire	1914-1916
Kynoch	Kynoch Ltd, Lion Works, Witton Lane, Birmingham	1903-1913
L&C	J. Leonard & Co, 20 Long Acre, WC	1904-1905
Ladies-Pacer	Guernsey	1914
Lancer	Lancer Cycle & Motor Co, Coventry	1904-1905
LDE	Frank Desborough, Commercial Rd, Wolverhampton	1951
Leonard	J. Leonard, Brockley Rd, Brockley, London	1903-1906
Letbridge	–	1922-1923
Lily	–	
		1914-1915
Lincoln-Elk	Kirby & Edwards/J. Kirby, Broadgate, Lincoln	1906-1924
Little Giant	–	1913-1915
London	Rex Patents Ltd, 3 Exhcange St, Clapham	1903-1905
M&M	Morgan & Maxwell, 80 High St, Streatham, London	1914
M.C.C.	Motor Castings Co, London	1903-1910
Mabon	Mabob & Co, 19 Clerkenwell Rd, London EC	1904-1910
Majestic	OK Supreme Motors, Warwick Rd, Greet, Birmingham	1931-1933
Marlow	Marlow Motorcycles, 20a Emscote Rd, Warwick	1921-1922
Mars (1)	Mars Motor Co, Church End, Finchley, London	1905-1910
Mars (2)	Mars Ltd, Whitefriars Lane, Coventry	1923-1926
Marseel	Marseel Eng Co, Victoria Park, Coventry	1920-1921
Martin-Comerford (tr)	Comerfords, Thames Ditton, Surrey	30ern
Martin-J.A.P. (sp)	–, London	30ern
Martinsnyde	Martinsnyde Ltd, Brooklands, Byfleet, Surrey	1920-1923
Matador	Matador Engineering Co, Deepdale, Preston	1922-1925
Maxim	–	1919-1921
May Brothers	–	1903-1906
McKechnie	McKechnie Motors, Kings Head Chambers, Coventry	1922
McKenzie	Geo. H. McKenzie, 28 Warwick Row, Coventry	1921-1924
Mead (1)	Mead Cycle Co, 11-13 Paradise St, Liverpool	1911-1916
Mead (2)	–, Birmingham	1922-1924
Melen	F & H Melen, Cheapside, Birmingham 24	1923-1924
Metro-Tyler	Tyler Apparatus Co, Bannister Rd, London NW10	1920
Midget-Bicar	J.F. Brown, 40 Oxford St, Reading	1908-1909
Millionmobile	Strettons, Ltd, Cheltenham, Gloucestershire	1902-1905
Minerva	Minerva Motors Ltd, 40 Holborn Viaduct, London EC	1905
Mini-Motor (co)	Mini-Motor (GB) Ltd, Trojan Way, Croydon	1949-1955
Mohawk	Mohawk Motor & Cycle Ltd, Chalk Farm Rd, London NW	
1903~1925		
Monarch	R. Walker & Son, Kings Rd, Tyseley, Birmingham	1919-1921
Morris (1)	William Morris, 48 High St/16 George St, Oxford	1902-1905
Morris (2)	John Morris/Morris Ltd, Bentley Heath, Birmingham	1913-1922
Morris-Warne	Morris Bros & Warne, 46 Churchfield Rd, London W3	1922
MPH	Peter Hay, 67 Havelock Rd, Tyseley, Birmingham	1920-1923
Neall	Neal Bros Ltd, Daventry, Northamptonshire	1910-1914
Nestor	Nestor Motor Co, 74 Church St, Blackpool	1913-1914
New Coulson	H.R. Backhouse & Co, Tyseley, Birmingham	1923-1924
New Era	Era Motor Co, Miller St, Dingle, Liverpool	1920-1922
New Knight	Holloway & Knight, 84 Foster Hill Rd, Bedford	1923-1924
New Paragon/Paragon	Paragon Motor Mfg Co, Cressing Rd, Braintree, Essex	1921-1923
New Scale	New Scale Motor & Eng Co, Bank St, Manchester	
1913~1925		
Newton	Newton Bros, Chapel St, Manchester	1921-1922
Nicholas	Nicholas Motor & Cycle Co, 34 Stroud Green Rd, London	1911-1915
Nickson	J. Nickson, 250 Station Rd, Bamber Bridge	1920-1924
NLG	North London Garage, Corsica St, Highbury, London	1905-1912
Noble	Noble Motor Co, Blackfriars Rd, London SE	1901-1910
Norbreck	D.H. Valentine, 24 Finedon Rd, Wellingborough	1921-1924
Ogston	Wilkinson TMC Co, Southfield Rd, Acton, London	1912-1913
Olivos	Olivos Motors, 120 Bollo Bridge Rd, Acton, London W3	1920-1921
Onaway	Onaway Motor Eng Co, 107 St Albans Rd, Watford	1904-1908
Ormonde	Ormonde Motor Co, Wells St/Oxford St, London W	1900-1910
Ortona	Ortona Motor Co, Egham, Surrey	1904-1906
Oscar (sc)	Blackburne, Lancashire	1953
Osmond	Osmonds (1911) Ltd, Tomey Rd, Greet, Birmingham	1911-1924
Overdale	–, Schottland	1921-1922
Overseas	Overseas Motor Co, Johnstone St, Birmingham	1913-1915

Pacer	Millards Cycles, Bosq Lane, Esplanade, Guernsey	1914
Pax	Pax Engineering, Station Rd, Acocks Green, Birmingham	1920-1922
PDC	Imperial Motor Co, 228 Brixton Hill, London SW	1903-1906
Pearson	Pearson Bros, Elm Grove, Southsea, Hants	1903-1904
Pearson & Cox	Pearson & Cox Ltd, Shortlands, Kent	1914-1917
Pearson & Sopwith	Pearson & Sopwith Ltd, 60 Mortimer St, London W	1919-1921
Pebok	Pebok Motorcycle Co, 98 Leadenhall St, London EC	1903-1910
Peco	Pearson & Cole, Duddeston Mill Rd, Saltley	1913-1915
Peerless (1)	Bradbury & Co, Wellington Works, Oldham	1902-1910
Peerless (2)	International Mfg Co, 76-77 High St, Birmingham	1913-1914
Pen Nib	H.W. Boulton, Penn Rd, Wolverhampton	1922-1925
Pennington	E.J. Pennington, Ford Street, Coventry	1897
Perks & Birch; P&B	Perks & Birch, Coventry	1899-1901
Peters	Peters Motors Ltd/J.A. Peters, Ramsey, Isle of Man	1919-1925
Piatti (sc)	Cyclemaster Ltd, Byfleet, Surrey	1955-1958
Pilot	Pilot Cycle & Motor Co, Soho Rd, Birmingham 21	1903-1915
Portland	Maudes Motor Mart, Gt Portland St, London W	1909-1911
Powell	Powell Bros Ltd, Wrexham, Clwyd	1921-1926
Power Pak (co)	-, 162 Queensway, Bayswater	1950-1956
Powerful	H.W. Clarke & Co, Gosford St, Coventry 1	1903-1910
Precision (1)	Precision Motor Co, Derngate, Northampton	1902-1906
Precision (2)	F E Baker Ltd, Kings Norton, Birmingham	1919
Premo	Premier Motor Co, Aston Rd, Birmingham 6	1906-1910
Prim	A. Money & Co, 21 Eastern St, High Wycombe	1906
Princeps	Princeps Autocar Co, Northampton	1901-1910
Progress	-, Coventry	1902-1908
R&P	Robinson & Price Ltd, Chatham St, Liverpool	1902-1910
Radmill	Bradbury, Rinman & Co, 230 Shaftesbury Ave, London E4	1912-1913
Raglan	Raglan Cycle/M Adler, Samspon Rd North, Birmingham	1903-1913
Ray (1)	Ray Motor Co, Brick St, Piccadilly, London	1919-1920
Reading	Stanley J Watson, Richmond	1920
Ready	D. Read & Co, Weston-Super-Mare, Somerset	1921-1922
Rebro	Read Bros, Goods Station St, Tunbridge Wells	1922-1923
Redrup	Boyle & Redrup/C. Redrup, St Stephens Rd, Leeds	1919-1921
Regal	Regal Motors, 15 High St, Saltley, Birmingham	1909-1915
Regent	Regent Motors Ltd, 116 Victoria St, London SW1	1920
Regina (1)	Ilford Motor Car & Cycle Co, High Rd, Ilford, London	1903-1915
Revolution	New Revolution Cycle Co Ltd, Birmingham	1904-1906
Rex-J.A.P.	Premier Motor Co, Aston Road, Birmingham 6	1909-1916
Reynolds Runabout	Jackson Car Mfg Co, Pangbourne, Berkshire	1919-1922
Riley	Riley Cycle Co, City Works, Coventry	1901-1910
Rip	Rip Motor Mfg Co, Leytonstone Rd, London E	1905-1908
Roc	A. W. Wall Ltd, Hay Mills, Birmingham	1904-1915
Romp	-, Birmingham	1913-1914
Roulette	-,	1918-1919
Royal-Ajax	British Cycle Mfg Co, 1-3 Berry St, Liverpool	1901-1910
Royal-Eagle	Coventry-Eagle Cycle & Motor, St Stanton Rd, Coventry	1901-1910
Royal Scot	Donaldson & Kelso, Anniesland, Glasgow	1922-1924
Royal Wellington	Shakespeare, Kirkland & Frost, Birmingham	1901-1905
Russell	-,	1913
Saltley	Saltley Cycle Co, 86 Snow Hill, Birmingham	1921-1924
Sapphire	Roger Kyffin	1963-1966
Saracen (kit)	Robin Goodfellow, Cirencester, Kent	1967-1973
Sarco; Sarco Reliance	Sarco Eng & Trading, 108 Fenchurch St, London EC3	1920-1923
Scorpion	Scorpion Motor Cycles, Asburnham Rd, Northampton	1963-1965
Scout	Taylor & Hands, 353a Coventry Rd, Birmingham	1912-1913
Service	Service & Colonial, 292 High Holborn, London WC2	1901-1912
SGS	Sid Gleave/Gleave Motors, Davenport St, Macclesfield	1926-1933
Shacklock	CH Shacklock, Manby St, Wolverhampton	1916
Shaw (1)	-,	1904-1910
Shaw (2) (co)	-,	1918-1922
Sheffield-Henderson	Henderson Motors Ltd, 73 Fitzwilliam St, Sheffield	1919-1923
Silva (sc)	T & T Motor Co, 52a Conduit Street, London	1919-1920
Silver Prince	New Tyrus Cycle, Poplar Works, Birchfields, Birmingham	1919-1924
Simplex (co)	Patrick Eng Co, Brearley st, Birmingham	1919-1922
Singer	Singer & Co, Canterbury St, Coventry 1	1900-1915
Skootamota	Gilbert Camling Ltd, 1 Albermarle St, London W1	1919-1922
Spa-J.A.P.	Spa-Motor & Eng Co, Scarborough, Yorkshire	1921-1923
Spark (1)	Spark Motors, 46 Upper Thames St, London EC	1903-1904
Spartan	Wallis & James, Nottingham	1920-1921
Speed King J.A.P.	J. G. Graves Ltd, Sheffield	1913-1914
Stafford (sc)	Stafford Auto-Scooter, Holyhead Rd, Coventry	1920-1921
Stag	Stag Co, Sherwood Forest, Nottingham	1912-1914

Stan	Stan Motor Co, Westwood Heath, Coventry	1919-1921
Stanger	Stanger Engineering, 13 Steele Rd, Tottenham, London	1921-1923
Stanley (1)	Stanley Bicycle & Motor Co, Days Lane, Coventry	1902-1905
Stanley (2)	Stanley Engneering Co, Egham, Surrey	1932
Stellar	Stuart Turner Ltd, Henley-on-Thames, Oxfordshire	1912-1914
Stuart	Stuart Turner Ltd, Henley-on-Thames, Oxfordshire	1911-1912
Sudbrook	Sudbrook Motor Works, Briston Rd, Gloucester	1919-1920
Superb Four	Superb Four Motors, 10 Genoa Rd, Anerly, London	1920-1921
Supremoco	Supreme Motor Co, Longsight, Manchester	1921-1923
Swan	Swan Motor Mfg Co, Frodsham, Warrington, Cheshire	1912-1913
Symplex	Symplex Motors, Alma St, Birmingham	1913-1922
Tailwind (co)	Mr. Latta, Berkhampstead, Surrey	1952
Tee-Bee	Templeton Bros, 535 Sauchiehall St, Glasgow	1908-1911
Temple	Osborn Eng. Co, Lees Lane, Gosport, Hampshire	1924-1928
Thomas	J.L. Thomas, Barnet, London	1904
Thorough	G. Featherstone & Son, 234 Bethnal Green Rd, London	1903
Tilston	–,	1919
Torpedo	F. Hooper & Co, Barton-on-Humber, Humberside	1910-1920
Townend	New Townend Bros, 83 Far Gosford St, Coventry	1901-1903
Trafalgar	G. Lyons & Co, 39 East St/Baker St, London W	1902-1905
Trent	Trent & Co, Shepherds Bush, London	1902-1910
Triple-H	Hobbis, Hobbis & Horrell, Alvechurch Rd, Birmingham	1921-1923
Triplette	–	1923-1925
Unibus	Gloucestershire Aircraft Co, Cheltenham, Gloucestershire	1920-1922
Val	Val Motor Co, 315 Bradford St, Birmingham	1913-1914
Vanette	Yukon Engineering Co, West Mitcham, Surrey	1024
Vasco	Vasco Motors, Kingston-on-Thames, Surrey	1921-1923
Venus	Venus Motors, 52 Plasket Lane, London E13	1922-1923
Victa	–	1912-1913
Vinco	–	1903-1905
Viper-J.A.P.	–	1919-1920
Viscount	–	1960
Vulcan	Vulcan Works Ltd, 13 Stafford St, Birmingham	1922-1923
Waddington	–	1902-1906
Wakefield	Wakefield M & Cycle Works, The Arches, Claph, London	1902-1905
Ward	W. Ward & Sons, Wetherby, Yorkshire	1915-1916
Warrior	Warrior Motorcycle Co, Victoria St, London SW1	1921-1923
Watney	–	1922-1923
Watsonian	Watsonian Sidecars Ltd, 44 Albion Rd, Greet, Birmingham	1950
Waverley	Waverley Motors, 137 Lichfield Rd, Birmingham	1921-1923
WD	Wartnaby & Draper, 21 Caundon Rd, Coventry	1911-1913
Weatherell	R. Weatherell & Co, South Green, Billericay, Essex	1922-1923
Weaver	Alfred Wiseman Ltd, Glover St, Birmingham	1922-1925
Wee McGregor	Coventry Bicycles Ltd, Wellington St, Coventry	1922-1925
Weller	Weller Bros ltd, West Norwood, London	1902-1905
Westfield	Rising Sun Motor & Eng Works, Brackley Rd, London	1903-1905
Westovian	R.V. Heath & Son, Catherine St, South Shields	1914-1916
Wheatcroft	New Era Eng Co, Moor St, Coventry	1924
Whippet (1)	Whippet Motor & Cycle Mfg, Falcon Terrace, Clapham	1903-1910
Whippet (2) (sc)	Brampton Eng Co, Cambridge Park, Twickenham	1919-1921
Whippet (3)	Dunkley Motors, Bath Rd, Hounslow, London	1957-1959
Whirlwind	Dorman Eng Co, Northampton	1901-1903
White & Poppe	White & Poppe Ltd, Lockhurst Lane, Coventry	1902-1922
Whitley	Whitley Motor Co Ltd, Cow Lane, Coventry	1902-1910
Wigan Barlow	Wigan Barlow Motors Ltd, Lowther St, Stoke, Coventry	1921
Wilbee	Wilbee Motor Co, Rickmandsworth, Hertfordshire	1902-1910
Wilkin	Wilkin Motors Ltd, 91-92 Onslow Rd, Sheffield	1919-1923
Wilkinson-Antoine	Cadagan Garage & Mtr, 102 Sydney St, Chelsea, London	1903-1906
Wilkinson-T.M.C.	Wilkinson T.M.C., Southfield Rd, Acton, London W	1909-1913
Willow	Willow Auto Cycle Co, Willow St, London SW1	1920
Win-Precision	Wincycle Trading Co, 106-106 Gt Saffron Hill, London	1910-1914
Winco	–	1920-1922
Witall	Witall Garage, 1a Lucas St, Deptford, London	1919-1923
Wizard	Wizard Motor Co, Rhondda, Cardiff, St Glamorgan	1920-1922
X.L.-All	Eclipse Motor & Cycle Co, John Bright St, Birmingham	1902-1910
Xtra	Xtra Cars Ltd, 41 London St, Chertsey, Surrey	1923-1924
Young (1)	Mohawk Cycle Co, Hornsey, London N	1919-1920
Young (2)	Waltham Eng Co, Waltham Cross, London N	1921-1922
Zephyr	Small Engines Co, Birmingham	1922-1923